KB051301

답사 소확행
(踏査 小確幸)

스승과 제자가 함께한
소소하고 확실한 행복 답사기

답사
소확행

정은혜 · 오지은 · 황가영 지음
노시학 감수

푸른길

감수의 글

서점에 가면 심심치 않게 여행서를 찾아볼 수 있습니다. 이곳저곳을 여행하고 답사하며 감각적인 사진들로 엮어 가지런히 진열해 놓은 책들을 보노라면, 그 자리에 잠시 머물러 서 있는 것만으로도 설레는 느낌을 줍니다. 그만큼 여행과 답사가 가져다주는 기대감과 호기심이 많은 이들의 관심이 되고 있는 것이겠지요.

그렇다면 지리학을 공부하는 사람들의 여행과 답사는 어떠할까를 떠올려 보게 됩니다. 보는 이에 따라 보다 전문적일 수도, 의외로 별로 그렇지 않게 여겨질 수도 있겠지만 그럼에도 불구하고 이들의 이야기는 미세하게나마 차이점이 존재할 것이라고 봅니다.

무엇보다 지리학을 매개로 하여 스승과 제자가 세대를 막론하고 공간, 지역, 장소를 공유하고 소통하였다는 점에서 이 책이 건네주는 답사기는 단순한 재미를 넘어서서 보다 근본적인 문제, 즉 세상에 대한 인간적인 관점과 따스함, 그리고 자연에 대한 포괄적인 이해를 제시해 줍니다.

또한 국내와 해외를 아우르는 다양한 지역에 대한 경험적인 이야기와 사진들은 깊이 있는 관점을 반영하고 있습니다. 그리고 상당수의 논문들과 문헌들로 뒷받침하여 작성된 객관적인 지역정보들은 이 책을 읽는 분들에게 여행과 답사에 대한 흥미를 돋우고 지역에 대한 지식과 안목을 키우는 데에도 유익한 시간을 줄 것이라 생각합니다.

더 나아가서는 이 책이 여행과 답사에 대한 막연한 불안함과 두려움을 가지고 계신 분들에게 여행과 답사의 가치를 전달함으로써 단순히 지리학이라는 학문적 발판에 그치는 것이 아니라, 일상적인 자유를 만끽하는 데에도 도움을 줄 것입니다. 이 책을 통해 독자

분들이 일상에서 걷는 즐거움을 알 수 있기를, 그리고 일상을 잠시 벗어난 답사와 여행에서 공간을 바라보는 소소한 행복함을 느낄 수 있기를 바랍니다.

경희대학교 지리학과 명예교수

노시학

시작의 글

아직은 쌀쌀했던 2017년의 봄날, 낡은 지도첩들이 켜켜이 쌓인 작은 강의실에서 필자는 그 누구와도 견줄 수 없는 착하고 성실하고 예쁜 제자들을 만났다. 답사라는 명목으로 가끔은 교정을 함께 거닐기도 했고, 이야기도 나누며 못 다한 속내를 털어놓기도 했다. 조금은 딱딱할 수도 있는 스승과 제자라는 관계는 시간이 주는 크기 이상으로 더욱 빨리 친구와 같은 우정으로 나아갈 수 있었다.

그 사이에 필자는 책을 몇 권 냈다. 자랑하기도 민망한 책들이었건만, 그들이 필자의 책들을 받아 들고 건네준 응원과 평가는 커다란 자양분이 되어 주었다. 책을 펼쳐 보며 두런두런 이야기를 나누었던 시간들 속에 공간이 주는 의미는 남달랐다. 우리는 학교에서, 연구실에서, 카페에서, 식당에서 장소를 가리지 않고, 서로가 답사·여행한 지역들에 대한 의견과 관심을 공유하기 시작했다. 결국 답사와 여행이 주었던 의미, 그리고 답사와 여행과 관련한 이야기들 속에 피어올랐던 우리의 소소하고 확실한 행복, 즉 소확행(小確幸)을 학자적 고민으로 이어 나가면 어떠할까라는 생각을 하게 됐다. 결국 필자는 '글을 함께 써 보자'라는 제안을 건넸다. 그리고 이 조심스러운 제안은 정말 소확행으로 가는 여정이 되었다. 물론 그 여정이 쉽지만은 않았다. 우리는 많이 바빴고, 인생의 큰 기로에 놓여 있었으며, 그래서 많이 힘든 상황이기도 했다. 그렇다고 손을 놓지는 않았다. 다행히도 우리는 글을 쓰고 읽는 일을 좋아했다. 물론 그 바탕에는 '지리'라는 학문적 공통성이 크게 작용했음을 부인할 수 없다. 지리학이라는 공통분모는 우리를 공간·지역·장소에 대한 호기심으로 이끌어 주었고, 이는 단순한 호기심에서 그치게 하는 것이 아니라 현장을 방문하고 조사함으로써 공간·지역·장소에 대한 의견 내지는 소론을 이끌어 내는 데에 큰 역할을 했음이리라.

지리적이고 역사적인 토대 위에 형성된 특정 장소는 다른 장소와 차별되는 장소 특수적 정체성을 지닌다. 사회학자 존 어리(John Urry)는 인간의 여러 감각 중에 눈(시각)이 중심적 위치에 놓이게 되면서 귀로 듣는 유람이 아니라 눈으로 보는 혹은 감식안으로 관찰하는 여행이 유행하게 되었다고 설명한다. 그러한 측면에서 우리의 시각적 관찰과 소비의 대상은 각 지역이 가지는 특별한 경관들이라고도 할 수 있을 것이다. 따라서 이 책을 통해 수행된 답사연구는 단순히 장소의 물리적 변화만을 바라보고자 하는 게 아니라 장소를 보는 방식의 변화, 더 나아가 장소와 인간의 관계 변화를 이야기하고자 한다.

말 그대로 이 책은 '답사 소확행(踏査 小確幸)' 그 자체다. 지리를 공부하는 사람들이 '일상' 혹은 '일상에서의 탈출' 모두에서 행하는 답사와 여행을 소소하고 확실한 행복으로 일구어 나간 여정을 담았기 때문이다. 그런 의미에서 이 책은 총 4개의 장이자 소확행으로 구성되었다. 먼저 공간·지역·장소에 가장 편하고 쉽게 접근할 수 있도록 첫 번째 소확행에서는 '설화를 테마로 한 답사'라는 제목으로 내용을 엮어 보았다. 여기엔 제주특별자치도, 강원도 인제와 속초, 전북 부안, 중국 시안, 폴란드 크라쿠프, 인도 아그라에서 오랜 시간 전해 내려오는 이야기를 담았다. 이들의 글을 통해 각 지역에서 전해지는 이야기는 그 지역의 지역성을 반영한다는 점을 흥미롭게 발견할 수 있을 것이다.

두 번째 소확행은 '예술작품을 테마로 한 답사'라는 제목으로, 문학·영화·작가들의 이야기가 담긴 지역들에 대해 서술하였다. 황순원의 소설 『소나기』를 마을로 형성한 경기도 양평, 영화 〈서편제〉의 배경지로 알려진 전남 청산도, 가사문학의 고장인 전남 담양, 현대인의 소외와 허무를 다룬 유태계 작가 카프카의 고향인 체코 프라하, 모차르트와 〈사운드 오브 뮤직〉 등으로 유명한 오스트리아 잘츠부르크와 빈, 그리고 〈로마의 휴일〉과 〈글래디에이터〉 등 많은 영화의 배경지가 된 로마 등을 다루어 봄으로써 예술작품 속 매력과 지역성 간의 간극을 좁혀 보았다.

세 번째 소확행은 '도시·문화·관광을 테마로 한 답사'로, 지역의 선정에 있어서는 일반적으로 그 지역을 대표할 수 있는 도시문화적 특성이 관광으로 잘 반영된 경우뿐만 아니라, 역으로 일반적으로 잘 알려져 있지 않은 도시문화적 특성을 관광으로 특화시켜 볼 수 있는 경우를 모두 고려하였다. 당연한 말이겠지만 여기엔 문화역사적인 측면도 배제하지 않았다. 애국과 충절의 고장으로서 충남 천안, 민주운동의 역사를 예술로 승화한 광주광역시, 에그타르트의 도시 홍콩과 마카오, 눈과 맥주의 도시 일본 삿포로, 중세의 성곽도시 독일 로텐부르크, 다채로운 도시문화의 상징 미국 뉴욕 맨해튼, 자유와 불평등의 혼종성이 드러나는 터키 이스탄불 등은 문화적 영역과 지역적 범위에 제한을 두지 않고, 다양한 지역적 스케일을 여러 시선으로 바라본 결과물들이다.

마지막 소확행은 '자연환경을 테마로 한 답사'로, 특히 자연지리에 중점을 두었다. 자연지리 전공자의 의견을 수용하여 보다 객관적인 내용을 위해 논문과 책, 국내외 기사 등의 문헌을 기반으로 최대한 과학적인 자연지리로서 해당 지역을 보여 주고자 하였다. 여기에는 마을숲의 지혜가 돋보이는 전북 남원, 순천만과 습지로 유명한 전남 순천, 얼음골이 있는 경남 밀양, 만년설로 잘 알려진 스위스 융프라우, 흔히 볼 수 없는 동식물이 살고 있는 호주, 거대한 폭포수가 흐르는 북아메리카의 나이아가라 등을 담아 자연지리의 영역을 확대하고 흥미를 높였다.

무엇보다 이 책이 가지는 가장 큰 강점은 세대를 아우르는 사람들이 모여 있다는 것이다. 지리학이라는 터전에서 강의와 연구를 진행하고 있는 현직 교육 종사자를 필두로 대학원생과 학부생이 제각각 자신의 목소리를 내고 있다는 점에서 남다른 시각과 다양성을 전달한다. 여기에 이미 오랜 시간 강의와 연구를 진행하신 명예교수님의 감수를 통해 내용과 객관성에 있어서도 검증을 거쳤다고 말할 수 있다.

게다가 이 책은 국내외를 막론하고 비교적 최근의 답사 내용을 담고자 하였다. 그런 의미에서 이 책은 한국지리와 세계지리를 보완할 수 있는 자료로서 보다 생동감 있게, 그리고 현실성 있게 답사 지역을 보여 줄 수 있을 것이다. 즉 단순한 이론적 지식에 머물러 있는 게 아닌, 실질적인 지식으로 거듭날 수 있도록 가급적 현재의 모습을 담아 직접 촬영한 사진들을 이용하였기에 독자들이 보다 쉽게 지리와 답사에 접근할 수 있을 것으로 생각한다. 더 나아가서는 지역을 바라보는 눈이 이 책을 통해 업그레이드되기를, 보다 행복해지기를 바라 마지않는다!

마지막으로 이 책이 나오기까지 함께 최선을 다해 준 공저자 오지은, 황가영에게 가장 큰 감사를 전한다. 그리고 필자를 비롯한 제자들의 부족한 글에 아낌없는 조언과 격려의 말을 건네주신 노시학 교수님, 바쁘다는 핑계로 제 역할을 제대로 못하고 있음에도 항상 책 작업을 응원해 주신 부모님께 감사한 마음을 드린다. 또한 정희선 교수님, 주성재 교수님, 지상현 교수님, 공우석 교수님, 황철수 교수님 외 경희대·상명대 지리학과 교수님들과 연구에 집중하도록 배려해 주시는 건국대 모빌리티인문학연구원 신인섭 원장님과 그 외 교수님들께, 그리고 일일이 열거하지 못한 많은 분들에게도 감사인사를 드리고자 한다. 마지막으로 출판을 가능하게 해 주신 푸른길의 김선기 대표님과 편집을 맡아 주신 이선주 님, 유자영 님께도 한없는 감사의 마음을 전해 드린다.

2019년 8월

대표저자 정은혜

차 례

첫 번째 소확행

설화를 테마로 한 답사

01

삼다三多 속에 숨은 설문대 할망의 사랑, 제주특별자치도

제주에서 찾은 우리 신화 이야기

전 세계적으로 가장 유명한 신화 이야기를 꼽으라면, '그리스·로마 신화'를 빼놓을 수 없을 것이다. 필자 또한 표지가 다 떨어질 때까지 책을 읽고, 그마저도 모자라 발음하기도 어려운 신들의 이름을 달달 외우며 뿌듯함을 느끼던 때가 있었다. 십여 년이 지난 지금까지도 그 책의 그림체와 사소한 대사 한마디까지 또렷하게 기억날 정도이니, 어린 시절의 필자에게 그리스·로마 신화가 준 즐거움과 충격은 그야말로 어마어마했다고 할 수 있겠다.

올림포스산 꼭대기에서 인간의 삶을 관장하는 열두 신(神)의 이야기를 담은 이 신화는, 많은 이들의 마음을 사로잡았다. 수천 년의 시간이 지난 현재까지도 문화, 언어 등 다양한 분야에서 그리스·로마 신화의 흔적을 찾을 수 있으니 정말 대단한 영향력이 아닐 수 없다. 우리가 일상생활 속에서 흔히 쓰는 사이렌(Siren), 멘토(Mentor) 등이 모두 그리스·로마 신화에서 기원한 단어이기 때문이다.●[1] 따라서 그리스·로마 신화는 그 자체로 '살아 내려오는 이야기'라 할 수 있다(부길만, 2015).

이와 같이, 인류나 공동체의 기원을 담고 있는 신화는 과거와 현재를 연결하는 매개체의 기능을 하며 오랜 시간에 걸쳐 큰 영향력을 행사한다. 우리나라에도 물론 이러한 신화가 존재한다. 가장 대표적인 것이 바로 '단군 신화'이다. 곰 부족과 호랑이 부족의 이야기를 통해 고조선의 건국 과정을 풀어낸 단군 신화는 우리나라 최초의 건국 신화이며 토테미즘(Totemism), 홍익인간 등 당시의 사상을 고스란히 담고 있다는 점에서 큰 의미를 가진다. 그러나 공간적 범위가 고조선에 국한되어 있으며 우리 민족의 이야기만을 다루고 있어 그리스·로마 신화와는 그 성격이 다소 다르다. 한편, 단군 신화와 같이 민족의 기원과 건국 역사를 담은 신화를 '건국 신화', 그리스·로마 신화와 같이 전체적인 인간 세상의 창조 과정을 담은 신화를 '창세 신화'라고 한다.[●2] 일반적으로 잘 알려진 우리나라 신화의 대부분은 단군 신화, 주몽 신화 등 건국 신화가 주를 이루며 창세 신화는 거의 찾아볼 수 없다. 그러나 우리나라에서도 창세 신화가 온전히 전해져 내려오는 곳이 있는데, 가장 대표적인 곳이 바로 제주도이다.

제주도는 섬이라는 지리적 특성상, 육지로부터 고립되어 고유한 문화 및 전통이 비교적 잘 보존되어 온 지역이다. 특히 내륙의 다른 지역에 비하여 정치적 사상에 따른 불교와 유교의 영향을 적게 받아 제주 본래의 무속적인 문화를 온전하게 유지하고 발전시킬 수 있었다. 육지와 차별화되는 다양한 신화를 제주도에서 찾아볼 수 있는 이유가 바로 여기에 있다(허남춘, 2017). 무려 1만 8천여 명의 신이 존재한다고 전해지는 제주도에는 그만큼 다양하고 재미있는 신화들이 많이 존재하는데, 그중 가장 유명한 것이 바로 지금부터 소개할 '설문대 할망' 신화이다.

> "설문대 할망은 한라산을 베개 삼고 누워 낮잠을 자고, 백록담에 걸터앉아 왼발은 관탈섬에, 오른발은 지귀도에 걸치고 일출봉 분화구를 돌구덕 삼아 빨랫감을 담고는 우도를 돌빨래판 삼아 빨래를 하곤 했다." (제주특별자치도 홈페이지 중 발췌)

그림 1-1. 설문대 할망의 모습(좌), 관탈도 · 우도 · 백록담 위치도(우)
출처: 비짓제주 홈페이지(좌)

설문대 할망은 제주도에 존재하는 모든 신의 어머니이자 제주도를 대표하는 창조신이다(그림 1-1의 좌). 덩치가 매우 컸던 설문대 할망은 한라산 높이(1,950m)의 약 25배나 되는 키를 가지고 있었다고 전해진다(제주돌문화공원 홈페이지). 이토록 거대한 설문대 할망은 제주도 전체를 보금자리 삼아 살곤 하였는데, 지도상에서 관탈도와 우도, 한라산 백록담의 위치 등을 고려해 보면 그녀의 거대한 풍채를 조금이나마 짐작해 볼 수 있다(그림 1-1의 우). 제주도의 모든 지형과 지물은 설문대 할망에 의해 만들어졌기 때문에, 발이 닿는 어디든 그녀의 이야기가 담겨 있지 않은 곳이 없다. 거대한 몸집과 엄청난 힘으로 모든 것을 창조한 여신 설문대 할망! 이러한 설문대 할망의 흔적은 삼다도(三多島, 바람·돌·여자가 많은 섬)라는 제주도의 별명 속에도 깊이 녹아들어 가 있다. 지금부터 함께 제주도의 '삼다'를 살펴보며, 설문대 할망의 자취를 따라가 보자.

바람의 나라 제주도와 설문대 할망

태풍의 길목에 자리 잡은 제주도는 한번 바람이 불기 시작하면 '할퀴고 간다'는 표현이 있을 정도로 강한 바람이 부는 지역이다(제주특별자치도 홈페이지). 제주도에서 흔히 찾아볼 수 있는 검은 돌담은 바로 이와 같은 바람의 피해를 막기 위해 만들어졌다(그림 1-2의 좌). 이러한 강풍의 영향으로 제주도의 바다는 다른 지역에 비해 파도가 거칠고 물살이

그림 1-2. 제주도의 돌담(좌), 성산과 우도 위치도(우)
출처: 제주특별자치도 홈페이지(좌)

센데, 그중에서도 특히 성산과 우도 사이의 바다는 수심이 깊고 파도와 물살이 더욱 거센 편이다(그림 1-2의 우).

제주도의 부속도서 중 가장 큰 면적을 자랑하는 우도는 아름다운 평원과 돌담, 해녀 등 고유한 전통문화와 자연환경이 잘 보존되어 있어 '제주 속의 제주'라고 불리는 섬이다(이재언, 2017). 이토록 아름다운 우도는 많은 사람들의 사랑을 받는 관광지이지만, 예로부터 파도가 높고 물살이 빨라 해안 시설물이 파손되거나 주민들이 통행에 어려움을 겪는 경우가 빈번했다고 한다. 왜 하필 우도 앞바다의 물살이 유독 거친 것일까? 이와 관련하여 전해져 내려오는 설문대 할망의 이야기는 다음과 같다.

"우도는 원래 따로 떨어진 섬이 아니었다. 어느 날 설문대가 한쪽 발은 성산읍 오조리에 있는 식산봉에 디디고, 한쪽 발은 일출봉에 디디고 앉아 오줌을 쌌다. 그 오줌줄기가 어찌나 세었던지 땅 조각이 하나 떨어져 나갔는데, 그것이 바로 우도가 된 것이다.

그래서 지금도 성산과 우도 사이의 물살이 유난히 세고 빠르다고 한다." (제주특별자치도 홈페이지 중 발췌)

거대한 여신의 오줌줄기에 의해 떨어져 나온 섬이라니, 다소 우스꽝스럽게 들릴 수 있는 이 이야기는 설문대 할망에 대한 당시 사람들의 의식과 염원을 고스란히 담고 있다. 이야기 속에서 설문대 할망의 오줌줄기는 땅 조각을 분리시킬 만큼 강력하고, 그 오줌은 그대로 흘러 바닷물이 된다. 여기서 바다란 제주도 사람들이 살아가는 삶의 터전이며, 생계를 이어 나갈 수 있도록 하는 생명의 원천이다. 따라서 설문대 할망의 거센 오줌과 그 오줌이 흘러가 바닷물이 되는 모습은 그녀가 가지는 어마어마한 힘과 생산력을 단적으로 보여 주는 예시가 된다(김현수, 2017). 즉 설문대 할망은 단순히 비대한 몸체의 여신이 아닌, 제주의 생명력을 책임지는 창조신이라고 할 수 있다. 생계에 걸림돌이 될 수 있는 거센 바람과 물살을 설문대 할망의 힘과 생산력으로 승화시킨 제주도 사람들의 뛰어난 상상력을 통하여 거친 자연에 맞서 살아가는 그들의 긍정적인 태도를 엿볼 수 있다.

돌의 거장 설문대 할망, 제주를 빚다

"설문대가 어느 날 바다 한가운데에다 치마폭에 흙을 가득 퍼 나르기 시작하였다. 치마에 난 구멍들 사이로 흙부스러기가 조금씩 끊임없이 떨어졌다. 드디어 커다란 산이 하나 완성되었다. 치마 구멍 사이로 떨어져 쌓인 흙들은 오름들이 되었다." (제주특별자치도 홈페이지 중 발췌)

거센 바람만큼이나 많은 돌로 유명한 제주도의 주민들은 돌담을 쌓고, 우물을 파고, 생활도구를 만드는 등 여러 가지 방면에서 돌을 적극적으로 활용해 왔다. 이러한 이유로 돌은 제주 사람들의 삶에서 떼려야 뗄 수 없는 자원이며, 삶의 체취와 역사가 그대로 녹아 있는 소중한 문화유산이라 할 수 있다. 제주의 돌을 가까이 살펴보면 대부분이 까맣고 구멍이 숭숭 뚫려 있는 현무암임을 확인할 수 있는데, 이는 제주도가 110여 번의 화산 분출을 통해 형성된 화산섬이기 때문이다.

제주도는 총 5번의 분출기에 걸쳐 만들어졌다. 첫 번째 분출기에 제주도의 기반이 다져졌고, 두 번째 분출기에 원시 제주도가 형성되었으며, 세 번째 분출기에 비로소 제주도가 해수면 위로 드러났다. 네 번째 분출기에는 한라산의 고도가 현재와 같은 1,950m에 이르렀으며, 마지막 다섯 번째 분출기에는 한라산 정상을 비롯하여 제주도 곳곳에서 동시다발적인 화산 활동이 일어났다(비짓제주 홈페이지). 이와 같은 분출 과정 속에서 제주도는 아주 독특한 지형 경관을 가지게 되었는데, 여기에 관련해서도 역시 흥미로운 설문대 할망의 이야기가 전해져 내려오고 있다.

치마폭에 흙을 담아 나르며 제주도를 만들던 설문대 할망은, 섬이 밋밋하여 재미가 없자 가운데 부분에 높은 산을 만들었다고 한다. 그것이 바로 지금의 '한라산'이다. 흙을 담아 나르는 과정에서 치마폭 사이의 구멍으로 떨어진 흙덩어리들은 현재 제주도에 분포하는 약 360여 개의 오름이 되었다. 제주도를 완성한 후 한라산의 봉우리가 하늘에 닿는 것이 마음에 걸린 설문대 할망은 그 꼭대기를 꺾어 내던졌는데, 이는 땅에 떨어져 현재의 '산방산'이 되었다고 전해진다(그림 1-3). 이처럼 백록담의 움푹 파인 화구, 인근의 산방산, 그리고 오름 등 제주도만의 독특한 지형 경관을 신화 속 이야기로 풀어낸 제주도 사람들의 재치 속에는 이곳에 대한 지역 주민들의 남다른 애정과 자부심이 가득 담겨 있다.

이와 같이 제주의 각종 산과 오름들을 빚어낸 설문대 할망은 돌의 거장이자 위대한 예술가이며, 제주의 모든 지형과 지물에 관여하는 창조신이다. 제주의 돌이 아주 오랜 옛날부터 제주 사람들에 의해 담으로 쌓아져 외부 세력의 침략을 방지하고, 돌하르방과 같은 마을의 수호신이나 신앙의 대상이 되는 등 다양한 방면으로 활용되었던 점을 미루어 보았을 때, 제주의 정체성과 향토성, 예술성을 고루 담고 있는 제주의 돌 하나하나는 그들을 창조한 설문대 할망의 분신이라 할 수 있다(제주돌문화공원 홈페이지). 제주도에서는 이

그림 1-3. 한라산 백록담(상), 제주 오름(좌하), 산방산(우하)

러한 돌에 깃든 설문대 할망의 정신을 각별히 기려 제주돌문화공원 내에 설문대 할망 전시관을 테마로 한 체험 프로그램을 마련하고, 2007년부터 매해 5월에 설문대 할망제를 지내는 등 그녀의 이야기를 후세에 전하기 위해 노력하고 있다(그림 1-4).

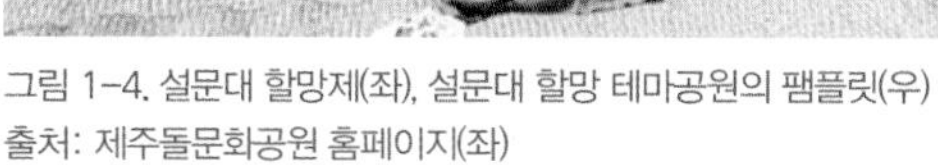
그림 1-4. 설문대 할망제(좌), 설문대 할망 테마공원의 팸플릿(우)
출처: 제주돌문화공원 홈페이지(좌)

설문대 할망 신화에서 드러난 제주 여성의 강인함과 모성애

바람, 돌과 더불어 제주 삼다의 마지막을 장식하는 것은 바로 여성이다. 예로부터 육지와는 다른 독특한 문화를 형성해 온 제주는 여성상에 있어서도 차별적인 특징을 가진다(김미혜, 2015). 여성이 주로 가정 내부의 일을 책임지며 외부로의 경제 활동은 제한적이었던 육지와는 달리, 제주도는 돌이 가득하여 비옥하지 못한 토양과 사방이 바다로 둘러싸여 있는 지리적 특성상 여성의 경제 활동이 필수적이었다. 따라서 제주 여성은 가정생활뿐만 아니라 경제 활동에 적극적으로 참여할 수밖에 없었고, 독립적인 경제력을 가져 자연스럽게 가정 내에서 높은 지위를 차지하였다. 이처럼 강인하고 굳센 제주도의 여성상은 '노 허끈 하르방은 아장 울곡, 씰 허끈 할망은 아장 푼다(노 헝클어뜨린 할아버지는 앉아서 울고, 실 헝클어뜨린 할머니는 앉아서 푼다)'라는 제주도의 속담에서도 고스란히 드러나고 있다(김은석·문순덕, 2006). 이러한 측면에서 보았을 때, 설문대 할망 신화는 이와 같은 제주 여성의 특성을 그대로 담고 있다고 할 수 있다. 이를 잘 보여 주는 예시가 바로 다음의 이야기이다.

"할머니는 몸속에 모든 것을 가지고 있어서 풍요로웠다. 탐라 백성들은 할머니의 부드러운 살 위에 밭을 갈았다. 할머니의 털은 풀과 나무가 되고, 할머니가 싸는 힘찬 오줌줄기로부터 온갖 해초와 문어, 전복, 소라 물고기들이 나와 바다를 풍성하게 하였다. 그때부터 물질하는 줌녀가 생겨났다. (중략) 가끔은 한라산을 베개 삼고 누워 물장구를 쳤다. 그때마다 섬 주위에는 하얀 거품이 파도와 물결을 이루었고, 몸을 움직이고 발을 바꿀 때마다 거대한 폭풍처럼 바다가 요동쳤다." (전영준, 2016, 512-513)

이처럼 제주를 창조한 여신 설문대는 그 자체로 곧 대지이자 자연이었고, 여성 중심의 모계 사회에서 거대한 몸체와 높은 생산성으로 최상위의 능력을 가지는 창조신이었다(전영준, 2016). 즉 설문대 할망의 모습은, 가정 내에서 능동적으로 가족을 부양하는 역할을 했던 제주도 '어머니'의 모습을 꼭 닮아 있다. 실제로 설문대 할망 신화 중에는 굳센 제주도 여성상과 더불어, 가정을 따뜻하게 품는 어머니의 절절한 모성애를 직접적으로 살펴볼 수 있는 이야기도 존재한다. 바로 '오백장군 이야기'이다.

"옛날에 설문대 할망이 아들 오백형제를 거느리고 살던 중 지독한 흉년이 들었다. 하루는 오백형제가 모두 양식을 구하러 나갔을 때, 설문대는 아들들이 돌아와 먹을 죽을 끓이다가 그만 발을 잘못 디디어 죽 솥에 빠져 죽고 말았다. 아들들은 그런 줄도 모르고 돌아오자마자 죽을 퍼먹기 시작했다. (중략) 어머니가 희생된 죽을 먹어 치운 사실을 깨달은 아들들은 어머니를 애타게 외쳐 부르다가 바위가 되어 버렸다." (제주돌문화공원 홈페이지 중 발췌)

흉년 속에서 자식을 위해 희생한 어머니의 사랑과 아들들의 비통함을 담은 이 이야기는 제주도의 명소인 차귀도 장군바위와 영실기암에 얽혀 전해져 내려오는 전설이다(그림 1-5). 제주도 사람들은 매년 5월 한라산에 피어나는 붉은 철쭉이 바위가 된 아들들의 피

그림 1-5. 차귀도 장군바위(상), 영실기암(하)
출처: 비짓제주 홈페이지

눈물이라고 믿으며, 설문대 할망의 무한한 모성애를 기념하고 있다.

설문대 할망이 가지는 의미와 중요성

정리하자면, 설문대 할망 신화는 화산 폭발로 형성된 독특한 지질환경 및 제주도만이 가지는 고유의 문화와 전통을 높은 상상력과 재치로 풀어낸 산물이자, 제주 사람들과 제주도의 정체성을 고스란히 담고 있는 소중한 문화유산이다. 이 흥미로운 이야기는 아직까지 제주 곳곳에 깊숙이 녹아 숨 쉬고 있으며, 오랜 시간에 걸쳐 전해져 내려오는 과정에서 제주 사람들의 삶 전반에 적지 않은 영향을 미치고 있다.

급속한 발전 속에서 전통적인 가치를 잃어 가는 현대인들에게 설문대 할망 신화와 같은 이야기는 다소 허무맹랑하게 느껴질 수도 있다. 그러나 이러한 신화는 우리로 하여금 공동체의식과 인류애를 고양시키며, 지역과 인간에 대한 이해도를 높여 삶을 더욱 풍요롭게 할 수 있다는 점에서 높은 가치를 가진다(김황곤, 2014). 따라서 앞으로 우리가 해야 할 일은, 이러한 신화가 더 이상 소멸되지 않도록 잘 보존하여 후손들에게 그 가치를 물려주는 것이다.

국내의 많은 지역에서 전통과 토속문화가 빠른 속도로 사라지고 있는 것과는 달리, 제주도 내에서 설문대 할망 신화는 아직까지 굳건한 위상을 가지고 있어 실로 다행스럽다. 특히 제주돌문화공원, 설문대 할망 테마공원 등에서는 설문대 할망을 중심으로 한 각종 관광 상품을 제작하여 설문대 할망 신화를 홍보하고 있으며, 설문대 할망의 달을 지정하여 많은 사람들이 이를 기억할 수 있도록 유도하고 있다. 다음에 제주에 방문하게 된다면, 아름다운 제주 곳곳에 스며들어 있는 설문대 할망의 흔적을 찾아보면 어떨까? 아마도 제주를 빚은 거신(巨神), 설문대 할망의 위대함과 그녀의 따뜻한 마음을 한껏 느껴 보는 색다른 경험이 될 수 있을 것이다.

02

자연의 합주곡으로 들려주는 다양한 이야기,
강원도 설악산

다채로운 선율의 조화, 설악산雪嶽山 콘서트

면적의 약 70%가 산지인 한반도에 터를 잡은 우리 민족에게 산은 친숙한 삶의 터전이면서도 민족의 성스러운 자연물로 여겨진다. 민족의 영산으로 숭배되는 백두산, 일만이천 봉으로 일컬어지는 금강산, 한반도의 척추와도 같은 태백산맥, 동해가 바로 보이는 설악산, 경상도와 전라도를 가로지르는 지리산, 제주도의 중심에 솟아오른 한라산까지! 이처럼 한반도에는 무수히 많은 명산(名山)이 있다.

이 중 설악산은 예로부터 '금강산이 수려하기는 하되 웅장한 맛이 없고, 지리산은 웅장하기는 하되 수려하지 못한데, 설악산은 수려하면서도 웅장하다'는 말을 들을 정도로 완벽하게 아름다운 산으로 꼽힌다. 실제로 금강산이 봉우리와 계곡의 화려함을 뽐낸다면 지리산은 자연의 장엄함과 위엄을 보여 준다. 이에 비해 설악산은 옛말대로 두 산의 아름다움을 적절히 절충하면서도 청아한 자연의 미를 느끼게 해 준다.

설악산이라는 이름은 눈(雪)과 뾰족한 산봉우리를 지닌 큰 산(嶽)을 뜻한다. 『신증동국여지승람』(1530)에는 "한가위에 덮이기 시작한 눈이 하지에 이르러 녹는다 하여 설악이라

한다"라는 기록이 있으며, 『증보문헌비고』(1908)에는 "산마루에 오래도록 눈이 덮여 있고 암석이 눈같이 희다고 하여 설악이라 이름 짓게 되었다"라고 기록되어 있다. 따라서 설악산은 설산(雪山), 설봉산(雪峰山) 혹은 설화산(雪花山)이라고 불리기도 했다(한국문화재정책연구원, 2015). 이름에서 나타나듯, 현재에도 봄이 한참 지나도록 눈이 녹지 않는 데다가 경사가 험하며 거대한 암벽이 많아 산 자체를 오르기가 쉽지 않다. 더욱이 과거에는 대관령, 한계령, 미시령 등 높고 가파른 고개를 몇 날 며칠을 걸어서 설악산에 이르러야 했으니, '악!' 소리가 날 법도 했다. 다행히도 지금은 교통의 발달로 남녀노소 누구나 찾는 국민 관광지가 되었다.●3

강원도 양양, 속초, 인제, 고성에 걸쳐 있는 설악산은 조선시대에는 산봉우리마다 각기 다른 이름을 붙였을 정도로 큰 규모를 자랑한다(그림 2-1). 즉 대청봉 중심의 외설악을 설악산, 한계령 북쪽의 내설악을 한계산(또는 오색산)이라 구별해 명명하였다가 조선 후기에 이르러 설악산으로 통일되었다고 한다(최원석, 2016). 그래서일까? 거대한 규모를 지닌 설악산에서 각기 다른 자연미를 지닌 개개의 장소들은 그 나름대로의 특색을 가진 선율을 내고 있는 것만 같다. 그러면서도 설악이라는 큰 공간 안에서 마치 하나의 통합된 합

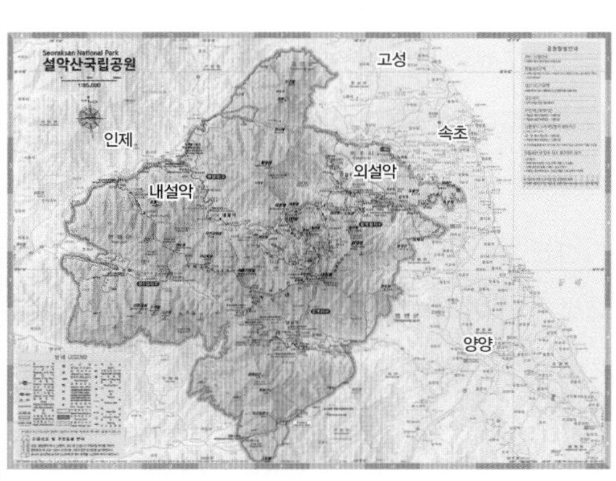

그림 2-1. 『해동지도(海東地圖)』에 표기된 금강산과 설악산(좌), 설악산 지도(우)
출처: 한영우 외(1995)(좌), 국립공원 홈페이지 재구성(우)

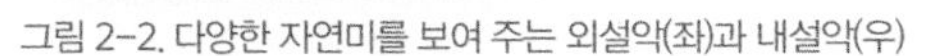

그림 2-2. 다양한 자연미를 보여 주는 외설악(좌)과 내설악(우)

주곡으로 연결되며 조화를 이룬다(그림 2-2). 게다가 설악산의 바위 하나하나, 계곡 하나하나에 관해 전해지는 많은 이야기들을 듣노라면, 설악산의 풍경을 그저 바라보며 감탄하는 것에서 그치지 않고 위대한 자연과 하나가 되는 듯한 느낌까지 받을 수 있다. 자, 그렇다면 이제 다채롭고 색다른 선율로 멋진 하모니를 이루는 설악산 콘서트로 가 볼까?

도란도란 계곡물에 담은 소망의 칸타빌레: 내설악의 백담계곡과 백담사

조선시대 전까지만 해도 무명산이었던 설악산은 김창흡(조선 후기의 학자)이 『설악일기(雪岳日記)』(1705)를 비롯한 설악산 유람기를 작성하면서 선비들에게 널리 알려지게 되었다. 김창흡은 금강산을 포함해 전국을 유람했지만, 설악산 이외의 유람기는 남기지 않을 정도로 유달리 설악산을 사랑했다고 전해진다. 특히 내설악의 수렴동계곡과 같이 깊고 아름다운 계곡과 멋진 폭포에 반해 설악산에 9년간 은거하였다고 하니, 아름다운 풍치가 넘치는 설악산 중에서도 으뜸은 계곡임이 분명하다(김풍기, 2014). 또한, 설악산 유람기를 작성한 다른 선비들도 설악산 계곡들의 기이함, 더 나아가 신령스러움을 언급하고 있으니(허남욱, 2015), 수렴동계곡, 십이선녀탕 등 유려한 계곡이 많은 내설악의 계곡들은 특히

나 설악산 합주곡을 구성하는 선율 중 중요한 요소라고 볼 수 있을 것이다.

무엇보다 내설악 대부분의 물줄기가 모이는 '백담(百潭)계곡'은 흐르는 수량이 많음에도 불구하고 맑은 물이 잔잔히 노래하듯이 흘러내린다. 그리고 백담계곡을 둘러싸고 있는 숲과 그 속에 존재하고 있는 '백담사'가 함께 조화를 이루어 청아한 음색을 풍긴다(그림 2-3). 이러한 분위기 속에서 백담계곡과 백담사에 전해져 오는 이야기는 어떤 독특한 편곡을 만들어 낼까?

백담사는 '맑고 깊은 소(沼)가 많은 백담계곡 깊숙이 위치한 절'이라는 의미도 있지만, 그 이면에는 되풀이되는 화재를 피해 보고자 하는 스님들의 소망이 들어가 있는 이름이기도 하다. 전설에 의하면, 백담사는 본래 현 위치에서 조금 떨어진 한계사 터에 있었는데 이곳에선 빈번히 화재가 발생하였다. 절을 재건하던 어느 날, 주지스님의 꿈에 백발의 노인이 나타나 "설악산 대청봉에서 절까지 물웅덩이를 살펴보라"고 하였다. 이에 스님이 직접 산으로 올라가 '물웅덩이를 세 보니 개수가 100개'여서, 이렇게 많은 물로 화마(火魔)를 이길 수 있을 것이라는 생각에 이름을 백담으로 지었다고 한다(충청북도문화재연구원, 2013). 이후 전설처럼 백담사는 약 200여 년간 무탈했다. 하지만 안타깝게도 1915년에 화재가 한 번 났고, 6·25전쟁 때는 격전지로 활용되어 많은 부분이 소실되었다. 현재의 백담사는 1957년도에 다시 재건된 것이다(한국민족문화대백과사전).

그림 2-3. 백담사와 백담계곡

이처럼 화재로 고생을 한 탓에 백담사에는 산신령을 모셔 둔 산신각(혹은 산령각)이 있다(그림 2-4의 좌). 불교의 사찰인데, 민간신앙에서 나타나는 산신령이라니? 조금은 뜬금없이 여겨질 수 있지만, 대부분의 절들이 산에 위치하고 있다는 점을 감안한다면 아예 이해 못 할 것도 없다. 즉 한반도 대부분을 이루는 산은 맹수가 출몰하여 다가가기 어려운 곳이었으며, 산 아래와 달리 오랫동안 산봉우리에 새하얀 눈이 쌓여 있었고 태양이 산꼭대기에 솟을 때 광명이 비치던 곳이었다. 이러한 이유로 산은 예로부터 신성시되었는데, 이에 산신은 민간신앙에서 보편적으로 볼 수 있는 존재가 되었다. 여기에 불교가 도입되면서 토속신앙의 산신과 결합하였고, 자연스럽게 산신은 산불과 맹수 등의 위협으로부터 불도와 사찰을 보호하는 수호신 역할을 맡게 되었다(문화콘텐츠닷컴 홈페이지).

이처럼 산신령이 보호해 주는 영험하고 신성한 설악 내부에 자리한 백담사는 생육신 중 하나인 김시습, 『설악일기』를 작성한 김창흡, 우리나라 11·12대 대통령이었던 전두환 등 유명 인사들이 세속으로부터 떨어져 은둔하고자 했던 장소이기도 하다(그림 2-4의 우). 그중 독립운동가이자 시인으로 저명한 만해 한용운은 백담사와 특히나 인연이 깊다. 백담사는 한용운이 스님으로 입적한 절이며, "님은 갓슴니다. 아아 사랑하는 나의 님은 갓슴니다."로 시작하는 한용운의 대표작 『님의 침묵』(1926)의 집필지이기도 하기 때문이다(그림 2-5와 2-6). 이처럼 아름다운 시어로 속삭이는 한용운의 시는 청아하고 아름다운 백담계곡의 분위기와 만나 더욱 마음을 울리는 앙상블을 형성한다.

그래서일까? 백담사는 설악산의 신성하고 영험한 기운을 받으며 한용운의 발자취를 따라온 사람들로 늘상 붐빈다. 방문객들은 허물어져 있는 담장을 넘어 백담계곡에 소망을 담은 둥글둥글한 조약돌로 정성스럽게 돌탑을 쌓는다(그림 2-7). 스님들의 소망이 담긴 백담사의 전설과 한용운의 희망이 담긴 『님의 침묵』처럼, 방문객들의 간절한 소원은 백담사의 또 다른 전설로 남아 백담계곡과 함께 매번 색다른 연주를 들려주고 있다.

그림 2-4. 백담사의 산신각(좌)과
전두환 전 대통령이 머물던 방(우)

그림 2-5. 백담사 내 만해 한용운 동상(좌)과
만해기념관(우)

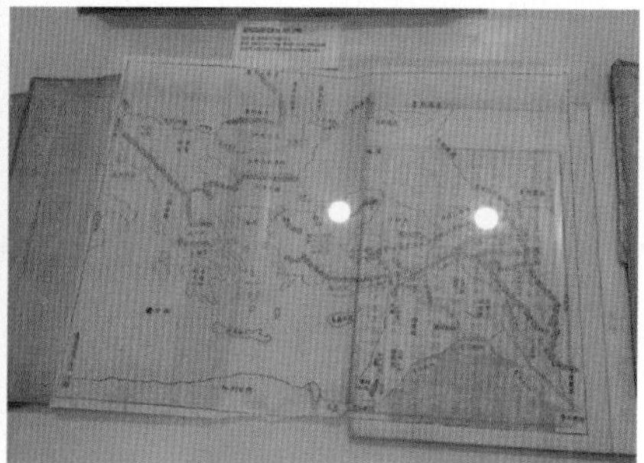

그림 2-6. 만해기념관에 있는 『님의 침묵』 초판본(좌)과 한용운이 공부했던 세계지리서
『영환지략(瀛環志略)』(1850)(우)

그림 2-7. 백담계곡에 돌탑을 쌓는 사람들

웅장하고 기이한 바위들의 행진곡: 외설악의 울산바위

구불구불한 미시령을 넘어 인제의 내설악에서 속초의 외설악으로 들어서면, 그 분위기가 매우 달라짐을 느낄 수 있다. 물이 풍부하고 깊어 수려한 계곡이 특색인 내설악과 달리, 외설악은 기이한 봉우리와 거대한 암벽으로 인해 웅장하고 위풍당당한 행진곡과 같은 맵시를 보여 준다. 특히, 높은 산 정상에 위치하여 주변의 능선에 비해 거대하고 하얀 화강암 바위로 구성된 '울산바위'는 장엄하고 성대한 풍채를 지녀 한눈에 들어온다(그림 2-8의 상).

정확히 해발고도 780m로, 남한의 최고봉에 위치한 울산바위는 6개의 거대한 화강암 바위로 구성되어 둘레가 약 4km에나 달한다. 그런데 왜 울산바위에는 '울산'이라는 이름이 붙여졌을까? 우리가 아는 경상남도 울산을 말하는 걸까? 답을 미리 말한다면, '그럴 수도 있고, 아닐 수도 있다'가 정답이다.

이에 관한 여러 가지 설이 있다. 첫 번째, 계조암 목탁바위에서 보면 바위가 계조암을 울타리처럼 두르고 있어 울(타리)산 혹은 울타리 리(籬) 자를 써서 '이산(籬山)'이라고 불렀다는 설이 그것이다(그림 2-8의 하). 두 번째, 비가 오고 천둥이 칠 때, 산 전체가 울고 으르렁거리는 것 같다 하여 '울산' 또는 '천후산(天吼山)'이라고도 불렀다 한다(지광훈 외, 2009).

그림 2-8. 탐방로에서 본 울산바위(상)와 계조암에서 본 울산바위(하)

세 번째 설은 경상남도 울산(蔚山)의 지명과 관련된 것이다. 어느 날 산신령이 일만 이천 봉에 달하는 명산을 만들기 위해 세상의 모든 봉우리들에게 금강산으로 모이라고 하였다. 울산에 있던 울산바위는 이를 듣고 금강산을 향해 길을 떠났지만, 워낙 몸이 거대하고 무거워서 걸음걸이가 느릿느릿했다. 울산바위가 금강산에 거의 도달했을 무렵, 이미 금강산 봉우리의 자리는 다 차 버렸다. 이에 울산바위는 차마 울산으로 되돌아가지 못한 채 설악산에 주저앉아 버렸다고 한다(한국문화재정책연구원, 2015).

재미있게도 위 세 번째 전설은 설악산의 지형 형성 연대와도 연관이 깊다. 설악산에 있는 대부분의 화강암은 1억 년 전 중생대 백악기에 형성되었다. 그중에서도 울산바위는

'울산 화강암'으로 구성되어 있는데, 이는 설악산의 암석 중에서도 가장 늦게 형성된 암석으로, 7000만 년 전 관입한 것이다(지광훈 외, 2009). 전설에서 나왔듯이 울산바위가 설악산의 막내임이 틀림없는 것이다. 물론 실제로는 땅 아래에서 울산바위가 솟구쳐 나왔지만, 울산바위가 꼭대기에 얹혀 있는 모양새를 하고 있으니 이를 보고 재미있는 이야기를 만들어 낸 옛사람들의 풍부한 상상력이 놀랍다.

한편, 이 전설에는 후속담이 하나 전해 온다. 어느 날 울산바위의 전설을 들은 울산부사가 본래 울산바위는 울산의 것이니, 울산바위 아래에 위치한 신흥사에게 사용세를 내라고 호통을 쳤다. 이후 신흥사는 매년 울산부사에게 세금을 내었는데, 그 세금이 워낙 크다 보니 신흥사는 더 이상 세금을 낼 돈이 없었다. 이에 한 동자승이 울산부사에게 세를 내기 어려우니 울산바위를 도로 가져가라 하였고, 울산부사는 재로 만든 새끼를 꼬아서 울산바위를 두르면 가져가겠다고 꾀를 부렸다. 그러자 동자승은 청초호와 영랑호에 나는 갈대로 새끼를 꼬아 울산바위에 두르고, 불을 질러 재로 만들어 버렸다. 결국 제 꾀에 속아 넘어간 울산부사는 울산바위를 가져갈 수도 없었고, 신흥사에게 더 이상 세금을 내라는 소리도 하지 못했다고 한다. 참고로 여기서 청초호와 영랑호 사이의 지역을 묶을 속(束), 풀 초(草) 자를 써서 '속초(束草)'라 불렀다는 설이 유래한다(그림 2-9).

이렇듯, 울산바위의 전설은 독특한 생김새에 대해서 옛사람이 나름의 상상력을 펼쳐 그 근원을 찾으려 했다는 점에서 재미와 흥미를 부여한다. 이 밖에도 설악산을 구성하고 있는 주요 암석인 화강암이 오랜 세월로 풍화·침식되어 생긴 독특한 형태의 바위들을 찾아볼 수 있다. 100명이 한꺼번에 몰려와도 떨어지지 않는 둥글둥글한 흔들바위와 같은 핵석, 거대한 목탁처럼 생긴 계조암의 목탁바위, 100여 명이 앉아서 식사할 수 있을 만큼 평평하고 넓어 식당암이라는 이름을 지닌 너럭바위 등의 다양한 바위들은 외설악 행진곡을 더욱 기묘하게, 특출 나게 만들어 준다(그림 2-10).

그림 2-9. 울산바위 탐방로에 위치한 신흥사(좌), 울산바위에서 찍은 속초 전경(우)

그림 2-10. 핵석인 흔들바위(좌), 다양한 모양의 화강암을 보여 주는 울산바위(우)

끝맺지 못한 강원도 설악산의 진혼곡

앞서 본 백담계곡과 울산바위는 내설악과 외설악에서 찾아가 보는 데 어렵지 않아, 대중들에게 널리 알려진 명소이다. 이 외에도 설악산 깊숙이에는 독특하고 다양한 지형이 많이 분포하고 있어, 이에 관련한 전설도 수없이 많다. 본문에 다 언급하지 못했지만, 웅장하고 거대한 풍채를 자랑하는 외설악의 '권금성'은 고려시대 때 권씨와 김씨의 성을 지닌 두 장사가 하루 만에 쌓은 산성이라는 전설이 전해 온다. 또한, 탕처럼 깊은 8개의 웅덩이에 '십이선녀탕'이라는 이름이 붙여진 내설악의 계곡은 열두 명의 선녀가 탕을 만들다가 과로로 네 명의 선녀가 숨을 거두고 나머지 여덟 명의 선녀가 작업을 완수하였다는 전설이 남아 있다. 이처럼 지역민들이 아름답고 신비로운 자연을 보며 그들 나름대로의 호기심을 풀고자 지은 흥미로운 이야기들은 설악산 자연의 아름다움과 신비로움에 흠뻑 빠져들게 한다.

그런데 이토록 아름다운 경관과 재미있는 이야기를 지닌 설악산에는 슬프고 애틋한 이야기도 숨어 있다. 1950년 6월 25일에 발발하여 3년간 진행되었던 6·25전쟁은 우리나라의 모든 지역을 고통으로 몰아넣었지만, 그중에서도 설악산과 그 주변은 비극의 격전지였다. 외설악 입구에 세워진 '설악산 전투 기념비'는 설악산에서 여러 차례의 대접전이 벌어지며 많은 사람들이 희생되었다는 사실을 보여 준다. 이뿐만이 아니다. 강원도 고성, 양양, 인제, 속초 등 설악산 인근의 지역은 6·25전쟁 이후 남한으로 수복되었는데, 이곳 지역민들은 끊임없는 이념 검증에 시달리면서 통제된 자유를 누려야만 했다. 덧붙여 속초의 아바이마을 주민과 같이, 고향과 가족을 잃어버린 그들의 가슴 아픈 사연들 또한 존재한다. 이러한 이야기들은 설악산에 숨겨진 진혼곡 한 자락을 발견하게끔 한다.

이처럼 설악산은 아름답고 우아하면서 동시에 웅장하고 기이하며, 세월이 흘러도 아무 일 없었다는 듯이 변하지 않는 모습으로 아픔을 지닌 자들을 품에 안아 달래 준다. 설악산의 아름다운 경관과 함께 들리는 다양한 이야기들은 다채로운 선율을 지닌 하나의 커다란 합주곡으로 연주되며 여러 가지 변화를 부여한다. 때로는 희망과 소망의 칸타빌레로, 때로는 통통 튀는 호기심의 행진곡으로, 때로는 위로의 진혼곡으로 말이다.

03

어민들의 간절함이 만든 개양할미 설화, 전북 부안

안녕과 풍요를 기원하는 어민들의 간절한 소망, 바다에 닿다

잔잔하게 찰랑이는 바다를 보고 있노라면, 마음 한편이 편안해지면서도 어딘지 모를 엄숙함이 느껴진다. 여러분에게 바다는 어떤 존재인가? 누군가에게는 삶의 터전일 것이고, 다른 누군가에게는 소중한 날의 추억이 담긴 장소일 것이다. 또 누군가에게는 그 무엇과도 바꿀 수 없는 행복한 기억이 담긴 곳이며, 다른 누군가에게는 상상만 해도 가슴이 미어지는 슬픈 기억이 담긴 곳일 것이다. 이러한 이유로, 시나 소설과 같은 각종 문학 작품 속에서는 자신의 마음을 바다에 빗대어 표현하는 경우를 쉽게 찾아볼 수 있다. 끝이 보이지 않는 광활한 바다는 사람들로 하여금 다양한 감정과 기억을 떠올리게 하는 신비한 힘을 가지고 있다.

삼면이 바다로 둘러싸인 우리나라에서 바다가 가지는 의미는 더욱 특별하다. 특히 해안가에 인접한 지역의 주민들에게 바다는 삶의 터전과 생계의 수단 그 이상의 의미를 가진다. 그들에게 바다는 삶의 애환이 가득 담긴 고향이자 생명력의 원천이다. 또한 거센 파도와 물살로 한순간에 목숨을 앗아 가는 두려운 존재임과 동시에, 때로는 전지전능한 힘으로 그들을 지키는 가장 든든한 존재로 인식되곤 한다.

이러한 이유로, 해안가 지역에서는 바다와 관련하여 그들만의 고유한 문화와 민속이 다양한 형태로 전해져 내려온다. 이들은 주로 어업의 성공과 뱃길의 안전을 기원하는 어민들의 바람을 담아 형성되는데, 전국 각지에서 여러 가지의 형태로 존재하는 '풍어제'나 '배고사' 등이 바로 그 대표적인 예이다(그림 3-1). 또한 바다에 대한 어민들의 경외심과 두려움이 자연스럽게 혼합되어 민속신앙적인 성격을 가지기도 하는데, 전라북도의 부안에 전해져 내려오는 설화는 이러한 해양 전통문화의 특징을 뚜렷하게 나타내고 있다.

전라북도의 좌측에 위치하여 서해와 맞닿아 있는 해안도시 '부안'은 바다 쪽으로 튀어나온 반도와 같은 형태를 보이며, 예로부터 해양 세력의 핵심지로서 기능했던 지역이다(그림 3-2의 상). 부안에서도 가장 서해와 가까운 바닷가의 벼랑에는 '수성당'이라는 건축물이 존재한다. 이는 과거 삼한시대부터 조선 후기에 걸쳐 약 1,000년이 넘는 시간 동안 해양제사를 지냈던 곳으로 개양할미, 혹은 수성당할미라 불리는 해신(海神)을 모시는 장소이다(문화콘텐츠닷컴 홈페이지)(그림 3-2의 좌하·우하). 이러한 수성당에는 평생 바다와 함께 삶을 살아갔던 어민들의 간절함과 소망이 담긴 흥미로운 이야기가 존재하는데, 그것이 바로 '개양할미 설화'이다. 한반도 최대 규모의 해양제사 유적지이자 전라북도 유형문화재 제58호로 지정되어 있는 수성당! 그 속에는 과연 어떤 이야기가 숨어 있을까?

그림 3-1. 부안군 위도면 띠뱃놀이
출처: 부안군 문화관광 홈페이지

그림 3-2. 부안군 위치도(상), 수성당 안내문(좌하), 수성당의 모습(우하)

수성당을 지키는 개양할미 이야기

"개양할미는 먼 옛날 당굴에서 나와 딸을 여덟 명을 낳아서 칠산바다 주변에 있는 당집에 나누어 주고 자기는 막내딸만 데리고 이곳 수성당에 살면서 칠산바다를 총괄하고 있었다고 한다. 그녀는 신비한 능력을 갖춘 존재로 키가 커서 굽나막신을 신고 칠산바다를 걸어 다니면서 깊은 곳은 메우고 물결이 거센 곳은 잠재우며 다녔다고 한다."
(송화섭, 2008, 81–106)

부안군 격포리 죽막마을을 중심으로 전해져 내려오는 거대한 몸집의 할머니 신 '개양할미'는 칠산바다를 관장하는 수호신이다. 이때 칠산바다란 부안과 영광, 고창 지역의 앞바다로, 위도와 비안도 등 7봉우리의 섬이 있는 곳이라 하여 붙여진 이름이다(그림 3-3의 좌). 총 여덟 명의 딸을 낳은 개양할미는 막내딸을 제외한 일곱 명의 딸을 이 7개의 섬에 각각 시집보내고, 자신은 수성당에 내려와 칠산바다를 총괄하였다고 전해진다(그림 3-3의 우). 이러한 내용을 통하여, 개양할미가 변산군도 전체의 해역을 수호하는 신이었으며 그중 수성당이 본부와 같은 역할을 하였음을 유추해 볼 수 있다(송화섭, 2008). 이와 같은 개양할미의 수호신적 면모는 설화 전반에 걸쳐 뚜렷하게 드러나는데, 자세한 내용은 다음과 같다.

"어부가 풍선(전마선)을 타고 바다로 멀리 고기잡이를 나갔는데, 남편이 돌아올 때가 되었는데도 돌아오지 않자 어부 식구들이 당집이 있는 언덕에 나아가 바다를 바라보았다. 남편은 바다에 안개가 끼어서 행선지를 찾을 수 없어 오도 가도 못하고 노를 젓지 못하는데, 배는 고군산 열도까지 밀려가고 있었다. 개양할미가 어부 식구들에게 '무슨 일 때문에 그러느냐'고 하니까, 답하기를 '남편이 고기를 잡으러 바다에 나갔는데 안 오니까 기다린다'고 하자 개양할미는 당에 들어가서 바다에 들어갈 옷을 갈아입고 서해바다 물속으로 들어가서 전마선과 남편을 구해 왔다. 어부 마누라가 바다로 들어가는 개양할미를 보니까 물이 무릎까지 차지 않을 만큼 키가 장대하였다고 한다." (송화섭, 2008, 81-106)

그림 3-3. 칠산바다의 위치(좌), 개양할미와 여덟 딸들(우)

설화를 살펴보면, 개양할미는 서해바다를 다니며 깊게 빠진 곳을 메우고 고기를 잡으러 떠난 어부들이 위험에 처해 있을 경우 적극적으로 나서서 구조하는 등 엄청나게 거대한 몸집과 힘을 이용하여 어민들의 생명을 직접적으로 보호하는 역할을 하였다는 것을 알 수 있다. 이 외에도 개양할미 설화 중에는 유독 수호신적인 측면이 잘 드러나 있는 경우가 많은데, 그 이유는 설화가 전승된 부안의 환경조건과 관련이 있다. 개양할미 설화의 배경이 되는 칠산바다는 우리나라 최대의 조기 어장 중 하나로서, 대부분의 주민들이 어업을 통해 생계를 유지하였다(최명환, 2010)(그림 3-4의 좌). 특히 위도는 그물코마다 고기가 가득 잡힌다는 황금어장으로 유명하여, 많은 어민들이 풍어를 위해 위도에 몰려들었다고 한다(한국민속신앙사전). 그러나 부안 격포리 죽막동과 위도 사이의 바닷길은 조류가 급하고 주변에 섬이 많아 물의 흐름이 복잡하며, 바람이 많이 불고 파도가 높아 어민들의 생명을 위협하는 경우가 잦았다(송화섭, 2008). 이에 자연스럽게 바다에서의 안전과 무사귀환은 어민들의 가장 큰 소망과 관심사가 되었고, 이 간절한 마음이 설화 형성 과정에 반영되어 어민들의 목숨을 지켜 주고 바다를 수호하는 개양할미 설화가 탄생하였다고 볼 수 있다.

이러한 이유에서인지, 수성당은 칠산바다가 훤히 보이는 언덕에 위치해 있으며 출입문 역시 바다에서 육지를 향해 나 있다(한국문화유산답사회, 1997). 이는 개양할미가 항상 칠산

그림 3-4. 위도 어시장 모습(좌), 수성당 풍어기원제사(우)
출처: 부안군청 홈페이지(우)

바다를 지켜보고 있으며, 문제가 발생하면 언제든 나와 어민들을 보호함을 의미한다. 죽막마을에서는 이러한 개양할미의 보살핌에 감사하며, 매년 음력 정월 초사흗날에 무사귀환과 풍어를 기원하는 제사를 지냈다. 이러한 제사는 1960년대 중반에 잠시 중단되었다가, 2004년 주민들에 의해 다시 복원되었다(한국민속신앙사전). 이를 통하여, 죽막마을의 주민들에게 개양할미 설화는 단순히 전해져 내려오는 이야기가 아닌, 간절함과 소망이 담긴 일종의 민속신앙이자 당시 어민들의 삶을 살펴볼 수 있는 소중한 문화유산임을 짐작해 볼 수 있다(그림 3-4의 우).

축제를 통해 새롭게 전승되는 개양할미 이야기

이처럼 소중한 개양할미 설화는 대부분의 설화들이 그렇듯 지역 주민들에 의해 입에서 입으로만 전승되어 부안군 내에서는 높은 입지를 가졌으나, 그 외의 지역에서는 상대적으로 낮은 인지도를 가질 수밖에 없었다. 그러나 최근 개양할미 설화는 새로운 방식을 통하여 부안군뿐만 아니라 전국적으로 많은 사람들의 관심을 끄는 설화로 성장해 나가고 있다. 바로 전국 최초의 소도읍 거리형 축제인 '부안 마실축제'를 통해서이다(브레이크뉴스 전북, 2018.5.5).

2012년을 시작으로 매년 5월 개최되는 부안 마실축제는 부안군만의 특색을 살린 대표적인 축제로, 군민의 화합은 물론 부안을 찾는 관광객들에게 '마실'로 대표되는 부안의 푸근한 인심과 정을 나누겠다는 취지로 만들어졌다(부안마실축제 홈페이지). '어화세상 벗님네야 복 받으러 마실가세!'라는 문장으로 대표되는 이 축제는, 부안 주민들의 삶을 담은 개양할미 설화 중 일부를 다양한 축제 프로그램에 녹여냄으로써 관광객들로 하여금 뜨거운 호응을 얻고 있다. 이름만 들어도 흥이 절로 나는 이 축제에는 과연 어떤 개양할미 설화가 녹아 있을까?

"개양할미에게는 하늘의 보물인 5개의 구슬이 있었다. 이 구슬은 각각 성공, 건강, 재물,

휴식, 사랑을 주는 복이다. 그러던 어느 날, 개양할미는 곰소 앞바다 게란여[4]를 메우다가 이 5개 구슬을 잃어버린다. 화가 난 개양할미는 칠산 앞바다에 큰 재앙을 내리고, 부안 사람들은 개양할미를 달래기 위해 당산굿을 지낸다. 하늘은 이에 감복하여 개양할미에게 오복 구슬을 찾아 주었고, 개양할미도 부안 사람들의 정성에 감동하여 생명의 싹이 움트는 5월이면 성대한 잔치를 하며 오복을 나눠 주었다." (부안마실축제 홈페이지)

부안군의 마실축제는 이처럼 흥미로운 설화 내용을 바탕으로 전개된다. 특히 제6회를 맞이한 2018년에는 오복 거리(풍복이 소리거리, 강복이 체험거리, 재복이 장터거리, 휴복이 놀이거리, 자복이 추억거리)를 걸으며 '복 받는 날 퍼레이드', '오복 마실 춤 경연대회' 등 독특하고 재치 있는 40여 개의 프로그램을 즐기고 체험할 수 있도록 기획되었다(2019년에는 축제 내용이 조금 변경되었으나 설화와 부안이라는 지역이 갖는 독특성과 창의성은 변함이 없다). 이는 아름다운 자연환경, 즉 변산반도와 곰소항을 배경으로 하여 바다만이 가질 수 있는 지역 설화를 보태면서 더욱 전통적인 매력이 있는 축제가 되었다(그림 3-5). 이러한 독특성과 창의성에 힘입어 2018년 제6회 부안 마실축제는 유럽 5개국의 주한대사를 포함한 약 62만여 명의 관광객을 유치하며, 부안군을 넘어 전라북도를 대표하는 축제로서 그 입지를

그림 3-5. 변산반도(좌), 곰소항(우)

그림 3-6. 부안 오복 마실축제의 대표 캐릭터 '오복이'(좌), 개양할미 설화 퍼레이드(우)
출처: 부안마실축제 홈페이지(좌), 부안군청 홈페이지(우)

다졌다(전라일보, 2018.5.8). 이는 지역의 경제 활성화와 더불어, 부안 주민들의 삶과 이야기가 담긴 개양할미 설화를 새로운 방식으로 알리고 확장하는 계기가 되었다(그림 3-6).

부안을 사랑한 수호신, 개양할미

부안군 주민들의 간절한 마음이 담긴 개양할미 설화는, 매일 생명의 위협을 느껴야 하는 불안정한 환경조건 속에서 삶을 살아가야 했던 어촌 주민들의 애환과 소망이 녹아들어 있어 더욱 각별하다. 이러한 개양할미 설화를 통하여 우리는 당시 어민들의 삶을 이해하고 그들의 어려움을 헤아릴 수 있다. 또한 수성당과 같은 제사 유적지 및 현재에도 진행되는 해양제사 등과 함께 민속신앙과 관련한 연구에도 효율적으로 활용할 수 있다. 이는 바람이 강하게 불고 파도가 높았던 부안군의 환경적인 특징을 잘 반영한 특색 있는 지역 설화로, 다른 지역과 차별화되는 높은 가치를 가진다.

그렇다면 이렇게 뛰어난 가치를 가지는 설화를 우리는 어떻게 발전시켜 나가야 할까? 가장 중요한 것은, 소중한 설화가 시간의 흐름에 따라 사람들의 기억 속에서 잊히지 않도록 노력하는 것이다. 이러한 측면에서 볼 때, 부안군의 개양할미 설화는 부안 마실축제라는 새로운 방식을 통하여 많은 사람들에게 널리 알려짐으로써 나름의 정체성을 지키며 바람직한 방향으로 발전해 나가고 있다고 할 수 있다. 또한 부안 마실축제를 통해 개양할미 설화와 직접적으로 연관된 수성당뿐만이 아니라 부안군 전체가 크게 활성화되고 있다는 점에서, 지금까지 그저 재미있는 이야기로만 여겨졌던 우리 설화의 높은 가치와 잠재력을 발견할 수 있다.
큰 키와 거대한 힘으로 부안군 주민들을 수호했던 개양할미는 이제 부안군 주민들에 의해 전승되고 보호받으며 새로운 방식으로 부안군 주민들을 수호하고 있다. 이러한 부안의 개양할미 설화는 전국에 존재하는 다양한 지역 설화가 나아가야 할 방향성을 제시하고 있어 더욱 특별하다. 칠산바다의 수호신으로서 개양할미가 지키고자 했던 것은 어쩌면 어민들의 목숨과 안전뿐만이 아니라 그녀가 사랑한 지역 전체의 소중한 가치가 아니었을까?

04

용과 나팔수와 쉰들러의 이야기가 있는 곳,
폴란드 크라쿠프

폴란드와 크라쿠프에 관한 짧은 이야기

'폴란드' 하면 떠오르는 건 아우슈비츠 수용소가 있는 곳, 코페르니쿠스와 퀴리 부인과 쇼팽의 나라 정도일까? 좀 더 관심이 있는 사람이라면 근면한 폴란드인, 넓은 평원 덕분에 감자와 돼지가 주식이며 소시지와 보드카를 처음 만든 곳, 그리고 손님이 오면 보드카와 빵 한 쪽을 대접하는 전통문화를 떠올릴 것이다.

우리나라에 단군 신화가 전해져 오듯, 폴란드에도 레흐(Lech) 신화가 전해 내려온다. 천 년도 넘은 옛날 비스와(Wisla)강 상류에는 슬라브족이 살고 있었다. 부족의 족장은 레흐(Lech), 체흐(Czech), 루스(Rus)라는 삼형제를 두었다. 족장이 죽은 뒤 세 형제는 영지를 나누었는데, 각자의 영지가 너무 작아 새로운 세상을 찾아 떠나기로 하였다. 삼형제는 몇 달을 여행한 끝에 초원의 언덕에 서 있는 커다란 참나무와 그 가지에 앉은 신비로운 흰 독수리를 발견했다. 흰 독수리를 상서로운 징조로 여긴 큰 아들 레흐가 나무에 올라 주변을 살펴보았다. 북쪽에는 커다란 호수가 보이고, 동쪽으로는 기름진 평야가 끝없이 이어졌다. 서쪽에는 목초지가 펼쳐진 끝에 울창한 숲이 있었다. 레흐의 이야기를 들은 체흐는 남쪽으로, 루스는 동쪽으로 향했다. 그리고 레흐는 흰 독수리가 둥지를 틀고 있는 언덕을 중심으로 새로운 정착지를 만들고, 그곳을 새의 둥지라는 뜻을 지닌 '그니에즈노(Gniezno)'라 명명하여 폴란드 왕국의 첫 번째 수도를 세웠다. 폴란드 왕국은 초기에 레흐의 이름을 따서 '레흐 부족의 나라(Lach, lengyel, Lechistan)'로 불리기도 하였으나 이후 북부 슬라브족이 합쳐지면서 생긴 폴란(Polan)족의 이름을 따서 정확히 '폴란드'가 되었다. 한편 남쪽으로 내려간 체흐는 체코를 세웠고, 동쪽으로 간 루스는 러시아를 세웠다고 전해진다(김용덕, 2013). 이 이야기는 아마도 주변의 경쟁상대인 러시아나 체코보다 폴란드가 형이라는 일종의 우월감을 고취시키려는 의도가 아니었을까 생각한다.

아무튼 그니에즈노, 즉 폴란드의 옛 수도였던 크라쿠프(Kraków)는 현재 인구 76만 명의 폴란드 제2의 도시가 되었다(크라쿠프 홈페이지). 도시의 기원이 7세기까지 거슬러 올라갈 정도로 오래된 역사를 지닌 크라쿠프는 피아스트 왕조(Piast period) 시절인 1038년부터 공화정 시절의 지그문트 3세 바자(Sigismund III Vasa)가 수도를 바르샤바(Warszawa)로 옮긴 1596년까지 폴란드 왕국의 수도였다(그림 4-1). 폴란드 역사의 산실인 셈이다. 전통적으로 크라쿠프는 폴란드의 학문·문화·예술의 중심지였으며 또한 경제의 요충지였다. 하지만 16세기 스웨덴의 침입과 수차례 발생한 역병으로 피해를 입게 되자 옛 수도가 되어 버린 크라쿠프는 이후로도 프로이센과 오스트리아, 그리고 독일과 소련(현 러시아) 등 주변 강대국들의 침공으로 수많은 외침과 혼란을 겪었다. 제2차 세계대전 때는 도시의 남쪽 지역 카지미에시(Kazimierz)에 거주하던 유태인 대부분이 학살을 당하기도 하였다. 이러한 고달픈 역사를 지닌 크라쿠프는 불행 중 다행으로 폴란드를 점령한 나치군 사령부가 주둔하여 파괴를 면할 수 있었다. 그런 이유로 1978년 도시 전체가 유네스코 세계유산으로 등재될 수 있었고, 예술과 지성의 향기를 찾는 수많은 관광객들뿐 아니라 폴란드 국민들에게도 꾸준히 사랑받는 곳이 되었다. 또한 크라쿠프는 폴란드의 자존심과 긍지가 배어 있는 곳으로 알려져 있다. 현재 크라쿠프는 '역사지구(Historic Centre)'로 명명되며 폴란드에서 가장 많은 외국인 관광객을 유치하고 있다(최성은, 2006).

그림 4-1. 폴란드의 크라쿠프와 바르샤바의 위치

유네스코의 도시, 크라쿠프 역사지구 돌아보기

크라쿠프는 중세시대의 모습을 고스란히 간직하고 있는 천년고도(千年古都)로서 중세 초기(10~11세기)에 지어진 '성 보이체흐 교회(Kościół św. Wniebowzięcia, 성모승천교회)'가 남아 있다(그림 4-2). 고딕 양식의 첨탑을 가진 이 교회는 교황 요한 바오로 2세[5]의 스승 아담 스테판 사피에하 대주교가 주석하던 곳이기도 하지만, 추후에 이야기할 나팔수 설화로도 유명한 곳이다. 또한 크라쿠프는 12개의 대학이 위치한 교육의 도시이기도 하다. 특히 1364년에 건립된 '야기엘론스키대학교(Uniwersytet Jagielloński)'는 요한 바오로 2세가 다닌 학교로도 유명하며 유럽에서 가장 오래된 대학 가운데 하나로 알려져 있다.

역사와 교육에서뿐만 아니라 크라쿠프는 폴란드 왕국의 수도였던 만큼 15세기 시절까지 경제적으로 국제무역의 중심지였다. 인근 비엘리치카 광산에서 채굴되는 소금과 동양으로부터 온 향신료, 비단, 가죽 등 다양한 이국의 물건들이 이곳에서 교환되었는데, 도시의 중심부에 위치한 '리넥(Rynek) 광장', 즉 중앙 광장에서 이러한 역할을 담당하였다. 중앙 광장은 1241년 몽골의 침략으로 도시가 파괴된 후 1257년에 재건되었으며 재건 당시의 중앙 광장은 낮은 칸막이로 된 노점과 관리 건물로 채워졌고 주변을 순환하는 도로가 있었다고 한다(청년의사, 2017.9.30). 지금은 광장 한가운데에 '수키엔니체(Sukiennice, 직물회관)'가 자리를 차지하고 있다. 1555년 르네상스 양식으로 건축된 수키엔니체는 이름 그대로 섬유나 의복을 사고팔던 곳으로, 실크로드경제를 반영한 결과물이다. 현재 1층에는 중앙의 통로를 두고 양쪽으로 상점들이 늘어서 있고, 가죽제품과 수공예품 등 다양한 기념품들을 팔고 있다(그림 4-3). 2층에는 크라쿠프 국립박물관의 직물회관 분관이 있는데, 4개로 이루어진 전시실에는 19세기 폴란드의 그림과 조각예술품이 놓여 있다.

수키엔니체 옆에는 '구 시청탑'이 남아 있다. 예전에 불탄 것을 복원해 지금도 시청 건물

그림 4-2. 크라쿠프의 성 보이체흐 교회(좌), 비엘리치카의 요한 바오로 2세 소금상(우)

의 일부로 사용하고 있고, 나머지는 박물관으로 사용하고 있다. 그리고 시청 맞은편에는 기원이 11~12세기까지 거슬러 올라가는 로마네스크 양식의 '성 아달베르트 교회'가 있는데 이 역시 놓치지 말아야 할 볼거리다(그림 4-4).

한편, 크라쿠프 근교에는 아우슈비츠(Oświęcim) 수용소, 비엘리치카(Wieliczka) 소금광산, 그리고 교황 바오로 2세의 고향 바도비체(Wadowice) 등이 있어 관광객들로부터 꾸준히 사랑을 받고 있다(그림 4-5).

그림 4-3. 리넥 광장의 수키엔니체와 그 안에서 파는 기념품들

그림 4-4. 구 시청탑(좌), 성 아달베르트 교회(우)

그림 4-5. 아우슈비츠 수용소(상)와 비엘리치카 소금광산(하)

크라쿠프의 탄생 설화, '바벨성의 용(Wawel Dragon)' 이야기

중앙 광장에 위치한 성 아달베르트 교회의 용마루 끝자락에는 '용(龍)'의 형상이 희미하게 보이는데, 이것은 바로 용의 설화가 깃들어 있는 '바벨(Wawel)성'이 가까이 있음을 의미한다. 크라쿠프의 대표적인 명물인 바벨성은 역사지구의 또 다른 중심축으로, 로마네스크·고딕·르네상스·바로크 양식이 혼합된 옛 왕궁이다. 바벨성은 크라쿠프가 수도였을 당시 왕들이 거처하던 공간으로, 높은 언덕 위에서 구시가지와 비스와강을 내려다보고 있다. 이 안에는 여러 개의 정원과 왕궁을 비롯한 건물들이 들어서 있다. 왕궁은 현재 박물관으로 이용되고 있으며 전시물들을 통해 화려했던 궁정생활을 엿볼 수 있다. 왕궁 옆에는 대관식이 이루어졌던 크라쿠프 대성당이 있다. 대성당은 고딕 양식의 장엄한 외관뿐 아니라 내부의 제단과 화려한 벽면 장식으로 유명하다. 국보로 지정되어 있는 성당의 제단은 제작 기간만 12년이 걸렸다고 한다(그림 4-6과 4-7). 하지만 이토록 장엄한 미(美)와 평화로운 모습이 있기까지 바벨성은 '바벨 용'이라는 위대한 설화를 거쳤다.

옛날 옛적, 크라쿠프를 돌아 흐르는 비스와강에는 용이 살았다. 그런데 이 사악한 용은 마을에 거주하는 소녀들을 제물로 바칠 것을 요구하며 마구잡이로 가축들을 잡아먹었다. 이 무서운 용을 처치하지 못한 주민들은 불안에 떨기 시작했다. 결국 왕이 나서서 용을 죽이는 사람에게 큰 상을 내리겠노라고 약속하였다. 그때 한 소년이 나타나 용감하게 용을 잡겠다고 하였다. 이 소년은 크라크(Krak) 혹은 크라쿠스(Krakus)로 불렸는데, 마을에서 사람들의 구두를 고쳐 주며 어렵게 생계를 꾸려 가고 있었다. 그런 소년이 용을 잡겠다고 기꺼이 나서자 마을 사람들은 모두 의아하게 생각하였다.

크라크는 마을 사람들이 차마 생각하지 못한 묘수를 생각해 내었다. 즉 양 한 마리를 가져와 배를 가르고 그 안에 타르와 유황을 가득 채워 넣은 후 다시 원래대로 꿰맸다. 그러고는 이 양을 용이 사는 동굴 입구에 몰래 가져다 놓았다. 다음 날 이른 아침, 먹잇감을 구하러 동굴에서 나온 용은 예상대로 입구에 놓인 양을 보자 단번에 먹어 치웠다. 가짜 양을 먹고 목이 타는 듯 갈증을 느낀 용은 비스와강에 뛰어들어 허겁지겁 물을 들이마셨고, 그 물이 유황과 섞이면서 끓어올라 마침내 '뻥!' 하는 소리와 함께 터지고 말았다. 크라크의 기지로 용을 물리친 마을 사람들은 기쁨에 들떠 축제를 벌였고 크라크의 영리함과 용기를 칭찬하였다. 영웅이 된 구두장이 소년 크라크는 결국 공주와 결혼하여 왕국을 물려받았다. 마을 사람들은 용이 살던 동굴 위에 바벨성을 세운 뒤, 이 마을의 이름을 소년의 이름을 따서 크라쿠프라고 부르게 되었다(권혁재 외, 2008).

크라쿠프 탄생 설화는 이렇게 해피엔딩으로 끝난다. 이 설화의 또 다른 주인공 격인 '바

그림 4-6. 바벨성 전경(좌), 바벨성 왕궁(우)

그림 4-7. 바벨성 안의 크라쿠프 대성당 내부(좌),
비스와강과 접한 바벨성 외부(우)

그림 4-8. 바벨성에 붙어 있는 용(좌), 성 앞의 용 동상(중), 크라쿠프의 용 인형(우)

벨 용'은 오늘날 크라쿠프를 지키는 수호천사로 의미가 변화하여 이 지역의 가장 의미 있는 상징으로 자리 잡았다. 사실 이와 비슷하게 용과 관련한 전설은 유럽의 기독교 전파 과정에서 주요한 이야기 소재로 등장하곤 한다. 지역에 따라 약간씩 차이가 나긴 하지만 대체적으로 용을 잡은 사람은 신화의 주인공으로 등장하고, 주인공은 그 지역의 군주나 가톨릭 성인이 되는 사례가 많다. 그 이유는 그래야 영웅이 지배하는 강한 나라의 이미지를 지닐 수 있기 때문이고, 또 한편으로는 가톨릭 국가로서의 위대함을 입증하는 이야기가 될 수 있기 때문이다(루타나도미닉, 2017). 따라서 폴란드가 여타의 유럽 국가들처럼 용의 설화를 지니고 있다는 것은 폴란드 역시 대표적인 가톨릭 국가라는 사실을 반영한다. 훗날 강가에 용 동상을 세웠는데, 용의 형상을 한 이 동상은 가끔 불을 내뿜기도 해서 관광객들을 즐겁게 만든다. 그래서 이곳에서 파는 용 인형은 가장 인기 있는 기념품이다(그림 4-8).

크라쿠프에 남아 있는 '또 다른' 이야기들

크라쿠프엔 '바벨 용' 이야기 외에도 많은 설화가 존재한다. 그중에서도 중앙 광장에 있는 성 보이체흐 교회의 '나팔수' 이야기를 빼놓을 수 없다. 1241년 4월 9일 칭기즈칸의

손자 바투가 이끄는 타타르군(몽골군)이 폴란드 남서부 바르슈타트(Warsztat) 평원에서 폴란드와 독일 기사단 연합군을 물리치고, 크라쿠프까지 쳐들어오게 되었다. 당시 이 성당 꼭대기에서 망을 보던 나팔수가 타타르군의 습격을 알리는 나팔(Heinau)을 불다가 그들이 쏜 화살에 맞아 죽고 말았다. 크라쿠프를 상징하는 나팔소리는 800년이 지난 지금도 정오가 되면 네 번씩 네 방향으로 나팔이 울리는데, 희한한 건 소리가 중간에서 끊긴다는 점이다. 그 이유는 나팔수가 적의 화살을 맞고 나팔을 불던 그 시점까지만 소리를 들려주기 때문이다(권혁재 외, 2008). 나팔수를 기념하기 위한 일종의 의식이라고 할 수 있을까? 1320년부터 지금까지 울린다고 하니 지난 시기를 잊지 않으려는 폴란드 사람들의 치열한 회한과 성향이 가슴 뭉클한 감동을 선사한다. 어쩌면 이것이 수많은 이민족 지배를 받으면서도 나라를 유지할 수 있었던 폴란드인의 저력인지도 모르겠다.

아쉽게도 폴란드와 크라쿠프의 역사적 슬픔은 계속 이어졌다. 앞서도 언급했지만 특히 크라쿠프는 독일군의 만행이 자행된 곳이라는 점을 기억할 필요가 있다. '그룬발트 전투 기념비(Pomnik Grunwaldzki)'와 '쉰들러 리스트(Schindler's List)' 이야기는 그래서 더욱 각별하다. 그룬발트 전투 기념비는 1410년 폴란드와 리투아니아 연합군이 폴란드 북부 그룬발트에서 독일 튜턴 기사단을 무찌르고 승리한 것을 기념한 탑으로, 크라쿠프의 얀 마테이코(Jana Matejko) 광장에 1910년 세워졌다. 하지만 1939년 독일이 폴란드를 침공하면서 제일 먼저 이 기념비를 폭파시켰다. 이것의 윗부분에는 말을 탄 폴란드의 왕 야기엘론스키와 그 앞의 리투아니아 왕자가, 아랫부분에는 독일의 기사단 수장이 비참하게 쓰러져 있는 형상을 취하고 있었기 때문이다. 즉 당시 나치 독일군의 자존심을 상하게 했다는 이유로 파괴되었다가 그 후 40여 년이 지난 1976년에 폴란드 정부가 이 기념비를 다시 복원하였다(그림 4-9).

또한 영화 〈쉰들러 리스트〉(1993)로 잘 알려진 '오스카 쉰들러(Oskar Schindler)' 이야기의 주요 공간이었던 쉰들러 공장 역시 크라쿠프에 남아 있다. 쉰들러 공장은 제2차 세계대전 당시 쉰들러가 1,000여 명의 유태인들을 위장취업시켜 소중한 생명을 살릴 수 있었던 곳이다(크라쿠프 홈페이지). 그의 이야기를 영화로 만들기 위해 스티븐 스필버그 감독은 쉰들러 공장과 아우슈비츠를 무수히 찾아다녔다고 한다. 그의 행적을 떠올리니 한때 식민 지배의 아픔이 있는 한국인으로서 그 민족사적인 아픔을 짐작할 수 있었다(그림 4-10).

그림 4-9. 그룬발트 전투 기념비

한편, (크라쿠프 자체에는 해당되지 않지만) 외세에 억눌렸던 폴란드의 고달픈 이야기는 여기서 끝나지 않는다. '카틴숲의 학살(Katyn Forest Massacre)' 사건이 대표적이다. 1939년 9월 나치 독일과 소련은 동시에 경쟁하듯 폴란드를 장악하기 위해 침공을 감행하여, 폴란드에 살던 유대인 대부분이 아우슈비츠로 끌려가 죽음을 맞았다. 그런데 그 후에도 1940년 4월부터 5월까지 소련 비밀경찰(NKVD)이 포로로 끌고 간 폴란드군 포로와 시민들을 러시아 스몰렌스크 근교 카틴숲에서 대량 학살하였음이 드러났다. 당시 소련이 폴란드군 장교, 경찰관, 교수, 의사 등 사회지도층 인사 2만 2천여 명을 처형하고 암매장한 이 사건은 1943년 4월 독일군이 집단 매장된 4,100여 구의 시신을 발견하면서 알려지게 되었다.[6] 이러한 억울한 역사적 이야기는 영화 〈카틴〉(2007)을 통해서도 그려진 바 있다.

그림 4-10. 쉰들러 공장의 외부(좌), 쉰들러 리스트 전시관(중), 쉰들러 집무실(우)

크라쿠프의 이야기가 주는 교훈, 슬픔은 곧 극복이다!

폴란드의 다양한 이야기 속에서 우리가 더욱 크게 공감할 수 있는 건 당시 주변국으로서의 슬픔과 상처이다. 폴란드는 우리와 지리적으로 먼 거리에 있지만, 일제강점기를 겪은 우리나라처럼 폴란드도 강대국의 역사 속에서 희생된 나라였다는 공통점은, 심리적으로 그들이 우리와 가까운 나라라는 인식을 갖게 한다. 그래서 폴란드 및 옛 수도였던 크라쿠프가 가진 망국의 상황과 저항의 이야기는 당시 같은 약소국으로서의 동병상련을 불러일으키며 우리에게 더한 공감과 감동을 주고 있다.

특히 폴란드의 크라쿠프는 그저 지난 시간을 조용히 넘기는, 즉 과거에 멈춰 있는 도시가 아니다. 다양한 이야기를 통해 역사적인 성격과 정신을 하루하루 되새기며 살아가는 기념비적인 격정의 도시이다. 크라쿠프 바벨 용 설화, 나팔수 설화, 그리고 그룬발트 기념비의 역사적인 이야기와 쉰들러 리스트 실화를 바탕으로 한 이야기들은 폴란드의 끈질긴 민족적 면모와 지적인 인간상을 반영한다. 동시에 강대국들의 무자비한 만행에도 꿋꿋하게 대적하며 극복해 나간 폴란드의 용기를 다시금 상기시켜 준다. 아울러 상상하기도 힘든 역사적 비극 속에서 자신의 나라와 신념을 지키고자 했던 폴란드인의 수많은 이야기들은 비슷한 역사적 상황을 겪었던 우리들에게도 더욱 큰 공감과 교훈을 주는 게 아닐까 한다.

05

진시황과 삼장법사의 꿈이 담긴 고도古都, 중국 시안

중국의 고대 역사가 살아 숨 쉬는 도시, 시안西安

유라시아 대륙의 중앙을 차지하고 있는 중국은 한반도에서 대륙으로 나갈 수 있는 유일한 육로이기에 고대부터 우리나라와 밀접한 관계를 맺어 왔다. 또한 현재 중국은 우리나라의 경제 의존도가 3위일 정도로 국내의 정치·경제·사회에 큰 영향을 미치는 국가이다(연합뉴스, 2019.2.10). 이렇게 막대한 영향력을 가진 중국의 상징적 도시는 바로 중국의 수도인 베이징(北京)이다. 베이징에는 자금성(紫禁城) 등 한때 아시아 문화권의 중심이었던 명(明)·청(淸)시대의 수도로서의 흔적이 남아 있으며, 마오쩌둥(毛澤東)이 중화인민공화국을 선포한 천안문 광장도 존재한다(그림 5-1). 이와 같은 공간적 의미를 고려하면, 베이징은 현 중국의 정치·경제·사회적 중심지임을 부인할 수 없다. 그런데 기나긴 중국 역사 속에서 베이징이 본격적으로 중국의 수도가 된 것은 금(金)나라 때(1153)로, 비교적 최근의 일이다. 그렇다면 역사책에서 더욱 오래전부터 숱하게 거론되었던 고대 중국의 수도 '장안(長安)'은 과연 어디를 지칭하는 것일까?

그곳은 현재의 시안(西安)을 말한다. 중국 서북쪽 내륙에 위치한 시안은 기원전 11세기

그림 5-1. 베이징의 천안문 광장과 이곳에서 보이는 자금성

주나라 시기부터 서기 10세기 당나라까지 고대 중국의 중심지였다(그림 5-2). 시안은 황허(黃河)강의 중류 지역에 있는 관중(關中) 평원의 중심에 위치해 있어 광활하고 비옥한 토지를 갖고 있던 곳이었다. 또한 북쪽에는 황허의 지류인 웨이수이(渭水)강이 흐르고 있어 생활용수를 안정적으로 공급할 수 있었으며, 남쪽에는 진령(秦嶺)산맥이 둘러싸고 있어 외부의 침입을 막는 데도 유리하였다. 따라서 도시가 형성되기 유리한 자연적 조건을 지녀, 중국의 고문서에는 "관중을 얻는 자 천하를 얻는다(得關中者得天下)"는 어귀가 있을 정도로 시안은 고대 중국에서 중요한 전략적 요충지였다(이유진, 2018). 이러한 시안이 본격적으로 수도로 기능한 시기는 중국의 통일왕조였던 진(秦)·한(漢)시대이며, 특히 한나라 때부터 시안이 장안이라는 이름으로 불리기 시작하였다. 당시 한고조 유방(漢高祖 劉邦)이 도읍을 세우면서 '오랫동안 평안하고 안녕하길 바란다'는 뜻에서 장안이라고 명명했다고 한다. 이후, 명나라 때에 이르러서야 서북지방을 안정시킨다는 의미로 바뀌어 지금의 시안으로 명명되었다(시안 관광청).

중국의 문자를 뜻하는 한자(漢字), 중국의 민족을 말하는 한족(漢族) 등 어휘에서 나타나듯이 중국의 문화에 가장 큰 영향을 미쳤던 것은 한나라였고, 이 한나라의 가장 중심적인 위치를 차지하던 공간이 바로 시안이었다. 이러한 의미와 더불어서 드넓은 평야와 배

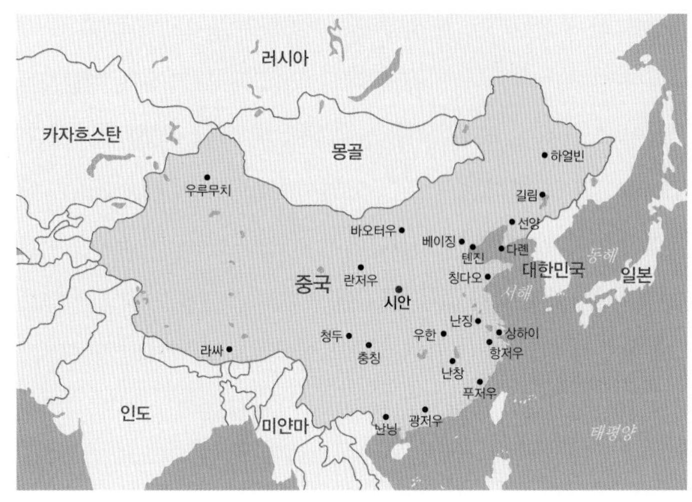

그림 5-2. 시안의 위치도

산임수지형이라는 지리적 이점이 부가되었기 때문에, 시안은 진·한시대 이후에도 수많은 왕조의 수도가 될 수 있었다. 또한 "장안에 화제가 되다"라는 우리나라 속담에서도 알 수 있듯이, 장안이라는 지역명은 '수도나 중심'을 뜻하는 고유명사로 굳혀질 정도로 세계적으로 높은 위상을 차지했다. 왜냐하면 시안이 동서양의 유일한 무역로였던 실크로드(Silk Road, 비단길)●7를 기반으로 꽃피운 당나라의 수도였기 때문이다. 현재에도 이 같은 사실을 보여 주는 역사 유적지가 굳건히 남아 있어, 시안은 중국의 7대 고도 중 하나로서 그 위치를 공고히 다지고 있다.

이처럼 역사적으로 유서가 깊은 고대 중국 문명뿐 아니라 한반도와 일본 열도 등 동아시아 지역, 더 넓게는 세계의 중심지였던 시안에는 그만큼 수많은 이야기가 전해지고, 그 중 몇몇은 우리에게도 익숙한 이야기이다. 그렇다면 지금부터 천 년의 고도, 시안의 유적지와 여기에 남아 있는 이야기를 통해 찬란한 역사를 지녔던 과거의 시안으로 여행을 떠나 보자!

중국을 통일한 첫 번째 황제 진시황, 불로장생不老長生의 꿈을 이루다

수만 년의 중국 역사는 너무 방대할 뿐 아니라 우리나라의 역사도 아니기에 전부 알기는 어렵다. 하지만 많은 이들이 조조, 유비, 손권, 유방, 항우 등에 대해서는 익히 알고 있다. 이는 『삼국지연의(三國志演義)』와 『초한지(楚漢志)』 등의 역사소설이 널리 읽히고 있기 때문일 것이다. 이들의 매력적인 이야기가 후세에 전파되어 지역을 불문하고 읽힌다는 점에서, 설화의 흡수력은 가히 상상할 수조차 없다. 심지어 수천 년 전 살았던 중국의 인물조차 친숙할 정도이니 말이다. 특히 기원전 221년 중국을 통일하고, 황제라는 칭호를 처음으로 사용함으로써 시안에 전설적인 이야기를 남긴 진시황(秦始皇)이 그러하다(그림 5-3의 좌).

중국의 황제, 진시황이 이웃나라에 있는 우리에게 친숙한 이유는 그가 불로초를 찾던 이야기가 예부터 우리나라에 전해져 국내 곳곳에 지역 설화로 전해지고 있을 뿐 아니라,[●8] 전설로만 여겨지던 그의 능이 실제로 시안에서 발견되어 세계적으로 놀라움을 선사했기 때문이다(그림 5-3의 우). 그렇다면 진시황이 다스린 중국은 당시 어떤 모습이었을까? 중국 전역에 전해져 오는 설화와 당시 진나라의 수도였던 시안의 진시황릉에서 그 모습을 상상해 보기로 하자.

그림 5-3. 진시황(좌)과 진시황릉(우)

진시황은 첫 황제로서 통일된 중국을 위한 중앙집권국가의 체제를 형성하는 데 주력하였다. 즉 도량형, 화폐와 문자를 통일하고 군주제를 도입했으며 성문법을 제정하는 등 여러 개혁을 시도하였고, 만리장성, 아방궁, 진시황릉 등 대규모 토목공사를 진행하였다. 그러나 얼마 가지 못해 진시황이 사망하였고, 곧이어 진나라는 멸망하였다. 이처럼 진나라의 역사가 굉장히 짧은 데다가 오래된 탓에 만리장성, 아방궁과 같은 진나라의 유적지는 대다수 남아 있지 않다(현재 볼 수 있는 만리장성은 명나라 때 재축조된 것이다). 그렇지만, 현재 중국의 4대 설화라 불리는 '맹강녀(孟姜女) 설화'를 통해 그 당시 백성들이 거대한 토목공사에 동원되어 얼마나 고된 삶을 살았는지를 짐작해 볼 수 있다. 일반적으로 알려진 내용은 다음과 같다.

진시황 때, 만리장성을 쌓기 위해 수많은 장성들이 동원되었는데, 그중에는 맹강녀의 남편인 범기량도 있었다. 몇 년이 지나도 남편에게 소식이 없자 맹강녀는 엄동설한에 남편을 만나러 축조 현장으로 가게 된다. 그러나 몇 달이 걸려 도착한 공사 현장에서 듣게 된 건, 남편이 죽었다는 소식이었다. 충격을 받은 나머지 대성통곡을 하자 갑자기 하늘에서 천둥번개가 치며 폭우가 내려 800리나 되는 만리장성이 무너졌다. 무너진 곳에는 수많은 백골이 쏟아져 나왔다. 그중에서도 어떤 백골이 남편인지 알 수가 없었던 맹강녀는 연인의 백골에 피를 떨어뜨리면 피를 흡수한다는 이야기가 떠올라 그대로 실천하였다. 자신의 손가락을 깨물어 백골 하나하나에 피를 떨어뜨리니 마침내 한 백골이 맹강녀의 피를 흡수하였다. 비로소 남편의 시신을 찾은 맹강녀는 제사를 지낼 수 있었다고 한다.

이 같은 맹강녀 설화는 2,000년이 넘게 전국에서 구전되고 있는 만큼 지역마다 약간씩 차이를 보이고 있지만, 진시황과 만리장성 축조에 대한 내용만큼은 거의 대부분의 지역에서 공통적으로 찾아볼 수 있다(김현화, 2015). 따라서 맹강녀 설화는 진시황의 폭정에 전국의 백성들이 얼마나 고통스러워했는지를 대변한다.

맹강녀 설화를 듣고 시안에 있는 진시황릉의 거대한 규모를 실제로 보노라면, 이것이 과연 인간이 만든 것이 맞는지에 대한 놀라움과 동시에 이러한 대규모 토목공사에 희생된 백성들이 얼마나 많았을까를 떠올리며 그들의 애환을 느낄 수 있다. 흔히 이집트의 피라미드와 비교되는 진시황릉은 221만 ㎡의 규모를 지녔으며, 폭이 500m, 높이가 76m나 되어, 마치 하나의 작은 산처럼 느껴져 경이로울 정도이다. 더군다나 당시 진나라에 대한 기록은 대부분 불타 없어졌기 때문에 현재 파악할 수 있는 진시황릉 내부의 이야기는 진나라가 멸망하고 나서 100년 후에 저술된 사마천의 『사기(史記): 진시황 본기(本紀)』를 통해 전해지고 있다.●9 그 내용이 굉장히 신비롭다.

"진시황은 막 제위에 올라 여산을 뚫어 다스렸고 천하를 통일하여 전국에 칠십여만 명을 보내 이주시켜 땅을 깊이 파게 하고 구리물을 부어 틈새를 메워 외관을 설치했으며, 궁관, 모든 관원, 기이한 기물, 진귀하고 특이한 물건들을 만들어 운반하여 가득 보관하게 했다. 기술자에게 자동으로 발사되는 활과 화살을 만들도록 명하여 그곳에 접근하여 파내려는 자가 있으면 즉시 발사되게 했다. 수은으로 온갖 내, 큰 강, 넓은 바다를 만들어, 기계에 수은을 집어넣어 흐르게 했다. 위로는 천문(하늘의 형상)을 갖추고 아래로는 지리(땅의 형상)를 갖추었다. 사람 모양의 물고기 기름으로 초를 만들어 오랫동안 꺼지지 않도록 미리 계획했다." (김원중 역, 2010, 243-244)

위의 기록에서 볼 수 있듯, 진시황은 무덤 안에 세계를 창조하려고 하였다! 이렇게 믿기지 않는 내용으로 인해, 진시황릉의 이야기는 그저 전설로만 치부되었다. 하지만 1974년에 한 농부가 우물을 파던 중 우연히 실제 사람과 같은 크기의 토기(흙 인형)를 발견하면서, 진시황릉의 이야기는 하나둘 확인되었다. 진시황릉에서 동쪽으로 1.5km 떨어진 제1호 병마용갱(兵馬俑坑)의 발굴이 시작된 이후, 현재까지 병마용갱에서 전차 140여 대, 군사 7,300여 명, 전차용 말과 청동 무기 등 수많은 유물이 발굴되었다. 특히 병마용은 얼굴, 자세, 갑옷 등이 모두 다르다는 점에서 전 세계가 감탄을 금치 못했다(진시황릉 박물관 홈페이지)(그림 5-4와 5-5).

이렇게 병마용 자체만으로도 놀라운데, 현존하는 단일 무덤 중 가장 크다고 여겨지는 황릉 내부는 어떻게 생겼을지 궁금증을 더욱 자아낸다. 이에 수은으로 된 강과 바다가 정말로 있는지, 황릉이 궁전의 모습을 하고 있는지 등 진시황릉의 비밀을 풀려는 연구가 끊임없이 이뤄지고 있다. 이들 연구 중 하나는 진시황릉 봉토에서 수은 함유량이 인근 지역의 평균치보다 매우 높게 나왔다고 주장할 뿐만 아니라, 능 바닥 역시 수은으로 만든 당시의 배수시설 지도가 존재한다는 연구결과를 내놓아, 현재 황릉 지하에 수은이 흐를 가능성도 배제할 수 없는 상태다(The Science Times, 2016.12.22). 그렇지만 직접 발굴이 되지 않아 추정결과에 머무르고 있다. 현재로서는 진시황릉의 규모가 너무 커서 현대 기

그림 5-4. 제1호 병마용갱의 모습(좌)과 실제 사람 크기인 병마용(우)

그림 5-5. 병마용 최초 발굴 시의 사진(좌)과 진시황의 영혼마차(우)

술로는 훼손 없이 발굴하기 어려우며, 설사 발굴한다 하더라도 그 많은 순장품을 보존할 비용과 방법도 만만치 않기 때문에 중국 당국에서는 진시황릉 내부의 발굴을 계속해서 미뤄 두고 있다. 그렇기에 진시황이 사망한 지 2천 년이 넘은 오늘날에도 진시황의 전설은 계속 지켜지고 있다. 많은 사람들이 이처럼 진시황을 기억하고 주시하고 있으니, 어찌 보면 진시황이 그토록 염원하던 불로불사(不老不死)의 꿈은 이곳 시안에서 이미 이루어졌다고 생각할 수 있지 않을까 한다.

실크로드를 따라나선 삼장법사, 구법求法의 꿈을 이루다

시안에는 앞서 본 진시황의 이야기처럼 우리에게 익숙한 또 다른 이야기가 있다. 삼장법사와 그의 제자 손오공, 저팔계, 사오정이 서역(西域)으로 여행을 가면서 요괴를 퇴치하는 이야기를 담은 『서유기(西遊記)』가 바로 그것이다. 삼장법사 일행은 당 태종의 부탁을 받고 불경을 구하러 천축국(天竺國, 현재의 인도)으로 가면서 81가지의 고난을 겪는데, 그 이야기가 무척이나 흥미롭고 재미있어 조선시대의 허균(許筠) 등 유명 인사가 읽었다는 기록이 있다. 또한, 오늘날에는 한국 애니메이션 〈날아라 슈퍼보드〉(1990)와 일본 만화 〈드래곤볼(ドラゴンボール)〉(1984) 등 『서유기』를 바탕으로 한 작품이 중국 외의 지역에서도 꾸준히 창작되어 인기를 끌 정도이다. 이처럼 시대와 국가를 불문하고 사랑받는 고전 『서유기』는 명나라 때 오승은(吳承恩)이 지은 것으로 알려져 있다. 그런데 정확히는 당나라의 고승인 현장(玄奘)의 서역기행이 민간에 퍼져 나갈 때, 미지의 세계인 서역에 대한 민중의 상상력과 신화적 상상력이 덧붙여져서 전국에서 대대로 전해져 온 이야기를 오승은이 정리한 것으로 볼 수 있다(강태권 외, 2006). 즉 『서유기』는 7세기 당나라 때 불경을 구하러 인도로 떠난 현장법사의 실크로드 여행기를 모티프(motif)로 한 이야기인 것이다(그림 5-6).

현장법사는 시안을 출발하여 둔황(敦煌), 투루판(吐魯番), 카라샤르(Karashahr) 등 실크로드를 경유하여, 17년 동안 10여만 리를 걸었다. 이렇게 힘들게 사막을 건넌 현장법사의

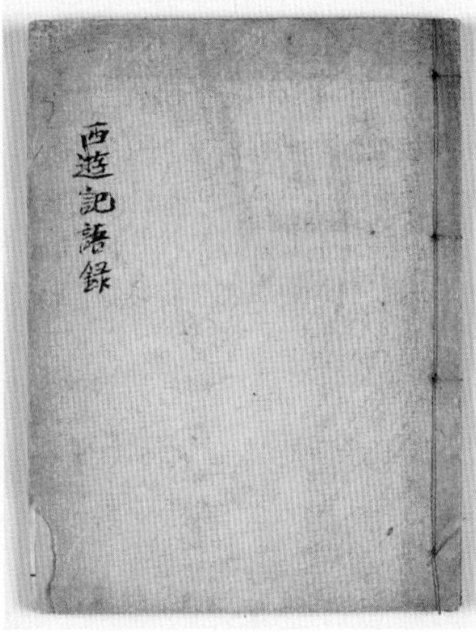

그림 5-6. 현장법사를 그린 현장삼장상(좌), 「서유기어록」 책자본(우)
출처: 일본 도쿄 국립박물관(좌), 국립중앙박물관(우)

행동은 기이하기만 하다. 왜 그는 고난과 역경이 예상되는 험난한 여행길을 떠났던 걸까? 아마도 불교 경전의 원문을 찾아 정확한 부처의 가르침을 대중들에게 널리 알리겠다는 현장법사의 꿈과 의지가 아닐까 싶다. 시안에서 불교에 정진하고 있었던 현장법사는 어느 날 인도에서 온 고승의 불경 강론을 듣고 나서, 진리를 찾겠다는 학문적 포부를 지니고 인도로 유학을 떠나기로 다짐하였다. 이를 위해서 동료를 모집하였고 당나라 관청에 출국 요청을 하였으나 거절되었다. 당시 당나라 정부는 건국 초기의 불안정한 상태였기에 국경을 벗어나는 것을 국법으로 엄격히 금지하였고, 이를 어기면 출국을 도와준 사람까지 사형을 당했다. 결국 홀로 떠나기로 결정한 현장법사는 이를 위한 여러 준비를 했다. 인도로 가기 위해서는 현재의 신장 위구르 지역, 중앙아시아, 서아시아 등 각기 다른 언어를 쓰는 곳을 지나야 해서, 당시 국제 통용어의 역할을 하던 산스크리트어(Sanskrit語, 범어)를 배웠다. 또한 뜀뛰기, 등산, 승마 등의 운동을 통해 체력과 정신력을 증진하는 데 애썼다. 특히, 실크로드를 통한 여행길에는 넓은 사막지대를 통과해야 했으므로 물을 적게 먹는 훈련까지 하였다. 이후 시안 일대에 가뭄이 예상되자 정부가 일시적으로 통행을 허락한 때를 노려 현장법사는 배낭을 짊어진 채 몰래 시안을 떠났다(임홍빈 역,

2010).

현장법사의 여행은 고난의 연속이었다. 당 태종의 환대를 받으며 떠났다는 『서유기』의 내용과는 달리, 현장법사는 국경을 넘는 허락을 받지 못하여 성문을 당당히 넘어갈 수 없었기 때문이다. 따라서 당나라 변경 관문에 몰래 잠입하거나 관군들에게 쫓기며 밤에 몰래 움직였다. 이뿐만 아니라 사막지대에 들어서서는 물 한 모금 마시지 못한 채 며칠을 지냈고, 가는 도중에 도적을 만나기도 했다. 이렇듯 『서유기』의 81가지 난관과 맞먹는 여러 가지의 어려움을 뚫고 인도에 도착한 현장법사는 520묶음의 경전을 20마리의 말에 나눠 싣고 시안으로 돌아왔고 자은사(慈恩寺)의 주지스님이 되었다. 특히 자은사 안의 대안탑(大雁塔)은 현장법사의 발자취가 가장 많이 남아 있는 장소로 알려져 있는데(그림 5-7), 이 탑을 지을 때 현장법사가 인부들과 같이 벽돌을 날랐다는 이야기가 전해진다. 현장법사의 이러한 정성이 담긴 대안탑은 당나라 이후에도 과거 급제자들이 탑에 올라가 이름을 새기는 '안탑제명(雁塔題名)' 문화로 남아 대대손손 그 이름이 전해지게 되었다.

한편, 현장법사가 이렇게 성공적인 여행을 할 수 있었던 것은 그의 굳센 의지와 함께, 시

그림 5-7. 자은사 대안탑(좌)과 그 주변에 당나라를 재현한 대당불야성(大唐不夜城)에서 본 동상(우)

안에서 실크로드에 대한 정보를 입수하여 단단히 대비를 했기 때문이기도 하다. 이러한 점에서 현장법사를 비롯한 수많은 종교인, 서역 상인, 군인, 사신 등이 오고 가던 동서문화의 교역 도시 시안의 모습을 상상해 볼 수 있다. 이를 반영하듯, 시안의 서시(西市)에는 낙타상이 있다(그림 5-8). 서시는 당시 실크로드 상인들이 물건을 파던 국제시장이었는데, 낙타는 서역인들이 시안으로 오기 위한 유일한 교통수단이었다. 그러므로 낙타상의 존재는 실크로드를 통한 대외교역을 상징한다(정은일·양영준, 2011). 또한 다양한 문화와 국적을 지닌 사람들을 수용하기 위해, 당시 시안은 서로의 생활권을 유지하고 공존할 수 있도록 성벽을 통한 격자형 도시로 계획되었으나(박은수·김지은, 2014), 아쉽게도 당시의 성벽은 파괴되어 현재에는 볼 수 없다. 그 대신 축소된 규모의 시안 성벽이 여전히 남아

그림 5-8. 당나라 시기의 실크로드를 상징하는 낙타 도자기(좌)와 현재 서시 광장에 있는 낙타상(우)

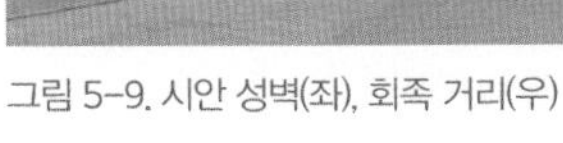

그림 5-9. 시안 성벽(좌), 회족 거리(우)

있다(그림 5-9의 좌).[10] 이 밖에도 당나라 때 페르시아 상인과 서역 군인들이 모여 형성된 '회족 거리(回坊风情街)'와 중국식 이슬람 사원인 '청진사(清眞寺)' 등은 중국의 한족문화와 결합된 독특한 이슬람문화를 보여 주고 있다(그림 5-9의 우). 이처럼 시안 곳곳에 남아 있는 실크로드의 흔적에는 현장법사처럼 목숨을 걸고 길을 건너던 이들의 꿈과 의지가 스며들어 있기에, 실크로드의 중심지였던 시안의 공간적 의미는 결코 작지 않다.

중국 일대일로一帶一路 꿈의 시작점, 시안

어디 진시황과 삼장법사의 이야기뿐인가? 이 외에도 시안에는 우리가 알 법한 인물의 이야기가 또 있다. 당 태종과 양귀비의 로맨스가 펼쳐지던 화청지(華淸池), 중국의 유일한 여황제 측천무후의 이야기가 있는 건릉(乾陵) 등 시안의 수많은 유적지에 담긴 옛이야기는 수도의 역사가 오래된 만큼 끝이 없다.

이처럼 수천 년의 세월이 흘러도 남아 있는 이야기와 문물을 통해 시안이 고대 중국의 중심지였으며, 세계적으로 국제화되었던 도시였음을 알 수 있다. 이러한 공간적 상징성을 바탕으로 현재 시안은 중국이 이루고자 하는 꿈, 신(新)실크로드시대의 출발점이 되려고 준비 중이다. 신실크로드시대는 중국이 현재 진행하고 있는 '일대일로 프로젝트'를 바탕으로 하는데, 일대(一帶)는 '육상 실크로드 경제벨트'를 말하며 일로(一路)는 '21세기 해상 실크로드'를 뜻한다. 즉 일대일로 프로젝트란 과거의 실크로드와 같이 유라시아 대륙과 아프리카 대륙에 철도, 항만 등의 교통 인프라를 건설하여 하나의 경제권으로 연결하겠다는 중국의 야심 찬 중장기 프로젝트를 의미한다. 그런데 이를 위한 교통 인프라를 건설하기 위해 참여국들이 중국에서 차관을 하면서 빚더미에 앉게 되는 상황이 벌어지자, 점차 참여국 내부에서 반대가 심해져 일대일로 프로젝트는 난항을 겪고 있다(중앙일보, 2018.11.23). 향후 일대일로 프로젝트를 통해 중국의 희망대로 신실크로드시대가 다가올지는 더 지켜봐야 하겠지만, 이를 바탕으로 시안이 새로운 전성기를 맞이함으로써 미래에 어떤 흥미로운 이야기를 펼쳐 나갈 수 있을지 사뭇 기대가 된다.

06

샤자한의 사랑이 남긴 불멸의 건축물, 인도 아그라의 타지마할

인도의 주요 관광지와 여행문화

부처가 태어난 나라, 13억이 넘는 인구를 가진 나라 '인도'는 세계 7위라는 넓은 국토의 크기만큼이나 종교와 문화도 다양하다. 인구의 약 80% 이상이 힌두교이지만 이슬람교도 13% 정도를 차지하고 있고, 그 외에 기독교, 시크교, 불교, 자이나교 등도 있어 종교적인 신비로움이 있는 명소로 꼽힌다(외교부 국가지역정보). 그래서 인도는 건축 경관의 차원에서 힌두교 사원이나 이슬람 사원 모두를 볼 수 있는 곳이기도 하지만 역사적으로는 영국의 지배를 받은 적이 있어 서양식 건축물도 즐비한 곳이다. 이러한 다양한 종교와 문화적 색채는 인도를 볼거리가 풍성한 나라로 만들었다.

인도의 관광지는 크게 북부·서부·남부·동부로 나뉜다(그림 6-1). '북부'의 대표 도시로는 델리,●[11] 아그라, 자이푸르, 바라나시 등이 있다. 이 지역은 아름다운 북인도의 자연과 어머니의 강이라 불리는 갠지스강, 핑크시티, 유네스코 세계유산 꾸뜹미나르, 후마윤 영묘, 타지마할(Taj Mahal) 등의 관광지가 있어 인도 여행의 중심 지역이다(그림 6-2).

'서부'는 뭄바이,●[12] 고아, 아마다바드, 카주라호를 잇는 지역으로, 엘레판타섬, 웨일즈

왕자 박물관, 게이트웨이 오브 인디아, 카주라호 사원군 등의 볼거리가 풍부하다. 히피들의 천국이라 불리는 고아 해변, 고대 불교 유적이 남아 있는 뭄바이의 동북쪽 아우랑가바드 지구 등이 대표적 관광지로 알려져 있다(그림 6-3).

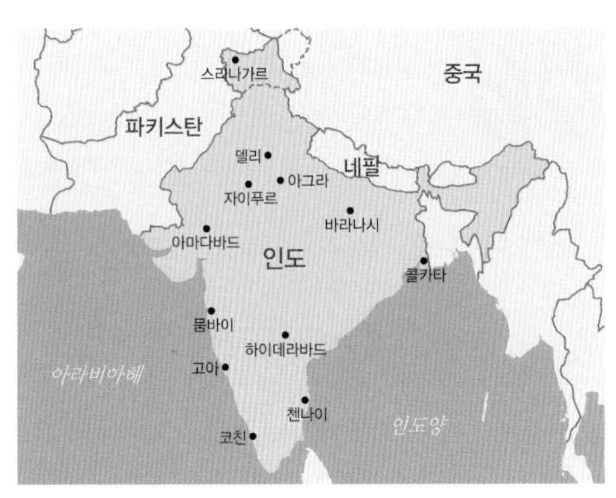

그림 6-1. 인도의 주요 도시

이들 북부와 서부에 비해 상대적으로 인기는 덜하지만 남부와 동부도 볼거리는 적지 않다. '남부'는 하이데라바드, 벵갈루루, 첸나이, 코친 등이 자리한 지역으로 인도양과 인접해 있다. 해변과 열대 풍경을 배경으로 휴양을 즐기기에 적합하여 한적한 분위기를 원하는 여행자들의 발길이 이어지고 있다. '동부'는 콜카타, 다르질링, 구와하티를 잇는 지역으로 동히말라야 피서지로 유명한 다르질링이 특히 인기가 있다.

이러한 다채로운 관광지가 있어 매력적인 인도이지만 그들의 문화를 존중하기 위해서는 몇 가지 알아 두어야 할 상식이 있다. 첫 번째로 가급적이면 오른손을 사용하라는 점이다. 인도에서 왼손은 화장실에서 뒤처리를 하는 손으로 불결하다는 생각을 가지고 있으니, 주로 기도할 때나 식사를 할 때 사용하는 오른손으로 인사를 주고받길 권한다. 두 번째, 숟가락과 포크를 사용하기도 하지만 여전히 손으로 식사를 하는 문화가 있기에 식사 전후엔 반드시 손을 씻어야 한다. 간혹 좋은 식당에선 레몬이 띄워진 사발을 주는데 이건 마시는 게 아니라 손을 씻으라고 주는 것이다. 세 번째로 힌두교는 소를 신성시하는 종교이기 때문에 여행 시 쇠고기 관련 통조림은 빼는 걸 추천한다. 반대로 이슬람교도들은 돼지고기를 먹지 않는다. 인도는 힌두교와 이슬람교가 공존하는 곳이니만큼 이러한 음식문화에 대해서는 알아 둘 필요가 있다(다행히도 치킨은 어느 곳에나 있다). 참고로 음주는 부정하게 여겨지므로 가급적 하지 않는 게 좋으며, 인도의 물은 다량의 석회질이 포

그림 6-2. 갠지스강의 새벽 풍경(좌), 델리 시가지 풍경(우)

그림 6-3. 아우랑가바드의 역사 모습(좌)과 불교 유적(우)

함되어 배탈이 날 수 있으니 반드시 생수를 사 먹길 권한다. 그리고 다 쓴 물통에 수돗물을 채워 파는 곳이 있으니 생수 구입 시에는 꼭 뚜껑을 확인하자. 네 번째로 인도는 차량 통행이 우리와 반대이고 차량이 혼잡한 곳이 많으며 수시로 경적이 울리는 곳이기 때문에 차 조심은 필수이다. 다섯 번째로 인도의 화장실에는 물이 나오는 호스만 있는 곳이 많아 화장실에 갈 땐 화장지를 준비해 가야 한다. 여섯 번째, 거래 시 찢어진 화폐는 주고받지 않는다. 특히 상인들은 찢어진 화폐를 받지 않기 때문에 우리도 돈을 받을 때 지폐를 확인해야 하고, 만약 찢어진 걸 발견했을 때에는 단호하게 "NO"라고 표현해야 한다.

그림 6-4. 인도의 릭샤(좌)와 오토 릭샤(중), 오토 릭샤에 부착된 미터기(우)

또한 거래 시 흥정은 필수다. 시장에서도 그렇지만 특히 인도의 대중교통수단인 릭샤를 이용할 경우엔 꼭 흥정 후에 탑승해야 한다. 심한 경우 2~3배 바가지를 쓸 수 있기 때문이다(그림 6-4). 일곱 번째, 인도 사람들은 카메라가 피사체의 영혼을 가져간다고 생각하기 때문에 그들이 신성시 여기는 소 사진을 찍을 때에는 가급적 멀리서 찍는 게 좋다(아이러니하지만 인도인들은 사진 찍히는 걸 좋아한다). 마지막으로 인도는 경제발전 과정에서 불가피하게 동반된 환경오염으로 전 세계 탄소배출량의 4.5%를 차지하는 세계 3위의 탄소 배출국이기 때문에 공기가 상당히 안 좋다(서유진, 2016). 우리나라의 경우 미세먼지가 심하면 대개 마스크를 쓰지만 인도에서는 위화감을 줄 수 있으므로 마스크 대신 스카프나 손수건을 쓰도록 한다.

이처럼 인도는 다양한 볼거리와 여행문화가 존재한다. 인도의 주요 관광지와 여행문화도 대략 익혔으니, 이제부터 그중에서도 인도의 북부에 위치한 아그라의 타지마할로 여행을 떠나 볼까?

샤자한 황제의 사랑 이야기

무굴제국의 제5대 황제 샤자한(Shah Jahan)은 어느 날 시장에 갔다가 장신구를 파는 열아홉 살 처녀를 보고 한눈에 반해 1612년 혼인을 했다. 처녀의 이름은 아르주만드 바누 베굼(Arjumand Banu Begum)으로, 그녀는 샤자한에게서 "용모와 성격에서 모든 여성들 가운데 가장 빼어나다"라는 말과 함께 뭄타즈마할(Mumtaz Mahal), 즉 '(궁정의 선택을 받은) 황

그림 6-5. 뭄타즈마할 왕비와 샤자한 황제
출처: Wikimedia Commons

궁의 보석'이라는 이름을 받았다. 무굴제국 황제는 정치적 안정을 위해 종족별로 황비를 들이는 것이 관례였고 샤자한도 아내를 여럿 두었지만, 궁정 연대기 기록자들은 샤자한과 다른 아내들의 관계는 혼인 상태를 유지하는 것에 그쳤으며 폐하의 무한한 관심과 애정은 오직 뭄타즈마할만을 향했다고 전한다(그림 6-5).

샤자한과 뭄타즈마할에 관한 사랑의 일화로 지금까지 전해지는 이야기가 있다. 어느 날 밤, 잠을 자던 샤자한은 목이 타는 갈증을 느껴 바로 침대에서 몸을 일으켰다. 그 순간 그의 눈에는 눈물이 가득 고인 뭄타즈마할의 모습이 들어왔다. 그녀는 어떻게 알았는지, 물을 가득 채운 황금그릇을 그 앞에 내밀고 있었다. 그녀는 항상 샤자한에 대한 걱정으로 한순간도 편히 잠을 잔 적이 없었던 것이다. 남몰래 눈물을 훔치고, 한숨을 지으며 황제에 대한 배려와 헌신으로 매 순간 내조하는 여인임을 알게 된 샤자한은 그녀 없이는 아무 것도 할 수 없음을 깨달았다. 결국 샤자한은 어디를 가도, 무슨 일이 있어도 언제나 뭄타즈마할을 동반하였는데, 심지어 그가 군대를 이끌고 원정길에 올랐을 때에도 그녀와 동행하였다. 한 치도, 한순간도 그녀와 떨어지기 싫을 만큼 그녀를 매우 사랑했기 때문이다.

뭄타즈마할은 샤자한과의 19년 혼인 기간 동안 총 14명의 아이를 낳았다(이 가운데 8명은 사망했다). 그녀는 1631년 6월 17일 부란푸르(Burhanpur)의 야외천막에서 마지막 14번째 아이, 라우샤나 아라 베굼 공주를 낳다가 열병으로 세상을 떠나고 말았다. 당시 샤자한이 데칸고원(Deccan Plateau) 지역에서 전투를 벌이고 있을 때였다. 사랑하던 그녀의 죽음으로 인해 샤자한의 슬픔은 이루 형용할 수 없었다. 식음을 전폐하고 비통에 잠기기를 수십 일, 그의 머리카락이 하얗게 셀 정도였다. 전쟁터에서 돌아온 샤자한은 백성들에게 2년 동안 왕비를 추모하는 기간을 갖도록 하여, 그 역시 기름진 음식을 먹지 않았고, 왕복도 입지 않았으며, 음악과 연회를 베풀지 않았다. 이처럼 죽은 왕비를 그리워하며 슬픔으로 하루하루를 보내던 황제는 왕비를 영원히 기억할 수 있는 묘를 만드는 데에 골몰하였다. 결국 1년에 걸친 고민 끝에 샤자한은 아그라성에서 가까운 자무나(Jamuna) 강변에 자신의 사랑을 상징하는 건축물을 세우기로 결심했다. 그렇게 타지마할 건설이 시작되었다.

완벽한 사랑을 위해 설계된 세계 최대의 대칭적 건축물, 타지마할

'마할의 왕관'이라는 뜻을 지닌 '타지마할'은 인도의 대표적인 이슬람 건축물로, 아그라의 남쪽에 자리 잡은 궁전 형식의 묘지다. 이 거대한 묘당은 검고 흰 바둑무늬의 대리석으로 된, 가로세로가 각각 93.9m인 단 위에 세워져 있다. 그리고 이러한 둥근 묘를 4개의 하얀 대리석 뾰족탑인 미너렛(minaret)이 하늘을 찌를 듯 둘러싸고 있다. 전체적으로 이 하얀 건물은 푸른 하늘과 오묘한 대조를 이룬다(그림 6-6). 이러한 타지마할은 황제가 사랑했던 여인에 대한 사랑의 상징이자 제국의 위대함에 대한 상징으로, 1592~1666년 무굴제국의 황제로 재위했던 샤자한이 왕비 뭄타즈마할을 추모하기 위해 만들어졌다.

타지마할은 그녀가 사망한 1년 뒤인 1632년부터 본격적으로 지어지기 시작했다. 샤자한은 자신이 거주하던 아그라성에서 보이는 자리에 터를 잡고 코란에 묘사된 천국의 모습을 본떠 지상에 그대로 구현하고자 했다. 이러한 황제의 염원을 담아 이란의 우스타드 이사(Ustad Isa)의 설계로, 이탈리아의 제로니모 베로네오(Geronimo Veroneo), 프랑스의 오스틴 드보르도(Austin De Bordeaux), 터키의 이스마일 에펜디(İsmail Efendi) 등 당시

그림 6-6. 타지마할

의 유명 건축가와 전문 기술자들을 불러들여 공사를 진행하였다. 그들은 돔과 조적벽체를 설계하고, 대리석을 조각하고, 모자이크의 문양을 짜고, 금·은세공을 장식하는 등 여러 가지의 기능과 설계를 사랑과 종교로 결합하여 하나의 위대한 건축물을 탄생시켰다. 여기에 2만여 명의 노동자까지 동원하여 착공 22년 만인 1654년에 완성되었다(이춘호, 2014; 오현숙, 2017). 이러한 긴 공사 기간은 타지간지(Taj Ganji)라는 새로운 도시를 만들어낼 정도였는데, 이 도시는 타지마할의 노동자들이 살 수 있도록 새롭게 계획한 곳이었다. 상상이 되는가? 묘지 하나를 만들기 위해 노동자들이 살 도시가 형성되었다니 말이다. 따라서 타지마할의 건축은 단지 한 사람의 뛰어난 장인으로 탄생한 것이 아니라 여러 사람의 노력과 지식과 신념이 결합된 거대한 걸작이라는 것을 확인시켜 준다.

게다가 타지마할의 최고급 대리석과 붉은 사암(砂巖)은 현지에서 조달했고, 궁전을 장식한 보석은 터키, 티베트, 미얀마, 이집트, 중국, 러시아, 아프가니스탄 등지에서 수입했다. 이러한 건축 자재 운반을 위해 1,000여 마리의 코끼리가 동원되었다고도 알려져 있다. 이처럼 왕비의 묘지를 건설하기 위하여 그때까지의 어떤 건축물에서도 볼 수 없었던 보석과 재료가 사용되었다. 이뿐만 아니라 설계 측면에서도 원근법을 이용해 멀리서도 직선 구조로 보이며, 지진이 나도 관이 있는 쪽으로는 무너지지 않도록 만들었으니 당시 타지마할의 건축비는 상당하였을 것으로 추정된다(한국마케팅연구원 편집부, 2008). 이렇듯 엄청난 인력과 경비, 국제적인 기술자들이 협력하여 만든 세계적인 건축물 타지마할은 다시금 이러한 건물이 지어지지 않도록 완성 후 기술자들의 손가락을 잘랐다고도 하니(유강호, 1996), 그 유일성은 타의 추종을 불허하고도 남는다. 그래서일까? 타지마할은 완벽한 사랑을 구현하기 위해 설계된 세계 최대의 대칭 건축물로 세계 7대 불가사의 중 하나로 꼽힌다.●13

사랑이라는 이름의 종교로 승화된 이슬람 건축물, 타지마할

지형이 허락하는 한 인도 내 모든 무슬림의 무덤은 북향이다(반면 인도의 모든 무슬림 사원은 메카의 방향인 서쪽을 향해 있다). 따라서 정문은 대개 남쪽에 위치하는데 타지마할도 예외는 아니다. 무굴인들에게 무덤은 죽은 자를 묻는 장소가 아닌, 코란에 명시된 천국이 지상에 구현된 곳을 의미한다. 출입문에 적힌 코란 89장 구절 "오, 그대 영혼에 평화가 깃들기를! 그대, 그대 주에게로 돌아가니 그곳에서 그와 더불어 기쁘고 그를 즐겁게 하기를! 그대 나의 종들 사이로 들어오네. 나의 천국에 들어오네."는 이와 같은 사실을 잘 보여 주고 있다(그림 6-7의 좌).

타지마할의 하얀 묘당과 대조를 이루며 동쪽과 서쪽에는 붉은 사암으로 만든 같은 모양의 건축물이 세워져 있다. 동쪽 건물은 나라에 중요한 손님이 방문했을 때 머무는 영빈관으로, 서쪽 건물은 이슬람교의 예배당인 모스크로 활용했던 공간이다(그림 6-7의 우). 하지만 두 건물을 지은 진짜 목적은 타지마할을 돋보이게 하기 위해서이다. 타지마할에 비교할 수는 없지만 붉은 사암과 대리석으로 지어진 영빈관과 모스크도 제법 매력적이다. 두 건물의 정면과 중앙 부분의 대리석에 새겨진 아름다운 꽃 그리고 벽과 천장을 장식한 조각들은 섬세함과 세련미를 자랑한다.

또한 일반적으로 중앙에 정원을 두는 무굴 건축의 전통을 벗어나, 그림 같은 전경으로

그림 6-7. 타지마할 정원으로 들어가는 출입문(좌), 타지마할 서쪽에 위치한 모스크(우)

4등분하여 차별화된 정원을 설계하였다. 즉 정문과 무덤이 위치한 건물 사이에 차르박(Char Bagh)이라는 정원이 자리하는데, 이는 정사각형의 면적을 밭 전(田) 자 모양으로 정확히 4등분해 열 십(十) 자 사이에 수로를 만들어 놓은 구조로서 천국에 흐르는 4개의 강물을 나타낸다(그림 6-8). 무슬림들은 자신들의 천국에 꿀, 물, 우유, 와인 등 4종류의 강물이 흐른다고 믿는데, 샤자한은 사랑하던 왕비를 깊이 추모하는 공간인 타지마할에도 그들의 종교적 신념을 기하학적으로 투영시켰다. 이러한 기하학적인 공간으로 그 형태를 만든 것은 타지마할이 사랑과 종교를 상징화한 공간으로서 시각적인 효과를 극대화하고자 하는 숨은 뜻이 담겨 있다. 그런 의미에서 타지마할 건물 그 자체는 인도의 힌두적 요소와 이란 및 중앙아시아의 건축적 요소가 합쳐진 인도 이슬람 건축물의 결정체로 볼 수 있다(이춘호, 2014; 서진완, 2015).

타지마할을 둘러보면 우아한 꽃과 코란의 내용, 독특한 문양의 조각, 반복적인 문양으로 장식된 다양한 작품들을 볼 수 있는데, 순백미를 더해 마감재로 사용한 하얀 대리석 위에 새겨진 이들 문양은 아름답기도 하지만 하나같이 개성이 엿보인다. 여기에 중간중간 검은 대리석과 여러 가지 색의 석재를 써서 대비를 준 것도 완벽한 대칭미를 보여 준다. 또한 건물 중간에 놓인 넓은 대리석 판(panel)에 벌집 혹은 기하학적 문양으로 구멍을 내어 건물 안으로 빛이 쏟아져 들어오게 설계한 것은 이곳을 보다 성스러운 공간으로 여기

그림 6-8. 열 십(十) 자 사이의 수로, 차르박 정원

그림 6-9. 타지마할의 대리석 바닥(좌), 벌집 문양으로 구멍을 낸 창들(우)

도록 하는 효과를 가져온다(그림 6-9).

이처럼 타지마할을 아름다운 건물이라 칭할 이유는 너무나도 많다. 여러 건축적 요소들 간의 어그러짐 없는 유기적 관계, 건물의 마감재를 대리석으로만 사용한 데서 오는 시각적 즐거움, 무슬림의 이상에 걸맞게 천국의 개념을 본뜬 녹색 정원과 하얀 건물, 그리고 그 뒤로 자리한 강과 하늘과의 조화로운 대비 등이 바로 그 이유가 될 수 있을 것이다(그림 6-10).

그림 6-10. 타지마할에서 볼 수 있는 녹색 정원(좌)과 자무나강(우)

하지만 이러한 타지마할의 건축적 아름다움과는 별개로 샤자한 황제의 최후는 그다지 아름답지는 않았다(한국마케팅연구원 편집부, 2008; 유강호, 1996; 박홍규, 2018). 신하들로부터 배신을 당하고, 뒤를 이어 왕위에 오른 막내아들 아우랑제브(Aurangzeb)에 의해 그는 아그라성의 무삼만 버즈(Musamman Burj)에 갇혀 죽을 때까지 타지마할을 바라보며 지내야 했다. 샤자한은 결국 1666년 죽음을 맞이한 후에야 부인 곁에 나란히 묻힐 수 있었다(그림 6-11).

타지마할을 세계 7대 불가사의라고 하지만 사랑처럼 불가사의한 게 또 어디 있겠는가? 그래서일까? '신께 바친 사랑의 시', '하늘의 궁전'이라고 일컬어지는 타지마할은 여행 중에 지친 마음을 위대한 사랑이라는 이름으로 치유해 준다. 그러한 이유로 타지마할은 천상에 존재했던 신전이 잠시 허공에 내려와 있다는 환상을 갖게 해 주는 공간이다. 그리고 무엇보다 타지마할을 가장 가치 있게 만든 건 아마도 부인을 향한 샤자한의 마음이 아니었을까 한다.

그림 6-11. 샤자한이 슬픈 말년을 보냈던 아그라성(상), 아그라성에서 바라본 타지마할(하)

:: 주

1. 그리스·로마 신화 중 사이렌은 아름다운 노랫소리로 뱃사람들을 유혹하여 바다에 빠뜨리거나 배를 난파시키는 마녀이다. 신호나 경보를 보내는 데 사용되는 장치인 오늘날의 '사이렌'은 그리스·로마 신화 속 마녀가 소리로 사람들을 위험에 빠지게 한 데 착안하여 이름 붙여졌다. 스승 혹은 조언자를 의미하는 '멘토'는 트로이전쟁에 출정한 오디세우스를 위해 20년이 넘는 기간 동안 그의 아들을 돌보며 가르쳤던 친구 멘토르(Mentor)의 이름을 따서 만들어졌다.
2. 창세 신화는 '천지의 분리', '복수의 해와 달', '국토의 생성'의 3가지 종류로 나누어진다. 이 중 설문대 할망은 국토의 생성과 관련되어 있으므로 창세 신화의 한 줄기로 간주되고 있다(허남춘, 2013).
3. 설악산의 명성은 조선시대 때나 되서 김시습, 김창흡 등으로 인해 사대부들에게 점차 알려지기 시작했으며, 일제강점기 때 동아일보에 연재되었던 이은상의 『설악행각(雪嶽行脚)』(1942)이 독립 이후까지 널리 읽히면서 대중들에게 설악산이 재인식되었다. 더불어 분단 이후에는 금강산에 가기 어려워진 상황에서 설악산이 1970년대 국립공원으로 지정되었고, 고속도로 등의 개통으로 접근성이 크게 향상되어 많은 국민들이 설악산에 방문할 수 있었다(김풍기, 2014).
4. 부안군의 곰소 앞바다 게란여에는, 개양할미가 이곳을 지나던 중 물이 너무 깊어 치맛자락이 젖었다는 설화가 존재한다. 이곳은 지금도 깊어서, 이 지방의 속담 중 깊은 곳을 비유하는 표현으로 "곰소 둠벙 속같이 깊다"라는 말이 존재한다(한국민속신앙사전).
5. 교황 요한 바오로 2세가 된 카롤 보이티와(Karol Wojtyla)는 1920년 폴란드 남부 바도비체에서 태어나 크라쿠프의 야기엘론스키대학교에서 문학과 철학을 공부하였으나 그는 운동선수, 배우, 각본가 등 다방면에서 뛰어난 재능을 보였다. 1939년 나치의 폴란드 침공으로 대학이 문을 닫자 노무자로 일하면서 지하 연극단체를 만들어 비밀리에 연극 공연을 하였다. 나치의 만행을 직접 목격한 그는 대주교가 비밀리에 운영하는 지하 신학교에 입학하여 사제 서품을 받았고 로마의 성 토마스 아퀴나스 교황청대학교에 유학하였다. 1948년 폴란드로 돌아와 외딴 시골마을의 사제로 파견되었다가 1949년 크라쿠프의 성 플로리아누스 교구로 전임하였고, 1964년 교황 바오로 6세에 의해 크라쿠프 대주교로 임명된 바 있다.
6. 폴란드인 학살은 크라쿠프를 비롯한 몇몇 장소에서 발생했지만 공동묘지가 처음 발견된 카틴숲의 이름을 따서 '카틴숲의 학살'로 부르게 되었다. 당시 카틴숲 사건의 주동자인 스탈린은 "폴란드가 독립국으로 일어설 수 없도록 폴란드 엘리트들의 씨를 말릴 것"을 명령했던 것으로 밝혀졌다(박종수, 2018).
7. 실크로드는 독일 지리학자 리히트호펜(Richthofen)이 명명한 말로, 중국과 서역을 연결한 교통로를 일컫는다. 즉 실크로드는 중국 중원(中原)지방에서부터 타클라마칸(Taklamakan) 사막의 가장자리를 따라 파미르(Pamir)고원·중앙아시아 초원·이란고원을 지나 지중해 동안 및 북안까지의 이르는 육상 무역로를 주로 말하지만, 중국에서 서역까지의 해상 무역로를 포함하기도 한다. 구체적으로 육상 무역로인 초원길,

오아시스길, 해상 무역로인 해로의 3가지로 크게 분류되며, 5가지의 지선이 있었다고 한다. 한편, 실크로드는 더 넓은 범위에서 아시아의 동안인 한반도와 서안인 유럽을 포함하기도 한다(정수일, 2013).

8. 불로장생을 꿈꾸던 진시황은 불로초를 찾아 주겠다는 서복(徐福, 서불 혹은 서시라고도 불린다)에게 수천 명의 인원과 물자를 제공하였고, 이에 서복은 불로초를 찾으러 여정을 나섰다(그리고 서복은 진나라로 돌아오지 않았다). 신기하게도 중국의 주변 국가인 한국과 일본에서 서복이 다녀갔다는 발자취를 남긴 '서불과지(徐市過之) 설화'가 전해져 올 정도이니, 당시 진시황이 불로초를 얼마나 애타게 바라고 있었는지에 대해 짐작해 볼 수 있다.

9. 『사기』는 중국 한나라 때, 역사가였던 사마천(기원전 145~86년으로 추정)이 중국 고대 전설에 나오는 오제(五帝, 5명의 제왕)부터 한나라 무제까지 2천 년에 걸친 역사를 저술한 책이다. 본기(本紀) 12편, 표(表) 10편, 서(書) 8편, 세가(世家) 30편, 열전(列傳) 70편 등 총 130편으로 구성되어 있다. 이 중 본기는 왕조나 군주들의 역사를 시대순으로 기록한 것이다(김원중 역, 2010).

10. 현재의 시안 성벽은 명나라 홍무제 때(1379~1380년 추정)에 축조되었다. 성벽의 서문과 남문은 당나라 황성의 터를 연장하여 만들었다고 하는데, 그만큼 장안이 얼마나 큰 계획도시이자 국제도시였는지 그 규모를 짐작해 볼 수 있다.

11. 델리(올드델리와 뉴델리를 합쳐 이르는 말)는 인도의 수도이자 인도의 정치·문화·경제의 중심지다. 북으로는 히말라야 산지가 뻗어 있고, 남쪽으로는 타르 사막이 펼쳐져 있어 뭄바이, 콜카타 등과 더불어 인도 여행을 시작하기 좋은 도시이다.

12. 뭄바이는 인도 최고의 상업도시이자 세계에서 가장 많은 양의 영화를 제작하는 볼리우드 영화산업의 본거지다. 인도에서 가장 부유한 도시 중 하나인 뭄바이는 영국 식민지 시절의 건축물이 시내 곳곳에 자리하고 있다. 동시에 아시아 최대 규모의 빈민가와 홍등가가 자리한 지역이기도 하다.

13. 참고로 타지마할은 인공으로 만든 7m 높이의 기단 위에 세워져 있는데, 그 규모를 보면 기단 위에 세워진 건물은 한 면의 길이가 58m 정도이고, 중앙 돔이 세워진 가장 높은 곳의 높이는 65m에 달한다. 그리고 동서남북의 모퉁이에 세워진 미너렛의 높이도 50m나 된다.

두 번째 소확행

예술작품을 테마로 한 답사

01

소나기 같은 첫사랑을 안은 도시,
경기도 양평

사랑을 테마로 한 양평의 이모저모

양평은 요즘 핫하다. 서울의 근교지일 뿐만 아니라 아름다운 자연환경을 지니고 있어서 관광 개발의 잠재력이 지속적으로 큰 곳이기 때문이다. 아쉽게도 이러한 부분이 드라이브 코스 개발로 이어지면서 러브호텔이 많은 지역으로 유명세를 타고 있기도 하지만, 그럼에도 불구하고 양평이 지니는 전반적인 이미지는 '사랑'이다(그림 1-1).

실제로 양평, 보다 정확히 말하면 경기도 양평군 양서면 양수리 '두물머리'에는 도당 할아버지와 할머니의 전설이 내려오고 있는데, 이곳에는 도당 할아버지와 할머니로 불리는 나무가 나란히 서 있었다고 전해진다. 하지만 1973년 팔당댐이 완공된 후 도당 할머니 나무가 수몰되어 현재는 한 그루만 남아 있게 되었다. 그럼에도 여전히 이곳은 사랑을 기억하는 아름다운 관광지이자 촬영지로서 많은 사람들의 발길이 이어지고 있다(그림 1-2). 또한 같은 지역에 위치한 연꽃 식물원 '세미원' 역시 사랑의 언약을 하는 장소로 알려져 있다. 세미원 곳곳에 피어난 연꽃들과 멋진 나무들은 절로 사랑의 이야기를 주고받게끔 한다(그림 1-3).

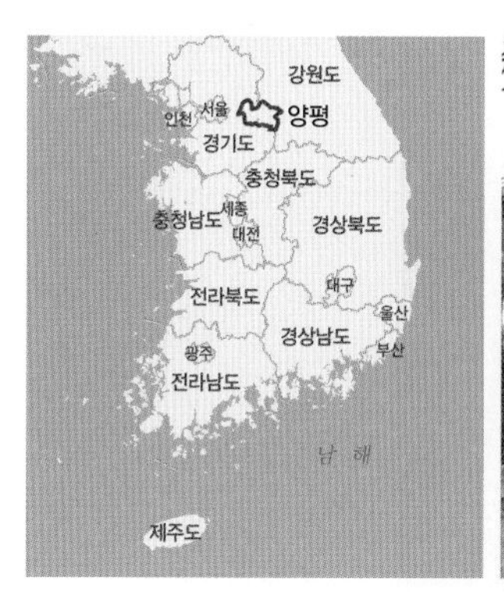

그림 1-1. 양평의 위치도(좌), 사랑의 편지를 보낼 수 있는 양평 세한정우편국(우)

그림 1-2. 두물머리 풍경

어디 이뿐인가? 양평은 황순원(1915~2000)[●1]의 작품 『소나기』(1953)[●2]의 공간적 배경이 되는 곳이다. 『소나기』는 사춘기 소년과 소녀의 순수하고도 아름답고 슬픈 첫사랑을 서정적으로 그린 작품으로, 한적한 시골마을을 배경으로 한다. 대부분의 소설에는 갈등이 드러나지만 이 소설은 뚜렷한 갈등 대신 소년과 소녀의 심리 상태가 중심이 되고, 이러한 심리 상태를 드러내 주는 장치로서 공간이 무엇보다 중요한 역할을 한다. 즉 이들의

그림 1-3. 세미원에서 피어난 연꽃과 두 그루의 나무(상), 약속의 정원(하)

그림 1-4. 양평 '황순원 문학촌, 소나기마을' 표지석(좌)과 문학관 입구(우)

순수한 모습은 개울가, 논밭, 원두막 등의 자연공간에서 수채화처럼 아름답게 묘사되고 있다. 이러한 소설 속 자연공간을 실제 현실에 투영시킨 공간이 있다. 바로 '황순원 문학촌, 소나기마을'이다(그림 1-4).

작품 『소나기』의 테마가 그려 낸 '첫사랑의 원형성'

최근 들어, 단순한 드라마·영화 촬영지를 넘어서서 유명 문학인들의 생애나 작품을 테마로 한 공간들이 생겨나고 있다. 문학적 자산과 능력을 실용적으로 활용하고자 하는 시도들이다. 여기에는 첫째로 개인들의 문화적 실천을 중시하는 생활문화적 접근으로서 문화적인 삶 공동체 구축에 활용하려는 방법이 있다. 그리고 둘째로 문화산업의 성장과 발전을 이룩하여 수익 구조를 창출하려는 경제적 접근으로서 국가나 지방자치단체의 경쟁력 강화와 경제 활성화를 위해 활용하려는 것을 들 수 있다. 현재 활발하게 추진되고 있는 문학관 혹은 문화마을 사업들은 주로 후자에 많은 비중을 두고 있다. 하지만 문학관 및 문화마을은 후자가 아닌 전자, 즉 생활문화적인 접근이 필요한 부분이 아닐까 한다.

그런 의미에서 첫사랑이라는 테마가 주는 의미는 시원적(始原的) 시공간을 추구할 수 있다는 점에서, 그리고 경제 활성화적 측면을 강요하지 않아도 된다는 점에서 보다 자연스럽다. 사실 『소나기』가 다루는 첫사랑 테마는 흔하디 흔한 사랑 이야기다. 어찌 보면 첫사랑 이야기는 대부분의 인간에게 보편적이고, 모든 이의 기억 속에 비슷한 느낌으로 존재하는 것인지도 모른다. 그런 의미에서 첫사랑의 경험이 실재하는 사람에겐 말할 것도 없고, 그런 경험이 실재하지 않는 사람도 첫사랑의 기억이라는 것이 어떠한 것인지 알 수는 있다. 첫사랑은 실재했던 경험이면서 동시에 조작된 기억이며 환상일 수도 있기 때문이다. 이처럼 첫사랑의 기억은 실제적 경험과 조작적 경험 사이 어딘가에 위치하는 구성적 기억으로, 이러한 기억은 다양한 매체를 통해 전달되는 사랑 이야기를 통해 강화되고, 수정되고, 확정된다. 다소 누추해 보이는 기억은 탈락시키고 아름다운 기억은 추가하는 짜깁기의 과정과 편집의 과정이 일어나는 것이다. 그러한 이유로 첫사랑에 대한 인간의 기억은 대부분 비슷할 수 있고, 그러한 유사성을 '첫사랑의 원형성'이라 칭할 수 있을 것이다.

여기서 첫사랑의 원형성 문제를 드는 것은 첫사랑 테마의 구조화를 위한 포석이라고 할 수 있다. 테마의 구조화는 실제 테마파크 설계 단계에서 테마를 훨씬 다양하고 역동적으로 표현해 내는 데에 큰 효율성을 지닌다. 즉 원형을 통해 첫사랑 테마의 보편성과 순수성을 표현하고, 그것과 대조되는 수많은 변형태 혹은 활용태를 거기에 대비시켜 공간을 구조적으로 표현해 내기가 비교적 쉽다는 이야기다. 대표적인 곳이 바로 양평의 '소나기 마을'이다.

『소나기』는 바로 이 첫사랑의 원형성을 회복시킬 수 있는 작품으로, 만남과 애틋한 사랑, 그리고 이별로 이어지는 첫사랑의 공식을 그대로 반복하는 이야기 구조를 지닌다. 또한 이러한 이야기 구조는 다양한 서사적 기법과 상징들에 의해 지지를 받으며 더욱 분명하게 원형으로 인식된다. 작품을 좀 더 구체적으로 분석해 보도록 하자.

첫째, 『소나기』의 주인공들은 구체적인 이름이나 특정한 별명으로 불리지 않는다. 윤초시, 덕쇠 할아버지 등 오히려 부수적인 인물이 특정 별칭으로 일컬어지는 것과는 대조적으로 주인공들은 '소년'과 '소녀'라는 일반명사 그대로 불린다. 소년과 소녀라는 일반명사의 사용은 이야기의 구체적 현실성을 지워 버리려는 서사적 기법으로 볼 수 있다. 사람의 이름은 시대를 반영하고 시대의 트렌드를 반영한다. 특히 문학텍스트 속 인물의 이름은 특정한 의도를 갖는 경우가 많음을 가정한다면, 작품에서 인물의 이름을 이처럼 지워 버리고자 하는 행위는 이름 짓기(appellation) 자체에 깊은 의도가 개입되어 있는 것으로 볼 수 있다(장노현, 2007). 다시 말해 구체적인 역사적 현실을 배제함으로써 텍스트의 시공간을 개방화하려는 의도적인 결과라고 볼 수 있는 것이다.

둘째, 문체 면에서도 『소나기』는 일상적 삶의 디테일을 회피하려 한다. 필요한 묘사를 제외하고 문장상 일체의 군더더기를 배제하려는 듯한 절제된 단문체 문장들, 간접화법, 내적 독백 등은 모두 일상화된 삶의 디테일을 걸러 내면서, 작중 현실을 현실의 직접성으로부터 떼어 놓는 기법들의 장치가 되고 있다(김종회·최혜실, 2006). 더불어 '다음날', '어떤 날'과 같은 시간부사어들도 지금 여기에서의 삶에 대한 이야기라는 느낌을 소거하고, 마치 먼 옛날 신화의 이야기 같은 분위기를 자아낸다.

마지막으로, 서사가 진행되는 공간이 독자들의 생각과는 달리, 어떤 토속적인 정취를 느끼게 하는 전통적인 '마을'로 설정되어 있지 않다는 점이다. 즉 서사의 중심공간은 '개울가, 들판, 산등성이'이다. 사람의 삶이 펼쳐지고 역사가 만들어지는 공간이 마을이라면, 개울가와 들판과 산등성이는 마을 밖의, 혹은 마을과 마을 사이에 존재하는 사이공간이다. 실제로 소년의 집은 개울가로부터 '우대로 한 십 리 가까이' 길을 가야 하는 곳이고, 소녀의 집은 '아래편으로 한 삼 마장쯤' 되는 곳에 위치한다. 각각을 미터법으로 계산하면 3.92km, 1.17km가 되니 결코 가깝지 않은 거리이다. 그러한 사이공간은 삶의 일상성을 벗어난 지점에 형성된 시원적 세계에 가깝다. 이런 곳에서는 비일상적 환상성에 기초한 체험이 가능해진다. 이러한 환상성의 공간에서 소년과 소녀는 만나고 이별한다. 그들의 첫사랑은 다분히 현실적 삶이 탈각된 상태에서 이루어지는 만남과 이별인 것이다.

이처럼 『소나기』는 이름 짓기나 문체, 제한적으로 사용되는 시간부사어, 서사공간의 설정 등 다양한 방법을 통해 구체적인 현실이 배제된 원형성의 세계를 그려 내고 있다. 그러다 보니 『소나기』에서 역사적 시공간성은 거의 배제된 채 소년과 소녀에 집중하게 되고, 순수의 구성을 통해 무의식적인 기원으로의 지향이 드러난다.

한편, 『소나기』의 전개 과정에서도 첫사랑에 대한 보편적 원형성이 나타난다. 산 너머로 가 보자는 소녀의 제안에 소년이 따라나서고, 그들은 논 사잇길로 들어서서 벼 가을걷이하는 곁을 지난다. 그런데 벼 가을걷이하는 장면은 마치 걸개그림(대형 화폭에 그려 건물의 벽이나 틀에 걸 수 있도록 설치한 이동식 그림)처럼 소년과 소녀의 배경에 둘러쳐져 있을 뿐이다. 가을걷이를 하는 어떤 농부도 소년과 소녀에게 말을 걸지 않는다. 허수아비가 서 있고, 소년이 새끼줄을 흔들고, 참새 몇 마리가 날아갈 뿐이다. 생각해 보면, 인근 마을에서는 윤초시의 증손녀를 누구나 알고 있었을 것이다. 소년도 개울가에서 처음 본 소녀를 단박에 알아보았을 만큼 서울에서 내려온 소녀는 인근 마을의 관심 대상이었다. 그런 윤초시의 증손녀가 사내아이와 논길을 가로질러 가고 있는데, 아무도 소년이나 소녀에게 말을 걸지 않았고, 소년 역시 어느 누구에게도 인사를 건네지 않는다. 마치 그곳은 인간사가 사라진 진공의 들판인 것만 같다. 그리고 소년과 소녀만 등장하는 동화적 세계인 것만 같다.

이를 증명이라도 하듯, 다음의 내용은 현실과 분리된 공간적 영역으로서의 들판을 상상하게 한다. 즉 소년이 누렁송아지 등에 올라타 놀고 있을 때, 한 농부가 나타난다. 그는 '나룻이 긴 농부'였다.

> 농부 하나가 억새풀 사이로 올라왔다. 송아지 등에서 뛰어내렸다. 어린 송아지를 타서 허리가 상하면 어쩌느냐고 꾸지람을 들을 것만 같다. 그런데 나룻이 긴 농부는 소녀 편을 한 번 훑어보고는 그저 송아지 고삐를 풀어내면서, "어서들 집으루 가거라. 소나기가 올라." 참 먹장구름 한 장이 머리 위에 와 있다. 갑자기 사면이 소란스러워진 것 같다. 바람이 우수수 소리를 내며 지나간다. 삽시간에 주위가 보랏빛으로 변했다. 산을 내려오는데 떡갈나무 잎에서 빗방울 듣는 소리가 난다. 굵은 빗방울이었다. 목덜미가 선뜩선뜩했다. 그러자 대번에 눈앞을 가로막는 빗줄기. (황순원의 소설 『소나기』 중에서)

위의 글에서처럼 나룻이 긴 농부는 홀연히 나타났다. 그리고 그는 소나기가 내릴 거라고 말한 후 송아지를 끌고 사라진다. 그리고 곧바로 바람이 불고 소나기가 내리기 시작한다. 긴 나룻을 한 모습도 그렇거니와 송아지를 끌고 사라진다거나 벼 가을걷이를 하던 맑은 하늘에서 농부의 예언처럼 쏟아지는 소나기 등 우리는 그가 평범한 농사꾼이 아님을 직감한다. 사실 더운 여름철에는 소나기가 수시로 내린다고 할지라도 가을걷이가 한창인 가을철 맑은 하늘에서 소나기가 쏟아지는 경우는 드물다. 그래서인지 농부의 출현과 소나기는 밀접한 관련성을 지닌다. 즉 소나기를 몰고 올 수 있는 그는 현실세계를 초월한 설화적 인물로 여겨지게 한다. '소녀 편을 한 번 훑어보는' 그의 모습에서도 소녀의 앞날, 즉 소녀의 죽음을 예견하는 듯하면서도 이렇다 저렇다 말이 없는 선인(仙人) 같은 풍모가 느껴진다. 게다가 농부는 소년이 뽐내며 타던 송아지를 몰고 흔적도 없이 사라진다. 여기에서 주목할 내용이 하나 더 있다. 바로 소(송아지)다. 일반적으로 소는 선비들의 취향에 각별한 영물로 인식되어 시문, 그림, 고사에 자주 등장하였고, 실제로 선비들은 소를 타는 것을 즐겨 해 그러한 분위기를 시나 그림으로 표현해 왔다. 왜냐하면 소를 탄다는 것은 우리 옛 선조들에게 세사나 권력에 민감하게 굴거나 졸속하지 않는다는 철학적 의미가 들어가 있었기 때문이다(천진기, 1996). 따라서 소년이 송아지를 탄 시간은 현실이나 속세가 아닌 다른 공간에서 놀았다는 의미를 내포한다. 더군다나 나룻이 긴 농부가 송아지를 몰고 간다는 설정은 소가 제의의 희생이 되듯이 소녀도 소년에게서 멀어지게 될 것임을 예고한다(그림 1-5). 그런 의미에서 나룻이 긴 농부는 죽음의 매개자인 셈이며, 따라서 그는 현실의 장 밖에 있는 사람이라는 해석을 할 수 있다.

이처럼 소년과 소녀가 들판을 지나고 산등성이에서 노는 대목은 현실의 공간에서 잠시 이탈된 공간을 묘사한 장면으로 이곳은 소년과 소녀만을 위해 열린 새롭고도 비현실적인 공간이다. 그것이 신선의 세계이든 견우와 직녀가 만나던 은하수이든 그들은 현실공

그림 1-5. 황순원 문학관에 표현된 소년과 소녀 그리고 소

간에 있지 않고 다른 공간에 있었다고 볼 수 있다. 그들의 첫사랑이 구체적인 시공간에 기반하지 않은 원형적 사랑으로 인식되는 또 다른 이유이다.

재미있는 것은 이러한 공간적 특성, 즉 일상을 벗어난 환상성은 테마파크●3 같은 공간들이 지향하는 가장 중요한 요소라는 점이다. 그런 의미에서 『소나기』의 첫사랑 테마는 일종의 천상지애(天上之愛)로서 인간이 지닌 사랑에 대한 보편적인 속성, 즉 원형성을 오롯이 간직한 시공간이며 이는 비일상성과 환상성을 반영하고 있다. 즉 처음부터 소나기마을이 양평군 속에 자리한 하나의 테마파크로서 구상된 것임을 짐작할 수 있다.

첫사랑의 테마파크화, '황순원 문학촌, 소나기마을'

실제로 소나기마을은 경희대학교와 양평군의 결연(結緣)을 바탕으로 경희대 소나기마을 추진위원회의 기본 설계 용역에 의거하여,●4 『소나기』의 공간적 배경으로 양평군 서종면 수능리 산74번지 일원 47,640㎡의 부지를 선정하여 테마파크로 조성한 것이다(최혜실, 2004).

앞서도 언급했듯 『소나기』는 표면적으로 보기에는 소년과 소녀 간의 미묘한 감정의 파동을 담은 서정소설이나, 이 작품의 이미지와 상징을 분석해 보면 한편으로는 전형적인 이니시에이션 소설(initiation story)●5로 간주된다(이태동, 2015). 작품에 나타난 계절이 여름을 지난 가을이며 들판에는 흰 수염과 같은 갈꽃으로 가득 차 있고 죽음을 상징하는 우상을 닮은 허수아비가 서 있다. 긴 나룻을 한 농부가 등장하고, 어느 토요일 소년과 소녀는 황금빛으로 물든 가을 들판을 달려 개울물을 건너 산 밑까지 가며 거기에서 갈꽃을 꺾으며 놀다가 산속에서 소나기를 만난다. 위의 내용들은 공간적으로 보면 산 밑까지는 유년기를, 산에서 보랏빛 비를 만나는 것은 고난의 성년기를 상징하는 것으로 해석할 수 있다. 이처럼 유년기와 성년기가 공간의 이동을 따라 나타나는데, 이는 테마파크의 공간 구조가 이미 소설 속에 드러나 있음을 의미한다(표 1-1).

황순원의 『소나기』는 첫사랑이란 보편적 테마를 가지고 유년기의 소년과 소녀의 이야기를 다루고 있다는 점에서 관객이 쉽게 몰입할 수 있는 작품이다. 이를 위해 양평군에서는 이 작품을 하나의 스토리텔링으로 적용하여 구체화하기 위해 테마파크화를 진행하였고, 2009년 완공하였다. 양평군 소나기마을 조성 사업은 '문학관<문화마을<복합문화공간'의 확장 틀 속에서 관광객 유치를 통한 군민소득 증대에 기여하는 것을 목표로 세우며 더욱 구체화되었다(양평군청 홈페이지). 계획에서부터 "『소나기』에 묘사된 마을 풍경에 어울리는 아늑하고 아름다운 전형적인 농촌 풍경이어야 한다"라고 명시하였고, 실질적인 기준을 구체적으로 예시하여 "소년이 소녀를 업고 건너던 개울이 마을 어느 곳엔가 있어야 하며, 소나기마을을 찾아오는 사람들이 그 개울에서 애인을 업고 건넌다든지, 예쁜 조약돌 줍기 내기 등이 가능한 곳이어야 한다"라고 결정하였다. 더 나아가 몇 가지 부가적인 기준을 제시하면서 "허수아비를 구경하거나 무와 참외를 심을 수 있는 개울가의 밭에서 직접 참외를 가꾸고 따 먹기, 원두막에서 휴식 취하기, 무공해 논에서 메뚜기 잡기, 호두나무밭에서 호두 따기 등 농촌생활을 체험하며 자연학습을 할 수 있는 공간이면 더욱 좋겠다"라고 명시하였다. 여기에 디지털 기술을 적극 활용해야 한다는 점도 권장사항으로 적어놓았다(김종회·최혜실, 2006). 이렇게 계획된 '황순원 문학촌, 소나기마을'은 실제로 개울가가 있는 전형적인 농촌마을에 설립되었으며, 작품 속과 유사한 풍경이 마을 주변뿐만 아니라 문학관 내에도 만들어져 실제 체험이 가능한 장소가 되었다(그림 1-6).

표 1-1. 유년기와 성년기의 분류체계로 나누어 본 『소나기』의 공간적 이동

유년기	성년기
들판, 하늘	산
가을 햇살	먹장구름, 비
황금빛, 쪽빛	보랏빛
낙원	고난

티 없이 풋풋한 사랑을 추억하는 사람들이 있어서일까? '황순원 문학촌, 소나기마을'은 관광지로 여겨지기에는 한적한 편이지만 그럼에도 꾸준한 발길이 이어지는 곳이다. 이곳은 작가 묘역과 문학관, 체험장, 산책로를 겸비하고 있다(그림 1-7의 좌). 그리고 소나기마을의 문학관 건물은 소년과 소녀가 소나기를 피했던 수숫단을 형상화한 원뿔 모양을 하고 있다(그림 1-7의 우). 하나의 작은 문학 테마파크라고나 할까? 이처럼 '황순원 문학

그림 1-6. 황순원 문학관 앞 풍경. 전형적인 농촌마을의 모습(좌)과 개울가(우)

촌, 소나기마을'은 소설 속의 주요 장면으로 꾸며 놓은 숲과 정원을 거닐며 작품의 의미를 더욱 깊게 생각해 볼 수 있는 공간으로 조성되어 있다.

내부의 관람실에는 황순원의 유품들(옷가지, 필기도구, 시서화 등)이 전시되어 있다. 예전 아버지들의 체취가 물씬 묻어나는 물건들이어서 그런지, 더욱 정감이 간다. 이어 그의 작품들이 가지런히 시대별로 진열대에 놓여 있다(그림 1-8). 누런 종이, 빛바랜 겉표지와 원고지의 친필이 눈길을 사로잡는다. 여러 번 줄을 긋고 고쳐 쓴 원고의 글씨가 익숙하면서도 한편으로는 컴퓨터에 이미 길들여져 있는 우리에게 낯설기도 하다.

전쟁이라는 극한 상황 속에서 인간 상호 간의 불신으로 빚어지는 악감정이 결국 인간 본성의 회복이라는 단계로 이끌어 간다는 그의 대부분의 소설들과는 달리, 『소나기』는 낭만적이고 순수하다(김옥진, 2016). 그래서일까? 작품 속 배경을 그대로 꾸민 전시실과 『소나기』의 마지막 장면부터 시작되는 상상 애니메이션을 상영하는 전시실은 이곳을 방문한 이에게 애틋함과 향수와 행복감을 선사한다. 특히 내부에 마련된 갈꽃 정원은 그 순수성과 투박함을 더해 주는 장치가 된다. 그리고 (소년과 소년이 공부하던) 가상의 교실에서는 소나기를 맞아 볼 수도 있고, 그 옆에 마련된 전시공간에서 수숫단 체험도 해 볼 수 있다(그림 1-9). 한편 외부로 나가면 야외 광장인 '소나기 광장'에서 인공 소나기 체험을 다시금 해 볼 수 있고, '소녀네 가겟방'이라는 문구가 붙은 매점에서는 간단한 음식을 먹을

그림 1-7. '황순원 문학촌, 소나기마을' 구성도(좌)와 수숫단 형태의 건물 모습(우)

그림 1-8. 황순원의 진열품과 그의 작품세계를 알 수 있는 전시관

그림 1-9. 전시관 내부의 갈꽃 정원(좌), 가상 교실(중), 수숫단 체험(우)

수도 있다(그림 1-10). 개인적으로는 교실에서 상영된 애니메이션을 보다가 갑자기 내린 소나기에 비를 맞고 깜짝 놀랐던 기억이 있다. 그 순간은 아직도 짜릿함으로 남아 있다. 어쩌면 첫사랑은 이렇게 갑작스럽게 그리고 짜릿하게 시작되지만, 시간이 갈수록 아득

그림 1-10. 전시관 외부의 소나가 광장(좌)과 소녀네 가겟방(우)

하고 애틋하면서 소중한 옛 기억으로 남겨지는 게 아닐까 하는 생각이 든다.

소나기처럼 쏟아진 순수한 첫사랑의 기억, 양평 소나기마을을 뒤로하며

소나기마을을 나서는데 마침 한 무리의 아이들이 이곳을 찾아와 시간을 보내고 있었다. 몇몇 아이는 수숫단 속에서 웃고 떠들고, 몇몇 아이는 상영되고 있는 애니메이션을 묵묵히 보고 있기도 하였다. 뭐가 되었든 『소나기』라는 소설과 첫사랑에 대한 체험이리라. 저 아이들이 유년기를 지나고 곧 성년기가 되면 『소나기』의 들판과 하늘과 갈꽃의 의미를 이해할 수 있을까? 확답할 수는 없지만, 어쩌면 첫사랑의 기억은 이미 모두에게 주어져 있는 건지도 모르겠다. 소년과의 추억이 흙탕물로 물들어 있는 그 옷 그대로 입혀서 묻어 달라던 '소녀'와 소녀에게 줄 주머니 속 호두알을 수없이 만지작거리던 '소년'을 우리가 아무런 이유 없이 기억하고 이해하고 있는 것처럼 말이다.

그런 의미에서, 첫사랑이라는 테마로 많은 이들에게 노스탤지어(nostalgia)적 경관으로 기억될 단 한 곳을 선택하라면 아마도 주저 없이 '황순원 문학촌, 소나기마을'을 이야기할 것이다. 아련한 첫사랑의 추억과 순수함의 원형성을 떠올리며 소나기마을을 뒤로한다. 이곳 사랑의 도시 '양평'에서, 그리고 '소나기마을'에서 누구나 간직하고 있는 풋풋한 그 첫사랑의 순간을 많은 이들이 기억하고 만나 볼 수 있다면 좋겠다는 생각을 해 본다.

02

사람들을 매혹하는 느린 섬,
전남 청산도

섬, 고립의 땅에서 가능성의 땅으로

> "섬은 '작은 땅'에 불과한 것이 아닌 '큰 바다의 지킴이'이며, 그 자체로 소중한 가치를 내포하는 국가의 보물이다." (목포대학교 도서문화연구원장 강봉룡의 도서문화연구원 소개문 중에서)

섬은 왜인지 외롭고 처연한 느낌을 준다. 이러한 이미지 때문인지 예술작품에서 섬은 대부분 고립되고 삭막한 장소로 묘사된다. 책 『로빈슨 크루소』(1719)에서 주인공이 홀로 생존을 위해 고군분투했던 무인도나, 〈마파도〉(2005)와 〈트루먼 쇼〉(1998)에서 세상과 단절된 주인공들이 삶을 살아가는 배경이 되는 섬이 대표적인 예이다. 극단적으로는 영화 〈극락도 살인사건〉(2007)이나 〈김복남 살인사건의 전말〉(2010)과 같이 끔찍한 범죄의 온상으로 묘사되기도 하는데, 섬이 이와 같은 이미지를 가지게 된 데에는 역사적인 이유가 있다.

삼면이 바다로 둘러싸인 우리나라는 지리적인 특성상 외부의 침입이 매우 잦아 해양 세력과 해양 영토에 대한 대응방안이 필수적이었다. 이러한 이유로 섬과 관련한 정책 역시 매우 오랜 역사를 가지는데, 가장 최초로 등장한 것은 고려시대 말의 '해도인보론(海島人保論)'과 '해도개발론(海島開發論)'이다(심승희, 2013). 이는 바닷길을 통해 몽골과 왜구의 침입이 잦아지자 상대적으로 취약한 입지에 있는 섬 지역을 보호하기 위한 것으로, 섬 내에 군대를 배치하고, 사람을 보내 외세의 침략을 방어하고자 하였다. 그러나 이러한 정책은 실질적인 효과를 발휘하지 못하였으며, 오히려 해안을 고의적으로 황폐화하고 섬 주민들을 본토로 합류시키는 쇄환(刷還)정책이 힘을 가지게 되었다. 쇄환정책은 외부 세력이 황량한 섬을 피해 내륙지방으로 들어오도록 하는 일종의 유인작전으로, 보다 효율적인 방법으로 왜구를 격퇴하고자 한 것이었다. 그 결과 우리나라의 많은 섬들이 100여 년 가까이 빈 땅으로 방치되어 크게 황폐화되었다. 특히 조선시대에 이르러서는 인천광역시의 교동도나 경상남도 남해군의 노도와 같이 대부분의 섬을 유배지로 활용하여 전국적으로 섬에 대한 인식이 부정적으로 형성되는 결과를 낳았다.

고려시대부터 형성된 섬에 대한 부정적인 인식은 현재까지 이어져, 우리나라 대부분의 섬은 내륙과 단절된 채 각종 발전 및 개발정책에서 소외되어 왔다. 다행히 최근에 들어와서는 〈섬총사〉, 〈삼시세끼 어촌편〉 등 섬을 배경으로 하는 예능 프로그램들이 인기를 끌며 섬에 대한 이미지가 개선되고 있는 것으로 보인다. 그러나 신안군에서의 염전 노예 사건, 집단 성폭행 사건 등이 잇달아 큰 사회적 이슈로 대두되며 여전히 섬은 외부와 단절된 위험한 지역이라는 인식을 벗지 못하고 있다. 이와 같은 문제를 해결하기 위해서는 섬 지역에 꾸준한 관심을 가지고, 섬만이 가지는 차별화된 매력을 발굴하여 고립이 아닌 가능성의 땅으로 인식의 전환을 이끌어 내야 한다. 현재 이를 잘 활용하여 많은 사람들의 사랑을 받고 있는 섬이 있으니, 바로 청산도(青山島)이다.

아름다운 보물섬, 청산도

청산도는 전라남도 완도군 청산면에 속해 있으며, 약 33.28㎢의 면적에 2,000여 명 정도의 주민이 거주하고 있는 섬이다. 과거에는 신선이 사는 섬이라는 뜻의 선산도(仙山島), 선원도(仙源島)라고 불렸을 정도로 빼어난 자연 경관을 자랑하며, 현재의 청산도라는 이름은 일 년 내내 아름다운 푸른색을 가진다는 뜻으로 지어졌다(이재언, 2011).

이처럼 아름다운 섬 청산도는 과거 제주도와 연결되는 서남해안 바닷길의 요충지로서 끊임없는 외세의 침략에 시달려야 했던 지역이다. 실제로 아직까지 매년 음력 1월 15일이 되면 왜적의 침입을 막기 위해 설치한 훈련장을 기념하는 신앙제가 행해지고 있다는 점에서 당시 왜구의 약탈이 얼마나 심각했는지를 유추해 볼 수 있다. 조선시대에 이르러 왜구의 침략을 막기 위한 쇄환정책이 시행되자 청산도 역시 다른 섬들과 마찬가지로 공도(空島)화되어 오랜 기간 황폐화를 겪었으나, 1866년(고종 3년)에 당리진(堂里鎭, 관망대와 봉화대를 설치하고 외곽에 성벽을 둘러 인근 지역을 관할하던 곳)이 설치되며 군사적 요충지로서 그 기능을 인정받게 되었다. 이는 1895년 청일전쟁 이후 폐지되었으나, 최근 관광객들이 증가하자 일부 성벽을 복원하여 많은 관광객들에게 볼거리를 제공하고 있다(그림 2-1의 우).

그러나 수려한 자연환경과 풍부한 역사문화자원에도 불구하고, 처음부터 많은 사람들이 청산도를 방문한 것은 아니었다. 완도군에서도 가장 외곽에 위치한 청산도는 완도항에서 약 한 시간 정도 배를 타고 들어가야 도착할 수 있어 다른 섬들에 비해 접근성이 크게 떨어지기 때문이다(그림 2-1의 좌). 그럼에도 불구하고, 현재 청산도는 2016년 기준 약 32만 명의 관광객이 방문한 우리나라의 대표 섬 관광지로 자리 잡았다(관광지식정보시스템). 이는 인근의 생일도(23,646명), 보길도(140,877명) 등과 비교해 보았을 때 확연히 높은 수치이다(완도군청 홈페이지). 청산도는 어떻게 이처럼 많은 사람들의 사랑을 받는 섬이 될 수 있었을까?

그 비밀은 바로 각종 예술작품에 있다. 청산도는 1984년 영화 〈불새의 늪〉을 시작으로

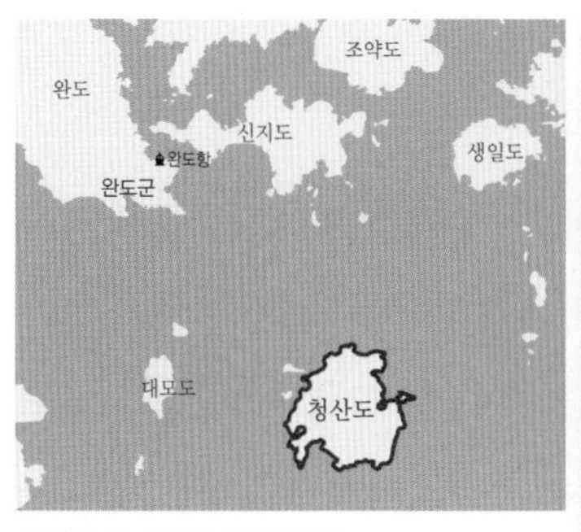

그림 2-1. 청산도 위치도(좌),
현재 남아 있는 당리진 성벽(우)
출처: 청산도 홈페이지(우)

각종 영화, 드라마, 예능 프로그램 등의 배경이 되며 많은 사람들에게 알려졌다(표 2-1). 이 중 가장 대표적인 것이 바로 1993년 임권택 감독의 작품인 영화 〈서편제〉인데, 이는 우리나라 영화 최초로 100만 관객 이상을 동원하며 한국 영화의 새로운 경지를 개척했다는 평을 받는 걸작이다. 이를 계기로 작품의 배경이 되었던 청산도 역시 관광지로서 새로운 전성기를 맞이하게 되었다.

표 2-1. 청산도에서 촬영된 영상작품

	제목	유형	연도
1	불새의 늪	영화	1984
2	서편제	영화	1993
3	첫사랑 선물	드라마	2004
4	해신	드라마	2004
5	봄의 왈츠	드라마	2006
6	이레자이온	드라마	2006
7	1박2일	예능 프로그램	2009
8	여인의 향기	드라마	2011
9	피노키오	드라마	2014
10	1박2일	예능 프로그램	2017

출처: 곽수경(2017)의 연구를 재구성

'곡선과 느림의 미학'을 찾다, 영화 〈서편제〉와 청산도

"이청준의 원작소설 『서편제』는 우리 판소리의 정서를 잘 담아내고 있다. 원작을 바탕으로 남도의 아름다운 자연, 한을 맺고 푸는 사람들의 삶, 우리 소리의 느낌이 하나로

어우러지는 영상을 그리고자 했다." (영화 〈서편제〉 감독 임권택의 변에서)

영화 〈서편제〉는 약 113만 명의 관객을 동원하며, 한국 기네스북에 최다 관객 동원 영화로 기록되었다. 대중의 관심에서 벗어나 있던 판소리라는 독특한 주제, 원작소설을 기반으로 한 탄탄한 스토리, 그리고 독특한 영상 촬영 기법 등이 〈서편제〉의 성공 요인으로 꼽힌다. 특히 당시에 볼 수 없었던 롱 테이크(Long-take) 기법을 사용해 촬영한 '진도 아리랑' 장면은 영화를 대표하는 장면이자 두고두고 기억해야 할 우리나라 영화의 가장 아름다운 명장면으로 평가받고 있으며, 촬영지인 청산도를 많은 사람들에게 알리는 계기가 되었다. 그 외에도 여주인공 송화가 득음을 위해 소리 공부를 하는 장면이 촬영되었던 옛 초가집과 각종 생활도구가 그대로 보존되어 있어 많은 사람들의 사랑을 받고 있다(그림 2-2).

〈서편제〉에서 주목한 청산도의 가장 큰 매력은 바로 '길'이다. 청산도는 바람과 파도가 심해 예로부터 양식이 불가능했고, 돌이 많은 지형적 특징상 물이 쉽게 고이지 않았기에 '구들장 논'이라는 독특한 농사 방식이 행해져 왔다. 2014년 유엔식량농업기구의 세계중요농업유산에 등재된 구들장 논은 산비탈이나 구릉에 돌을 쌓아 바닥을 만든 후 그 위에 흙을 부어 논을 일군 것이다. 청산도는 흙이 기름지지 않아 "청산도에서 나고 자란 처녀가 뭍으로 시집갈 때까지 쌀 서 말만 먹고 가면 부잣집"이라는 말이 있을 정도로 쌀 생산량이 매우 부족했다. 구들장 논은 이러한 청산도 사람들의 애환을 담은 독특한 문화이다. 이러한 이유로 청산도에는 구들장 논을 중심으로 마을과 마을을 잇고 산비탈로 향하는 구불구불한 길이 다양하게 나 있다. 〈서편제〉를 촬영한 임권택 감독은 청산도의 길을 "겉보기에는 삭막한 돌밭길이지만 가만히 들여다보면 사람들의 따뜻함을 느낄 수 있는 길"로 표현하며, "전신주 등이 없는 덜 현대화된 장소를 찾다가 청산도의 길을 발견했다"라고 전했다. 이처럼 청산도는 반듯한 고속도로와 신작로가 뚫리고, 질서 정연하게 구획을 나눠 토지를 정리하는 자본주의 사회에서 더 이상 찾아보기 힘든 '곡선'의 아름다움을

그림 2-2. 롱 테이크 기법으로 촬영된 청산도 황토길(좌), 〈서편제〉 촬영 배경이 된 초가집(우)
출처: 청산도 홈페이지

그림 2-3. 구들장 논의 모습(좌), 영화 〈서편제〉 중 진도 아리랑을 부르는 장면(우)
출처: 네이버 영화(우)

간직하고 있다. 이러한 청산도의 길은 5분 30초간의 롱 테이크 기법을 통해 주인공 세 명이 구성진 진도 아리랑을 부르며 구불구불한 길을 걸어 내려오는 장면으로 영화 〈서편제〉에 고스란히 담겼고, 많은 사람들에게 사랑받는 관광 명소로 자리 잡게 되었다(그림 2-3).

청산도 사람들의 삶과 지혜를 담은 마을길은 〈서편제〉를 넘어 드라마 〈봄의 왈츠〉에서는 노란 유채꽃길로, 〈여인의 향기〉에서는 아름다운 자전거길로, 〈피노키오〉에서는 경쾌한 수레자전거길로 확장된다(곽수경, 2017). 이러한 역사·문화적 가치와 아름다움을 인정받은 청산도는 2007년 12월 아시아 최초의 슬로시티(Slowcity)[6]로 지정되었으며,

2010년에는 희망 근로 프로젝트 사업을 통하여 총 11개 코스로 구성된 '슬로길'을 조성하였다. 슬로길은 아름다운 풍경에 취해 절로 발걸음이 느려진다는 의미를 담고 있으며, 각 코스는 길이 지닌 풍경, 길에 사는 사람, 길에 얽힌 이야기가 하나로 어우러질 수 있도록 구성되었다. 이는 2010년 문화체육관광부 '이야기가 있는 생태탐방로', 2011년 국제슬로시티연맹 공식인증 '세계 슬로길' 1호로 지정되는 등 대외적으로도 높은 인정을 받았다. 섬 사람들의 삶을 이해하고 보존하고자 한 청산도의 노력이 예술작품에 그대로 녹아들어 빛을 발한 셈이다.

완도군의 홍보정책 역시 청산도가 성공적인 발전을 이루어 내는 데 큰 역할을 하였다. 완도군은 청산도가 〈서편제〉의 촬영지라는 사실을 적극적으로 알리고 홍보하였고, 이후에도 다양한 매체들을 통해 청산도가 외부에 노출될 수 있도록 힘썼다. 또한 슬로시티, 슬로길 조성 등과 더불어 2009년부터 매년 4월 세계슬로걷기축제 등을 개최하는 등 청산도만이 가진 '느림의 섬'이라는 특징을 극대화하여 다른 지역과의 차별성을 두었다. 거센 파도와 바람의 영향으로 어디서도 볼 수 없는 독특한 해안지형을 자랑하는 지역임에도 불구하고 최근 대기업의 골프장 건설 예정지로 선정되어 많은 논란을 불러일으켰던 인천광역시의 굴업도(堀業島)와는 확연히 대비되는 행보이다. 이러한 노력에 힘입어 청산도는 〈서편제〉 촬영 이후 현재까지도 꾸준히 다양한 매체의 관심을 받는 지역이 되었으며, 매년 수많은 관광객들의 사랑을 받고 있다.

청산도의 성공이 가지는 의미

지금까지 우리나라의 섬은 낮은 접근성과 부정적으로 형성되어 있던 기존 인식 등의 영향으로 무관심, 혹은 기피의 대상이 되곤 했다. 실제로 우리나라에 존재하는 약 4,000여 개의 섬 중 사람이 살고 있는 유인도는 5백여 개가 채 되지 않는데, 그마저도 심각한 인구 유출로 점점 무인도화되고 있는 실정이다(한국해양수산개발원).

이와 같은 문제를 해결하기 위해 제일 먼저 선행되어야 하는 것은 당연히 부정적인 기존 인식으로부터의 탈피이다. 사람이 살지 않는 땅은 황폐해지기 마련이다. 따라서 우리는 적극적으로 섬의 긍정적인 측면을 알리고 부정적인 인식을 없애기 위해 노력해야 한다. 다행히 최근에 와서는 해양 영토에 대한 국제적인 관심의 증가로 우리나라 역시 8월 8일을 '섬의 날'로 제정하고 각종 행사를 진행하는 등 섬 지역의 발전 및 인식 개선을 위해 다양한 노력을 펼치고 있다. 하지만 기존의 부정적인 인식을 변화시키기 위해서는 꽤나 오랜 시간이 걸릴 것으로 예상된다.

이러한 상황 속에서 가장 큰 효과를 거둘 수 있는 것이 바로 매체를 이용한 홍보이다. 매체가 사람들의 인식에 미치는 영향은 그 무엇보다 강력하다. 방송을 통해 소개된 음식점에 손님이 길게 줄을 서고, 영화나 드라마의 배경이 되는 여행지에 관광객이 몰리는 현상 등을 생각하면 이를 쉽게 이해할 수 있다. 성수기에도 관광객이 많이 찾지 않아 호텔을 찾아보기조차 쉽지 않았던 그리스의 한적한 섬 스코펠로스(Skopelos)가 영화 〈맘마미아!(Mamma Mia!)〉(2008)의 배경이 된 후 수많은 사람들이 찾는 대표적인 관광지로 거듭난 것 또한 매체가 가지는 영향력을 짐작해 볼 수 있는 좋은 예시이다.

청산도 역시 마찬가지이다. 낮은 접근성과 척박한 토양을 가졌지만 그 속에서 삶을 살아가는 섬 주민들의 지혜와 애환을 존중하고 보존한 청산도는 〈서편제〉라는 예술작품을 통해 그 가치를 인정받으며, 우리나라의 대표적인 섬 관광지로 자리 잡았다. 영상 매체의 막대한 영향력과 지역색을 살린 효율적인 홍보정책의 결합으로 큰 발전을 이뤄 낸 '느린 섬' 청산도의 성공 사례는 우리나라에 분포하는 많은 섬들의 발전 가능성을 제시하고 있다는 점에서 큰 의미를 가진다.

섬에는 사람이 있고, 이야기가 있고, 자연이 있다. 아직 사람의 손이 닿지 않아 자연 그대로의 순수함을 간직한 곳, 그것이 바로 섬이 가지는 차별성이자 매력이라고 할 수 있다. 생산성이 낮다는 단점을 극복하기 위해 만들어진 구들장 논과 구불구불한 마을길, 그리고 느림의 미학이 영화 〈서편제〉를 통해 많은 사람들을 이끄는 관광 명소로 재탄생한 것처럼, 섬이 가지는 여러 특징들을 '단점'이 아닌 '장점'으로 변환하여 바라볼 수 있는 시각이 필요하다. 여기에 매체가 가지는 영향력이 더해진다면 우리나라의 많은 섬에도 긍정적인 바람이 불 수 있을 것으로 판단된다.

03

대나무 같은 선비정신이 깃든 가사문학의 고장, 전남 담양

담양의 자랑거리

전라남도 담양은 예로부터 대나무 특산품으로 유명한 지역이다. 담양에서 죽세공업이 언제부터 본격적으로 시작되었는지 그 시기는 정확히 알 수 없지만, 화폐경제가 미약했던 조선시대에 대나무를 용이하게 구할 수 있는 영·호남지방에서 자급자족의 형태로 죽세공품을 생산했을 것이라 추측된다. 이후 근대공업이 발전함에 따라 죽세공업이 행해지던 지역은 점차 줄어들어, 현재는 담양만이 죽세공예품의 생산지로 그 명성을 이어 가고 있다(조승현, 2003).

이와 같이, 담양이 죽세공업에서 최고의 이름을 지금까지도 내세울 수 있는 이유 중 하나는 질 좋은 대나무가 양껏 자랄 수 있는 최적의 기후와 토질을 가지고 있기 때문이다. 이로 인해 담양은 대나무밭의 면적이 전국에서 가장 넓어서 죽향(竹鄕)이라는 별칭도 갖고 있을 정도이다. 그래서일까? 담양에 가면 꼭 필수로 봐야 한다는 죽녹원의 대나무숲에서 다양한 종류의 대나무를 만나 볼 수 있으며, 담양 곳곳에 있는 기념품점에서는 대나무를 이용한 여러 물건을 판매하는 모습을 볼 수 있다. 이렇게 담양 시내를 돌아다니

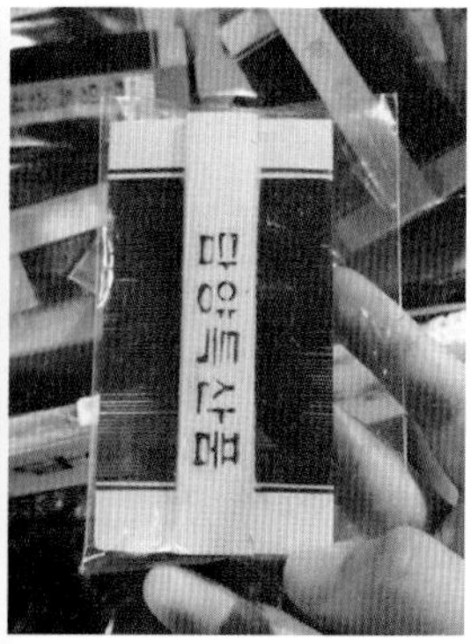

그림 3-1. 죽녹원 대나무숲(좌)과 담양의 특산품 대나무 참빗(우)

그림 3-2. 관방제림(좌)과 메타세쿼이아길(우)

다 보면 자연스럽게 이곳이 별명에 걸맞은 '대나무의 도시'라는 것을 체감할 수 있게 된다(그림 3-1).

전국에서도 뒤처지지 않는 수려한 자연 경관은 대나무와 함께 담양의 또 다른 자랑거리이다. 조선시대에 홍수 예방을 위해 조성된 숲인 관방제림, 비교적 최근에 만들어져 이국적인 정취를 맘껏 느낄 수 있는 메타세쿼이아길 등은 그 경치만으로도 바쁘게 돌아다니는 여행자들의 발길을 멈추게 한다(그림 3-2). 이뿐만이 아니다. 잔잔히 흐르고 있는 영산강과 그 일대를 바라보면서 먹는 국수는 멋스러운 경치와 어우러져 그야말로 일품이라 칭할 수 있다. 이처럼 우리 조상들도 예부터 담양만의 멋을 알았는지, 이러한 담양의 자랑거리를 마음껏 누리며 풍류를 즐겼다고 전해진다. 그중에서 조선시대의 선비들은 멋있는 경치가 보이는 곳에 누정(樓亭, 누각과 정자를 아울러 이르는 말)을 지은 후, 이 누정에서 문학작품(주로 고전시가)을 집필하며 자연의 경치에 대한 흥을 표현하였다. 특히 담양에서는 고전시가에 한 획을 그은 장르가 발전하였는데, 바로 '가사(歌辭)문학'이다.

담양의 아름다움을 예찬한 누정가사樓亭歌辭

가사문학은 우리 고유의 민요적 율격에 향가, 고려가요나 한시 등의 내용을 덧붙여 형성된 고전시가의 한 장르이다. 그러한 이유로 가사는 시조나 한시에 비해 우리의 사상과 감정을 표현하는 데 더욱 적합하다는 평가를 받는다. 가사문학의 정확한 시초는 알 수 없으나, 가사문학의 틀이 잡힌 정극인의 「상춘곡(賞春曲)」을 효시라 본다. 그 이후로 가사문학이 활발히 창작되어 시조 다음으로 조선시대를 대표하는 시가문학이 되었다. 그렇기에 가사문학의 주제를 통해서 그 당시 시대적 상황을 간접적으로 유추해 볼 수 있는데, 조선 전기와 후기를 나누는 분수령인 임진왜란·병자호란을 기점으로 가사문학의 주된 주제와 성격 등이 변화하였다. 즉 조선 초기에는 「상춘곡」과 같은 자연과의 합일에 대한 주제가 대부분이었으며, 그 밑바탕에는 당시 주된 창작계층인 사대부의 이념이 녹아들어 가 있었다. 이후 임진왜란·병자호란을 거치면서 사회비판적인 성격이 나타나게 되었는데, 그 이유는 문학 집필층의 확대에 있다. 다시 말하면 장기간의 전쟁으로 인해 신분질서가 흔들리고 민생이 피폐해진 데다가 신문물의 도입과 화폐경제의 발전에 따라 중인·평민계급의 의식이 향상되었고 몰락 양반까지 합세하여 글을 아는 자가 보다 광범위해졌다는 데에 있다. 이들은 당시 시대적 상황에 대한 비판을 거리낌 없이 문학을 통해 드러내고자 하였고, 이는 조선 후기의 가사문학을 통해 그 당시 조선 사회에 대한 비판적인 내용을 담은 것으로 알 수 있다.

이처럼 시대적 상황에 따라 창작계층이 달라지기 때문에, 한 지역에서 특정 장르의 문학

작품이 특히 많이 남아 있는 경우는 찾아보기 힘들다. 그런데 예외적으로 담양은 조선 전기와 후기를 통틀어 가사문학 작품이 가장 많이 남아 있는 지역이다. 즉 다른 지역의 가사가 한두 편에 그친 데 비해 담양에서는 조선 전기 가사가 6편, 조선 후기 가사가 12편이 창작되었다는 점에서 '가사문학의 산실'이라 불릴 정도이다(이상원, 2015).[7] 특히 가사문학의 대표작인 송순의 「면앙정가(俛仰亭歌)」와 정철의 「성산별곡(星山別曲)」, 「사미인곡(思美人曲)」, 「속미인곡(續美人曲)」 등을 포함하여 조선의 많은 가사문학이 이곳 담양에서 쓰였다는 점은 주목할 만하다. 그렇다면 왜 담양에서 가사문학이 이토록 많이 탄생한 것일까?

결론부터 말하자면 그 이유는 앞서 말했듯이 '누정'과 관련이 깊다. 담양에 누정이 많은 이유는 담양이 우리나라의 곡창지대인 전라남도에 위치하고 있다는 점, 그리고 무등산이라는 아름다운 자연 경관이 존재한다는 점 때문이다(그림 3-3). 먼저, 담양이 위치해 있는 호남 지역은 드넓은 충적 평야가 있어 예로부터 우리나라 최대의 곡창지대라 불리었다. 이러한 지리적인 이유로 호남 사람들은 경제적인 여유가 있었으며, 그로 인해 생활 속에서 여유를 즐기고 이를 표현할 수 있는 풍부한 정서를 가질 수 있었다(고성혜, 2012). 또한 전남의 대표적인 산인 무등산은 담양을 비롯한 광주, 나주, 장성, 화순 등의 무등산 권역을 여타 지역에 비해 월등히 아름다운 곳으로 만드는 주요 요인이었다. 특히 무등산 계곡들은 수려한 경관을 자랑하며 조밀하게 늘어서 있었는데, 이러한 산수(山水)에 물산마저 풍부하여 수많은 누정이 조성될 수 있었다(박명희, 2015). 이 중에서도 16세기에 사림(士林)파[8]에 의해 축조된 누정이 많다는 것이 중요하다. 왜냐하면, 그들로 인해 누정의 공간적 의미가 휴식 장소에서 문화 교류의 장으로 변화했기 때문이다. 당시 정치적 세력 다툼에서 밀려난 사림파들이 고향으로 돌아와 세속과 떨어진 자연에서 은둔생활을 하기 위한 누정을 세웠다. 이윽고 누정을 세운 자와 뜻이 맞는 사람들이 하나둘 찾아오기 시작했으며, 그러다 보니 누정은 자연스럽게 일종의 학회장처럼 그들 간의 학문적·예술적 교류를 나누는 장소가 되었고, 나아가 후학을 양성하는 공간이 될 수 있었다(권수용,

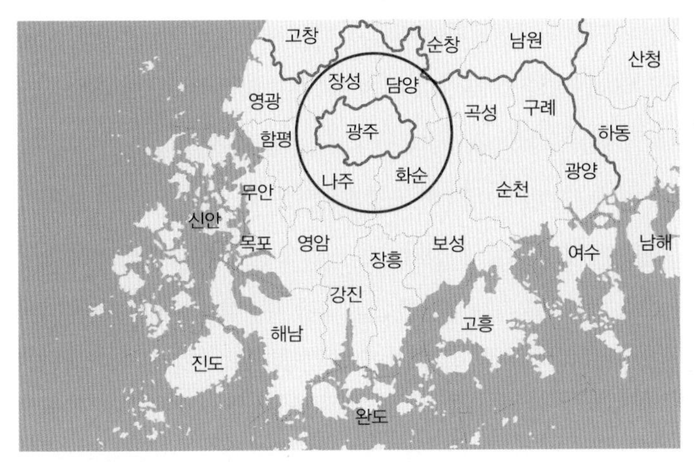

그림 3-3. 담양의 위치와 무등산 권역(광주, 나주, 장성, 담양, 화순)

2008).

이렇듯 16세기 이후에는 누정이 은둔의 공간이라는 의미를 넘어서 학자 간의 교류처로서 그 공간적 의미가 확장되었다. 무엇보다 담양의 누정은 다른 지역에 비해 상대적으로 큰 시단(詩壇)을 형성하여 많은 문학작품(특히 가사문학)이 창작되었다. 송순, 양산보 등 사림파를 이끌던 주요 인물이 한양에서 낙향하여 담양에 머물렀다는 사실은 이를 반영한다. 송순의 면앙정(俛仰亭), 양산보의 소쇄원(瀟灑園)에 있는 제월당(霽月堂)과 광풍각(光風閣), 정철의 송강정(松江亭) 등이 대표적인 사례다.

이 중에서도 소쇄원은 스승인 조광조가 기묘사화로 연루된 것을 보고 양산보가 정치에서 멀어진 채 오직 도학자로서 은거하기 위하여 축조되었는데, 우리나라 원림(園林, 한국식 정원을 뜻함)의 최고봉으로 알려져 있다(그림 3-4). 자연을 그대로 두고 사람이 거주하는 공간을 조화롭게 만듦으로써 극대화된 자연미를 보여 주기 때문이다. 이곳에서 양산보 및 그와 교류했던 인물들이 지은 한시는 총 550여 수 정도가 되는데, 그중 400수 가량이 소쇄원 원림을 소재로 할 정도로 소쇄원의 아름다움은 유명했다(권수용, 2008).

한편, 송순은 한자를 사용하여 내용이 짧게 끝나는 한시나 시조는 담양의 자연적 아름다움을 다 담아내기가 어렵다고 하여, 자연생활에 대한 흥취를 한자와 한글을 혼용한 산문에 운율을 더한 작품으로 창작하였다. 이것이 그 유명한 「면앙정가」이다. 「면앙정가」는 송순이 무등산 제월봉에 위치한 면앙정에서 사계절의 아름다운 풍경을 읊은 가사로, 자연 경관을 묘사한 수법도 뛰어나지만, 그 내면의 느낌과 정서를 한글로 구사하고 표현하여 자연의 아름다움을 한층 더 깊게 느낄 수 있다(그림 3-5). 또한, 세속과 정반대의 속성을 지닌 자연을 예찬하며 한가로이 즐기는 태도를 드러내어 자부심과 자족(自足)의 미의식을 보여 준다(고성혜, 2012). 이러한 이유로 이 작품은 가사문학의 대표작으로 꼽힌다.

이처럼 누정에서 담양의 자연을 바라보면서 안빈낙도(安貧樂道)의 삶을 노래하는 누정가사의 틀은 송순의 문하생이자 가사문학의 대가로 불리는 정철로 이어진다. 정철은 「성산별곡」에서 식영정(息影亭)과 이를 둘러싼 자연의 아름다움을 무릉도원(武陵桃源) 등으

그림 3-4. 양산보의 소쇄원(좌)과 「소쇄원 48경」 한시(우)

그림 3-5. 면앙정(좌), 면앙정가비(우)

그림 3-6. 식영정에서 바라본 광주호(상)와 식영정의 모습(하)●9

로 비유·묘사하면서, 자연 속에 사는 식영정 주인의 생활을 찬미하고 있다(그림 3-6). 당시 식영정의 주인이 정철의 지인인 김성원이었다는 점을 고려한다면 「성산별곡」은 정철 본인이 아닌 김성원을 예찬하고, 자연 속에서 풍류를 즐기는 그의 삶을 동경하는 것으로 볼 수 있다. 다른 한편으로, 정철이 식영정 주변의 경관을 정교하고 세밀하게 관찰하고 표현한 것에서 아름다운 경관에 둘러싸인 누정 속에 자신이 존재하고 있다는 자부심을 은연중에 드러내고 있다는 해석도 가능하다. 따라서 정철 역시 송순과 마찬가지로 가사 문학을 통해 자족과 자긍심을 나타내고 있다(고성혜, 2012).

당대 호남 지역의 여유로운 삶의 정서와 수려한 자연 경관은 탈세속적인 담양의 분위기로 이어졌고, 이는 신선이 사는 세상처럼 묘사됨으로써 이곳을 세속과 거리가 있는 이상향으로 인식하게 하였다. 따라서 담양에는 「면앙정가」, 「성산별곡」 등과 같이 누정에서 자연스레 강호한정의 삶과 자긍심을 드러낼 수 있는 누정가사가 지어져 지금까지 남아 있는 것이다.

대나무와 소나무같이 늘 푸르른 절개와 충신의 혼을 표현한 가사문학

앞서 보았듯이, 가사문학은 누정에서 바라본 담양의 자연을 예찬하고 그 안에서 풍월주인(風月主人)의 삶을 표현하였음을 살펴보았다. 그렇지만 「면앙정가」의 마지막 구절에서 "이몸이 이렁굼도 亦君恩이샷다(이 몸이 이러하옴도 또한 임금의 은혜로다)"라고 말하는 것처럼 가사문학은 자연의 아름다움뿐만 아니라 대나무 같은 절개와 충신의 마음을 담은 유교적인 내용을 크게 함축하고 있다. 아무래도 가사문학의 주된 저자들이 사림파, 즉 성리학자이기에 임금에 대한 충성을 글로써 표현한 작품을 흔히 볼 수 있는 것이다. 이러한 연군지정(戀君之情)을 주제로 하는 대표적인 가사문학은 송순의 「면앙정가」와 더불어 송강정에서 작성된 정철의 「사미인곡」과 「속미인곡」 등이 있다.[10] 담양에서 이러한 수작(秀作)이 나올 수 있었던 건 뛰어난 문장실력을 지닌 문인이 많았다는 점도 있지만 더 나아가 사군자(四君子)[11] 중 하나인 대나무와 소나무가 많다는 장소성의 의미가 더해져 탄생한 것이 아닐까 한다(그림 3-7). 즉 성리학자로서의 곧고 푸른 절개가 대나무와 소나무로 빗대어 표현된 것이리라.

특히 대나무는 사시사철 푸르고 쉽게 부러지지 않으며 하늘을 향해 곧게 자라는 속성으로 인해, 혼란스러운 세상에서 고난과 역경을 겪어도 흔들리지 않고 이상향을 바라보며 올곧게 서 있는 선비정신을 나타낸다. 그런 이유로 16세기에는 사림파들의 중요한 덕목으로 상징되었다. 실상 가사문학에서 대나무를 직접적인 소재로 삼은 작품을 찾기란 쉽지 않다. 하지만 대나무 자체가 담양의 전체적인 자연을 상징하기 때문에 자연 경관을 보며 읊조리는 가운데 대나무에 내포된 '곧은 절개'가 표현되어 있다. 그 예로, 송순은 「면앙정가」에서 "너ᄅᆞ바회 우희 松竹을 헤혀고 亭子ᄅᆞᆯ 언쳐시니(넓은 바위 위에 소나무와 대나무를 헤치고 정자를 앉혔으니)"라고 면앙정을 표현하면서, 그곳에서 본 무등산의 경관이 마치 자신을 신선처럼 느끼게 한다며, 자신이 이런 만족스러운 삶을 살 수 있는 것은 모두 임금의 은혜 덕분이라고 말한다. 자연을 예찬하다가 갑자기 마지막에 충절을 강조하는 것이 뜬금없이 여겨지기도 하지만, 면앙정 주변을 묘사하는 가운데 충신의 절개와 지조를 상징하는 대나무와 소나무의 표현은 그 상징적 의미를 충분히 짐작해 볼 만하다.

> 무등산 한 줄기 산이 동쪽으로 뻗어 있어, / 멀리 떨치고 나와 제월봉이 되었거늘,
> 끝없이 넓은 들에 무슨 생각하느라고, / 일곱 굽이 한데 뭉쳐 우뚝우뚝 펼쳤는 듯,
> 가운데 굽이는 구멍에 든 늙은 용이 / 선잠에 막 깨어 머리를 얹은 듯,
> 너른 바위 위에 / 송죽을 헤치고 정자를 앉혔으니
> 구름을 탄 푸른 학이 천리를 가려고 / 두 날개를 벌린 듯,
> (중략)
> 술이 익었거니 벗이야 없을쏘냐. / 부르게 하며 타게 하며 켜게 하며 흔들며
> 온갖 가지 소리로 취흥을 재촉하니, / 근심이라 있으며 시름이라 붙었으랴.

그림 3-7. 송강정과 면앙정 근처에 있는 소나무와 대나무. 이는 선비정신을 뜻한다.

누웠다가 앉았다가 구부렸다 젖혔다가, / 읊었다가 불었다가 마음 놓고 놀거니와,
천지도 넓고 넓고 세월도 한가하다. / 희황 모르더니 이때가 그로구나.
신선이 어떠한가 이 몸이 그로구나. / 강산풍월 거느리고 내 평생을 다 누리면
악양루의 이태백이 살아온다 하더라도 / 호탕한 회포야 이보다 더할쏘냐
이 몸이 이런 것도 역군은 이로구나.
(송순의 「면앙정가」 중에서)

이처럼 담양의 가사문학은 전반적으로 연군(戀君)의식, 즉 임금에 대한 충성을 주제로 삼고 있는 경우가 많다. 그 외에도 부모에 대한 효도, 나라를 진정으로 생각하는 충정 등 유교적 덕목을 외부에 의도적으로 알리고자 직접적으로 표현한 가사들도 많다. 왜냐하면, 조선시대의 담양은 호남 지역에서 사림 정치의 중심지였기 때문이다(이상원, 2015). 그렇기에 담양에서 양반 행세란 그만큼의 사회적 덕망을 갖추어야 가능했다. 따라서 대나무와 소나무가 뜻하는 충절과 지조 등의 유교적 덕목을 형식에 구애받지 않고 자유롭게 쓸 수 있는 가사문학에 담아내었던 것이다.

가사문학의 맥을 잇고 있는 오늘날의 담양

조선시대 선비들이 누정에 올라 담양의 아름다운 자연 경관을 보며 가사문학을 집필했듯이, 오늘날의 담양은 선비들이 보았던 수려한 경관을 거의 그대로 보존하고 있다. 또한 이곳에서는 아직까지도 가사문학이 계속 창작되고 있다. 이렇게 담양에서 가사문학이 보존될 수 있었던 것은 군청이 한국가사문학관 건립을 추진(1995) 및 개관(2000)하여 한국가사문학관 주도로 가사문학 관련 문화유산을 전승하고 보전하고 있을 뿐 아니라 현대인에게 가사문학을 보편적으로 알리고 가사문학이 현대화하는 데 힘을 쓰고 있기 때문이다(그림 3-8의 좌). 그 결과, 담양은 전국에서 유일하게 가사문학학술진흥회를 두어 매년 전국 가사문학제를 개최하고 가사문학상을 수여하고 있으며, 〈오늘의 가사문학〉이라

그림 3-8. 식영정 옆에 위치한 한국가사문학관(좌), 소쇄원으로 들어가는 입구의 대나무숲(우)

는 가사문학 전문 간행물을 발행함으로써 우리 민족에 적합한 율격을 바탕으로 한 음문 문학을 살릴 수 있었다.

이러한 노력 덕분에 학계에서는 '가사문학의 고장'으로서 담양을 인정하고, 이에 따라 많은 연구를 진행하고 있다. 그러나 아직도 많은 사람들이 담양을 대나무의 도시로는 알지만 가사문학의 고장이라는 사실은 잘 모르는 듯하다. 아마 그 이유는 가사문학이 고전시가에서 주류가 아니었다는 점, 산문과 음문의 중간 위치에 있어 확실한 정체성을 알기 어렵다는 점 등 가사문학 자체에 대한 인식의 문제에 있다고 할 수 있다(고순희, 2016). 또한, 담양 하면 떠오르는 대나무와 가사문학이 서로 간에 연결고리 없이 각각 독립적인 것으로 보였다는 점도 이유가 될 수 있을 것이다. 다시 말해, 한국가사문학관에서 대나무 이야기는 거의 언급되지 않으며, 담양군의 대나무 박물관에는 대나무와 관련된 소재로 지어진 한시·시조·현대시만 소개되고 가사문학에 관련된 언급이 거의 이루어지지 않고 있다. 따라서 그동안 가사문학과 대나무의 연결점은 찾기 어려웠고, 대나무로 더 잘 알려진 담양의 이미지에 가사문학은 뜬금없고 이질적인 것으로 여겨졌는지 모른다. 그렇지만 앞서 보았듯이 대나무와 소나무는 담양을 비롯하여 호남의 문학을 주도했던 사림파들의 충절과 절개를 상징하는 자연물이며, 실제로 소쇄원, 면앙정, 송강정 등과 같은 문학 집성 장소에는 그들의 정신을 보여 주는 대나무와 소나무가 숲으로 조성되어 있다(그림 3-8의 우). 이러한 점을 고려해 본다면, 담양의 문학과 대나무 사이에 연관성이 적지 않다는 것을 알 수 있다.

따라서 담양에 방문할 기회가 생긴다면 다음과 같은 점들을 떠올리며 여행을 해 보자. 첫째, 수려한 자연 경관을 구성하는 대나무가 담양을 대표하는 지역 이미지가 되었다는 점이다. 둘째, 이러한 담양 대나무의 이미지는 사군자 중 하나로서 푸르른 소나무와 함께 선비들의 올곧은 정신을 상징하며, 셋째, 선비들의 정신을 표현한 것이 누정에서 쓴 가사문학이라는 점이다. 이러한 점들을 기억해 낼 수 있다면, 담양이 단지 대나무의 고장이라는 의미뿐 아니라 이와 연계된 '가사문학의 고장'으로서의 성리학적 깊이와 충정의 의미까지도 함께 되새길 수 있는 장소로 색다르게 남을 수 있을 것이다.

04

카프카의 비애와 카를교의 낭만 사이, 체코 프라하

'프라하의 봄'으로 상징되는 체코의 역사

영화 〈프라하의 봄〉(1988)은 밀란 쿤데라(Milan Kundera)의 소설 『참을 수 없는 존재의 가벼움』(1984)을 원작으로 한 작품으로, 잔잔하지만 격정적인 감동을 자아낸다. 인간의 자유와 평화에 대한 갈망, 안식에 대한 철학적인 단상을 담고 있고, 지금을 사는 우리 자신에 대해서도 목소리를 던져 주기 때문이다. 물론 이 작품은 원작에 대한 기본적인 이해나 정독 없이는 이해하기 힘든 난해함이 있다. 하지만 체코의 작곡가 레오시 야나체크(Leos Janacek)의 아름다운 음악과 유럽의 경관, 그리고 1968년 체코슬로바키아에서 일어난 민주자유화운동인 '프라하의 봄'이라는 시련을 생동감 있게 표현하고 있어 관객들에게는 충분한 매력으로 다가온다(그림 4-1). 그리고 이러한 격동의 역사적 상황에서 인간의 실존은 수많은 대립 속에서 진행되고, 존재의 가벼움과 무거움은 쉽게 재단될 수 있는 것이 아님을 이야기한다. 결국 이 작품은 여러 이념 속에 대치되며 그 어떤 것도 옳고 그름을 판단하기 힘든 프라하의 혼란스러운 상황을 대변하고 있는 것으로 볼 수 있다.

프라하의 봄이라는 굵직한 사건이 있기 이전에도, 체코(혹은 체코슬로바키아)는 모지고 슬

그림 4-1. 영화 〈프라하의 봄〉 포스터(좌), 신시가지에 있는 '프라하의 봄' 광장(중·우)
출처: 네이버 영화(좌)

그림 4-2. 체코의 수도 프라하의 위치(상), 프라하의 전경(하)

픈 역사를 지니고 있었다. 5~7세기에 슬라브족이 체코와 슬로바키아 지역으로 이주하여 정착한 이래, 8세기에는 모라비아 왕국(Moravia, Mähren)이 들어섰으며 10세기부터 보헤미아 왕국(Bohemia, Böhmen)으로 번영하였다. 14세기에는 카를 4세(Karl IV)가 신성로마제국에 오를 정도로 국력이 신장된 바 있다. 그러나 종교개혁의 전쟁에 휩싸여 16세기에는 합스부르크 왕조의 지배하에 들어갔고, 19세기 후반에는 오스트리아와 헝가리의 지배를 받았으며, 제1차 세계대전 후 체코슬로바키아로 통합되었다가 바로 나치 독일에 의해 점령되었다. 이후 1945년 구소련의 점령하에 사회주의로의 길을 걸었으며, 공산주의에 항거해 1968년 프라하의 봄을 갈구했으나 끝내 소련의 억압에 굴복해야 했다.[12] 그 후 1990년대 동유럽 공산권의 붕괴와 민주화의 물결이 선봉이 되어, 1993년 1월 1일 체코슬로바키아 연방공화국은 체코와 슬로바키아 2개의 공화국으로 분리·독립하여 오늘에 이른다(허상문, 2016)(그림 4-2).

혼란의 역사 속 카프카의 비애를 수용한 도시, 프라하

프라하를 더욱 유명하게 만든 것은 프란츠 카프카(Franz Kafka, 1883~1924)가 이곳 출신이라는 사실이다(그림 4-3). 카프카는 출생조건에서부터 그의 생애적 비극과 작품의 비극을 잉태하고 있었다. 그는 유태인 양친 사이의 맏아들로 태어나면서 비록 형식적이긴 했지만 전통적인 유태교 신봉의 문화적·종교적 영향 속에서 성장했다. 동시에 어려서부터 독일어를 모국어로 사용하며 독일식 학교교육을 받았고, 생활과 교육은 이스라엘도 독일도 아닌 체코의 수도 프라하에서 이루어졌다. 이렇게 출생과 교육과 생활공간이 각각 이질적인 삼중조건에다 그의 아버지의 독선적인 교육이념으로 인해, 그는 자신의 고유한 가치기준을 터득할 가능성과 능력을 상실한 채 방황하였다. 그리고 이는 결국 그가 복합성이라는 혼란 속에서 스스로를 고독과 비애의 틀에 가두는 결과를 초래하였다. 즉 카프카는 헤브라이적이고 게르만적이며 동시에 슬라브적이고 보헤미아적인가 하면, 이스라엘적이다. 그는 독일 및 오스트리아의 사이에서 체코적인 복합성에 대해 자신을 향

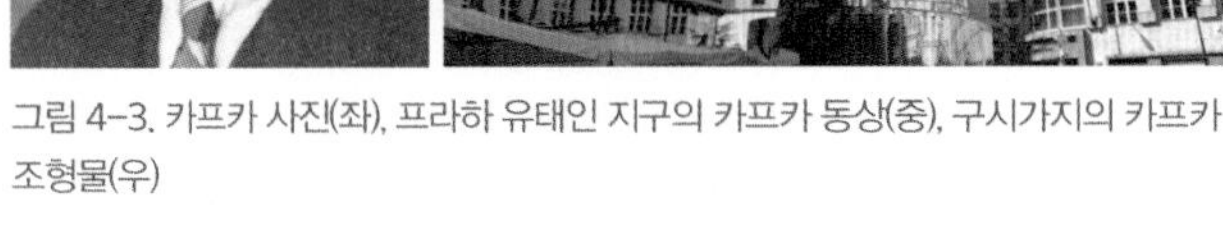
그림 4-3. 카프카 사진(좌), 프라하 유태인 지구의 카프카 동상(중), 구시가지의 카프카 조형물(우)

한 고민과 물음에 끊임없이 '쓰기(Schreiben)'를 계속한 삶을 살았던 작가로서, 자신의 삶에 대한 비애와 우수와 애증의 역사를 프라하에 예속시켰다.

"프라하가 맹수의 발톱처럼 자신을 붙잡고 놓아주지 않는다"라고 말했던 카프카는 몇 번의 짧은 여행, 그리고 단기간의 베를린 체류를 제외하고는 평생을 프라하에서 살았다. 그런 의미에서 프라하는 카프카에겐 중요한 인생의 지표가 될 수밖에 없었으며, 프라하의 사회적·문화적 상황은 카프카 문학에 큰 영향을 주었다.

카프카가 생존해 있던 1910년경의 프라하는 인구 50만 명의 도시로 서유럽과 동유럽을 연결하는 문화·예술의 심장이었다. 특히 카프카가 태어나서 대학을 졸업할 때까지 살았던 구시가지는 수많은 가톨릭 교회, 저택, 미로와 같은 길, 골목, 유태인 거리·유태인 사원·유태인 묘지 등이 있어서, 중세가 살아 숨 쉬는 숭고하고 경건한 세계와 연금술사가 호흡하는 심오한 신비의 세계가 교차하던 곳이었다(그림 4-4와 4-5). 이 좁은 영역 안에 그의 인생 전체가 담겨 있었다고 해도 과언이 아닐 것이다. 다른 한편으로 프라하는 당시 유럽제국의 보헤미아 수도로서 체코인들이 살고 오스트리아인들이 다스리는 민족적·종교적 갈등의 온상이었다(한석종, 1992). 따라서 개혁주의자 얀 후스(Jan Hus)[13]를 추종하던 사람들의 정치·사회 개혁운동, 슬라브 소수민족들의 독립운동, 유태인들의 시온

그림 4-4. 얀 후스 동상이 있는 구시가 광장(좌), 구시가 광장에 있는 천문시계(중)와 화약탑(우)

그림 4-5. 구시가 광장의 틴 성당(좌), 성 비투스 대성당의 외부(중)와 내부(우)

운동, 노동운동, 무정부주의운동뿐만 아니라 제1차 세계대전을 전후한 표현주의, 다다이즘, 초현실주의 등을 통해 온갖 예술과 문학 활동이 전개된 무대이기도 했다.

이처럼 프라하를 중심으로 일어난 세기말적인 역사적 변화 속에서 카프카는 '쓰기'를 통해 본격적으로 자기 자신을 이해하기 위한 시도를 하였다. 그에게 있어 글을 쓴다는 것은 문학행위 이상의 것으로, 단순한 삶의 표현을 뛰어넘어 '모든 포괄적인 상상의 요구를 충족시키기 위한 삶의 완전한 개방행위'로 간주되었다. 특히 그는 아버지와의 불화 속에서, 직장생활의 틈바구니 속에서, 결혼과 글쓰기를 양자택일해야 하는 일생의 문제 속에서 결국 자신이 글을 쓰지 않고는 지낼 수 없는 깊은 고질병에 시달리고 있음을 깨닫고 그것을 운명으로 받아들이게 된다. 이는 가히 카프카의 실존적 행위로 해석되며, 이 행위는 어쩌면 자신에 대한 심판인 동시에 자신과 더불어 진행되는 심판이었을지도 모른다.

카프카의 작품인 『변신』(1916), 『시골의사』(1919), 『아버지께 드리는 편지』(1919) 등은 모두 주인공이 한계 상황을 벗어나지 못하고 절망에 빠진 위기 상태를 그리고 있다. 이러한 실존적 위기는 아마도 프라하의 역사적·사회적·문화적 측면을 반영한 것으로 볼 수 있을 것이다. 즉 세기말적인 문화적·정신적 퇴폐 현상과 프라하의 과도기적이고 격동적인 역사 속에서 유태인 지식층의 현실적 위기의식과 한계 상황 인식이 상승적으로 투영된 것이 아닐까 한다. 특히 『변신』●[14]은 벌레로의 변신을 통해 현대적 삶 속에서 자기 존재의 의의를 잃고 소외된 채 살아가는 인간의 모습을 보여 준다. 주인공 그레고르가 생활비를 버는 동안은 그의 기능과 존재가 인정되지만, 그렇지 못할 경우 그의 존재 의의는 사라져 버리기 때문이다. 이처럼 카프카는 모든 것이 불확실하고 소외된 삶의 모습, 더 나아가 불안과 고립 속에 빠진 현대인의 모습을 단순한 언어로 형상화하고자 했다.

한편, 카프카가 왕성한 작품 활동을 벌인 시기는 문학사적으로 보아서 표현주의시대에 속하지만 그의 생애와 문학은 넓게 보아서 모더니즘의 한 부분이다. 그래서일까? 그가 살았다는 황금소로 거리의 22번지 파란 집, 정확히 말하면 프라하의 즐라타 울리치카 우 달리보르키에 있는 '카프카 작업실'은 카프카가 『변신』, 『성』(1926) 등의 작품을 창작했던 곳으로, 외향적으로도 모더니즘적인 경관을 보여 준다. 낮은 지붕의 연속체적 건물 속에 드리워진 작은 골목에서 바닥의 돌을 보며 무심히 걷다 보면 어느새 심플하게 색칠된 파란색 집에 자연스레 발길이 머물게 된다. 정체를 알 수 없는 인간 존재와 실존의 모습을 그려 내고자 고민했던 카프카의 공간이었기 때문일까? 비좁은 공간에 빼곡히 들어찬 그의 초상화 엽서와 책들은 그를 상상하기에 결코 적지 않다. 이와 마찬가지로 블타바강(Vltava River) 근처에 위치한 프라하 치헬나의 '카프카 박물관' 역시 규모가 그리 크지는 않지만 핑크색 지붕과 노란색으로 엮어진 작은 공간 속에 꽉 채워진 그의 작품들과 사진

그림 4-6. 프라하 카프카 작업실과 박물관 위치

그림 4-7. 프라하 즐라타 울리치카 우 달리보르키에 위치한 카프카 작업실

그림 4-8. 프라하 치헬나에 위치한 카프카 박물관(좌), 카프카 카페(우)

들은 그의 고독과 번뇌를 느껴 보기에 충분하였다(그림 4-6~8).

그래서인지 프라하를 걷다 보면 내내 카프카가 머릿속에 떠오른다. 그리고 어느 순간 그의 이름이 적힌 카페로 들어가 커피 한 잔과 함께 그의 간절한 삶이 스민 책 한 권을 손에 쥐고 그 내용에 탐닉하고 있는 나 자신을 발견한다. 카프카는 프라하였고, 프라하는 카프카였다(Urzidil, 1966). 진정한 프라하를 느끼기 위해서 이곳에 갈 때는 꼭 카프카의 책 한 권을 챙길 수 있기를, 그리고 그의 책 한 줄을 느껴 볼 수 있기를 바란다.

카프카의 비애와 카를교의 낭만 사이에서

> 나의 쓸쓸함은 카를교 난간에 기대고 만다. 아득한 수면을 본다. 저무는 흐름 위에 몸을 던지는 비. 비는 수직으로 서서 죽는다. 물안개 같다. 카프카의 불안과 외로움이 잠들어 있는 유태인 묘지에는 가 보지 않았다. 이마 밑에서 기이하게 빛나는 눈빛은 마이즈르 거리 그의 생가 벽면에서 보았다. (허만하의 시집 『비는 수직으로 서서 죽는다』에 수록된 시 「프라하 일기」 중에서)

우리는 언젠가 자기 자신이 소멸될 수 있다는 사실을 망각한 채 영원히 살아 있을 것처럼 목청껏 소리를 지르다 결국 홀로 죽어 간다는 사실을 깨닫는다. 시간의 기별이 다 끝나고 삶의 끝자리에 서서야 막다른 자의 절규가 어떠한 것인가를 알아챈다. 이 시가 말하고 있는 것처럼 비는 수직으로 서서 죽듯 인간 역시 직립(수직)으로 한평생 살아가다 운명을 맞이한다. 그래서일까? 허만하 시인과 마찬가지로 많은 이들이 프라하에서 카프카를 떠올리며 인간의 존재와 비애적 삶을 논한다. 물론 카프카의 글은 여러 번 반복해서 읽어도 쉽게 이해되지 않는다. 카프카가 풀고 싶었던 프라하의 상황,●15 그리고 존재와 삶에 대한 해답 또는 해답의 부족은 아마도 말로는 분명하게 표현되지 않는다는 의미일 것이다(Politzer, 1973).

카프카의 작품에서 프라하의 모습은 여러 가지 모습으로 그려진다. 카프카는 그의 작품에서 프라하의 모습을 사실적으로 작품화하였을 뿐만 아니라 표현된 개념이 의미하는 것을 상징적으로 이해할 수 있도록 묘사하였다. 골목(Die Gasse), 순환도로(Der Ring), 강(Der Fluss), 다리(Die Bruecke), 교회(Die Kirche), 성당(Der Dom), 공원(Der Park), 통로 있는 집(Die Durchhaueser) 등의 단어적 표현은 낭만적인 프라하의 특징을 그대로 구현해 내고자 하였음을 알 수 있다. 카프카는 이러한 단어를 통해 철저하게 프라하적으로, 다시 말해 프라하를 보다 낭만적이면서도 조화적으로 그려 내며 자신의 고향에 대한 애정을 드러내고 있다. 이뿐만 아니라 프라하의 모습을 십자군 광장(Der Kreuzherrenplatz), 카를 4세 입상(Das Standbild Karl IV), 신학교 교회가 있는 카를 거리(Die Karlgasse mit der Seminarkirche) 등과 같이 실질적인 지명과 연계하여 생동감 있게 묘사하기도 하였다(Kafka, 1953; Kafka, 1998). 이처럼 카프카는 프라하의 진실한 후예로서 프라하를 진정으로 사랑하였다.

프라하의 정서를 담아낸 카프카의 작품처럼 지금도 여전히 프라하에는 프라하성이 있고, 카프카의 집이 있고, 돌로 된 길이 있다(그림 4-9). 멋진 성과 아기자기한 집들이 절경을 이루는 프라하지만, 그 기저에는 돌로 된 길이 있음을 잊을 수 없다. 돌의 무릎을 베

그림 4-9. 프라하성(좌), 프라하에서 흔히 볼 수 있는 돌로 된 바닥(우)

고, 바람에 밀리는 비가 되고, 그 자신이 돌의 풍경이 되는 프라하다. 이 돌의 풍경은 바로 프라하의 역사이고 프란츠 카프카와 밀란 쿤데라 문학의 바탕이리라. 돌의 풍경마저도 낭만적이고 아름다운 도시다. 그리고 거기에 블타바강을 가로지르는 카를교가 놓여 있다.

카를교는 블타바강 우측의 구시가지와 좌측 언덕 위에 우뚝 솟은 프라하성을 연결하는 유럽에서 가장 아름다운 다리 중 하나이다(그림 4-10). 카를교는 1357년 신성로마제국의 황제인 카를 4세의 명에 의해 건설되기 시작했다. 그 후 로마 산탄젤로성에 있는 베르니니의 조각에서 힌트를 얻어 1683년부터 프라하의 기독교 순교 성자인 성 요한 네포무크의 조각상을 시작으로 기독교 성인 30인의 조각상을 다리 난간에 세웠다. 그중 성 요한 네포무크 조각상은 만지면 행운이 온다는 전설로 인해 많은 사람들이 만져 손 닿는 부분이 유독 반짝거린다. 한편 다리 위에서 펼쳐지는 악사들의 음악은 흥겹기도 하고 때론 슬프기도 하지만 방문객들의 낭만과 감성을 배가시킨다는 점에서는 긍정적인 역할을 하고 있다. 그 외에도 카를교에서는 화가들에게 초상화를 부탁할 수도 있고, 마리오네트 인형극도 감상할 수 있다.

이러한 카를교에서 프라하 시가지를 바라보고 있노라면, 세계는 인간의 힘이 아닌 눈에 보이지 않는 어떠한 커다란 질서에 의해 이루어지고 있는 건 아닌가 하는 생각이 든다. 어쩌면 인간에 의해 만들어지는 이성과 역사라는 것도 고정된 채 존재하는 질서가 아니라 자연과 우주의 불가항력적이고 위대한 힘에 의해 형성되는 것은 아닐까? 무심히 흘러가는 블타바강을 보며, 카를교 위에서 드는 생각이란, '세계는 단지 이어질 뿐이고 절대적 진리와 주체란 무상한 것'이라는 점이다. 카프카가 프라하에서 자신의 정체성에 대해 평생을 고민했듯 '나는 어디에 있는가, 어디로 가야 하는가?'에 대한 물음은 여전히 이곳에서 이어지고 있다.●[16] 카프카의 삶과 문학도 시간과 강물의 흐름과 함께 흘러간다. 그래서인지, 카프카와 프라하 사람들이 염원하던 자유와 사랑을 향한 바람은 마치 이곳 카를교에서 이루어진 것만 같다.

그림 4-10. 프라하를 대표하는 블타바강(상)과 카를교(하)

유태인으로서 낯설고 불확실하고 풀리지 않는 사랑의 도시였던 프라하를 토대로 불안과 고독 속에서 외로운 예술가로 살았던 '카프카의 비애'와 프라하의 문화·예술적인 공간으로 존재하는 '카를교의 낭만' 사이에서, 블타바강은 오늘도 유유히 흘러가고 있다.

오랜 시간 프라하에서 일어났던 무수한 아픔과 슬픔의 시간을 모두 다 알고 있다는 듯이 말이다.

05

유럽 음악도시로서의 시작점과 끝점, 오스트리아 잘츠부르크와 빈

아름다운 선율이 가득한 음악도시, 잘츠부르크와 빈

세계적인 천재 음악가 볼프강 아마데우스 모차르트(Wolfgang Amadeus Mozart)와 세계적인 명지휘자 헤르베르트 폰 카라얀(Herbert von Karajan)이 태어나고 활동한 도시이자 영화 〈사운드 오브 뮤직(The Sound of Music)〉(1965)의 배경이 된 도시 '잘츠부르크(Salzburg)'! 그리고 슈베르트(Schubert), 베토벤(Beethoven), 요한 슈트라우스 1세와 2세(Johann Strauss I·II), 브람스(Brahms) 등 고전음악 거장들의 마지막 숨결과 함께 영화 〈비포 선라이즈(Before Sunrise)〉(1995)의 낭만을 품은 도시 '빈(Wien, Vienna)'!

최고의 음악인과 최고로 유명한 영화가 어우러진 오스트리아의 잘츠부르크와 빈은 대표적인 음악도시●17이다(그림 5-1과 5-2). 곳곳에서 들려오는 다양한 형식의 음악들은 잘츠부르크와 빈을 하나의 거대한 음악 박물관으로 여겨지게 한다. 그 누구도 부인할 수 없는 음악도시 잘츠부르크와 빈을 거니는 것은 그 자체만으로 아름다운 선율 위를 걷는 것과 같다. 지금부터 이 아름다운 선율을 따라 잘츠부르크와 빈으로 떠나 보자!

그림 5-1. 잘츠부르크와 빈의 위치

그림 5-2. 영화 〈사운드 오브 뮤직〉과 〈비포 선라이즈〉 포스터(좌·중), 〈비포 선라이즈〉의 한 장면(우)
출처: 네이버 영화

모차르트의 출생지, 잘츠부르크 구시가지

인근에 있는 암염 광산 때문에 '소금(Salz)의 성(Burg)'이라는 뜻을 가진 잘츠부르크는 과거 소금 산지로 유명했지만 현재는 아름다운 알프스의 자연 경치와 화려한 건축물이 독특한 조화를 이루는 도시이다. 특히 알프스의 호에타우에른(Hohe Tauern)산맥에서 발원하여 잘츠부르크를 지나는 잘차흐(Salzach)강은 슈타츠(Staats) 다리를 경계로 하여 남쪽은 구시가지, 북쪽은 신시가지로 나뉜다. 이러한 훌륭한 자연 경관과 광산으로 축적된 부는 잘츠부르크를 아름다운 음악적 예술혼을 피울 수 있는 지역으로 만들었다(그림 5-3).

그림 5-3. 잘츠부르크로 들어오는 길목에 펼쳐진 알프스 경치(좌), 잘차흐강(우)

잘츠부르크가 음악도시로 유명해질 수 있었던 가장 큰 이유는 바로 모차르트에 있다. 특히 잘츠부르크 구시가지는 1996년 유네스코 세계유산으로 지정된 곳으로, 많은 부분이 모차르트와 연관되어 있다. 골목마다 그의 음악이 흘러나올 뿐만 아니라 그의 생가, 그가 유아세례를 받은 성당, 그가 어린 시절 가지고 놀았다는 건반 악기와 청년 시절에 연주했다는 파이프 오르간 등의 물건에 이르기까지 그와 관련된 것은 모두 구시가지 곳곳에 새겨져 있다. 마치 모차르트의 생애가 역사책으로 펼쳐져 있는 것처럼 말이다. 심지어 모차르트와는 아무 상관도 없는 초콜릿조차 '모차르트 초콜릿'이라는 이름으로 관광객의 입맛을 사로잡고 있으니 그 명성은 이루 말할 수 없다.

가장 먼저 게트라이데 거리(Getreidegasse)를 가 본다. 게트라이데 거리는 좁지만, 세계에서 가장 아름다운 쇼핑 거리라고 칭송받는 곳이다. 이 거리를 유명하게 만든 것은 철제 간판인데, 문맹률이 높던 중세시대에 상점에서 파는 물건을 철제에 그림으로 새겨 표시하던 관습이 현재에도 남은 것이다. 그런 이유로 게트라이데 거리의 모든 상점에는 철제 간판이 걸려 있다. 상대적으로 최근에 지어진 맥도날드에도 M 로고의 철제 간판이 걸려 있다(그림 5-4). 거리 양쪽으로는 옷 가게, 음식점, 보석 상점 등이 들어서 있는데, 무엇보다 이 거리에 들어서면 잊지 말고 들러야 할 곳이 있다. 바로 게트라이데 거리 9번지이다. 이 거리의 9번지에는 모차르트 생가(Mozart Geburthaus)가 위치해 있다. 이 건물은 노란

그림 5-4. 게트라이데 거리의 철제 간판

그림 5-5. 구시가지의 모차르트 생가(박물관)와 그의 머리카락

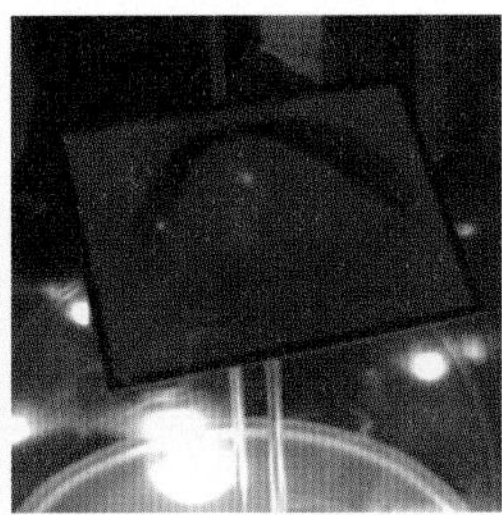

색으로 칠해져 있어 게트라이데 골목에서도 단연 눈에 띈다. 이곳은 1756년 1월 27일 모차르트가 태어나 17세까지 살았던 곳으로, 지금은 모차르트 박물관으로도 꾸며져 있어 많은 관광객들이 잊지 않고 들르는 명소다. 1층부터 4층까지 모차르트 관련 용품을 전시하고 있는데, 놀랍게도 모차르트의 머리카락까지 보관되어 있다(그림 5-5). 한편 이들 전시품들을 통해 당시 중산층의 전형적인 생활 모습도 살펴볼 수 있다.

그다음으로 갈 곳은 잘츠부르크 구시가지의 호엔잘츠부르크성(Festung Hohensalzburg)이다. 호엔잘츠부르크성은 1077년에 지어진 성으로, 신성로마제국 황제와 로마 교황 사이에 주교 서임권 투쟁이 벌어지던 시기에 잘츠부르크 대주교 게브하르트가 남부 독일의 침략에 대비하기 위해 세운 곳이다. 유럽에서 가장 규모가 큰 성이며 매우 견고하게 지어진 덕분에 한 번도 점령당하지 않아 지금도 원형 그대로의 모습을 확인할 수 있다. 호엔잘츠부르크성은 음악과는 직접적인 관련은 없는 곳이지만 단 한 가지, 성 옥상에서 내려다보이는 시내 전경 속에서 〈사운드 오브 뮤직〉에 나오는 폰 트랩 대령의 집을 찾아볼 수 있다는 점은 새롭다. 이 성 위에서는 잘차흐강과 알프스산맥 그리고 아기자기한 마을이 조화를 이루는 잘츠부르크를 만나 볼 수 있는데, 이 경관 속에서 대령의 집을 찾아보는 묘미가 남다르다(그림 5-6).

그 밖에도 구시가지에 남아 있는 모차르트의 흔적은 여전히 많다. 모차르트의 작품이 초연된 잘츠부르크 대성당(Salzburger Dom), 모차르트를 기념하고 있는 모차르트 광장(Mo-

그림 5-6. 호엔잘츠부르크성(좌), 성 위에서 찾은 〈사운드 오브 뮤직〉 속 대령의 집(우)

그림 5-7. 모차르트 광장의 모차르트 동상(좌), 카페 토마셀리(중), 카페 모차르트(우)

zart Platz), 그리고 모차르트가 즐겨 찾았다는 카페 토마셀리(Cafe Tomaselli) 등은 모두 모차르트의 위대한 음악적 업적과 천재적 재능을 기억하는 공간으로서 남아 있다. 특히 토마셀리는 1705년에 문을 연 카페로서 잘츠부르크에서 가장 오래된 카페이기도 하다. 어디 이뿐이랴? 잘츠부르크 곳곳에는 모차르트의 이름이 적힌 카페와 레스토랑이 즐비하다(그림 5-7).

〈사운드 오브 뮤직〉의 시작점, 잘츠부르크 신시가지

잘츠부르크 구시가지를 뒤로하고 잘차흐강을 건너면 신시가지에 다다른다. 구시가지와 다르게 도로도 넓고 건물들도 크지만 그래서인지 오히려 구시가지보다 한산한 분위기가 느껴지기도 한다. 강을 건너면 가장 먼저 눈에 들어오는 것은 헤르베르트 폰 카라얀의 생가이다. 전설적인 지휘자로 꼽히는 그는 1984년 베를린 필하모니 오케스트라를 이끌고 내한해 세종문화회관에서 연주하고, 소프라노 조수미의 재능을 알아보았다고 하여 우리나라 사람들에게도 친숙한 인물이다. 그의 생가 정원에는 지휘봉을 든 카라얀의 동상이 서 있는데, 멀리서 바라봐도 카리스마 넘치는 그의 모습에 정열 어린 오케스트라의 연주가 귀에 들리는 듯하다(그림 5-8).

그림 5-8. 헤르베르트 폰 카라얀의 생가(좌)와 그 안의 카라얀 동상(우)

무엇보다 잘츠부르크 신시가지는 영화 〈사운드 오브 뮤직〉의 가장 아름다운 장면이 촬영된 곳이자 〈사운드 오브 뮤직〉의 투어가 시작되는 곳으로 더욱 유명하다(배주희, 2017). 특히 그 중심에 미라벨 정원(Mirabellgarten)이 있다. 잘츠부르크 중앙역에서 가장 가까워 대부분의 관광객들이 처음 들르는 관광지이기도 한, 이 바로크 양식의 정원은 〈사운드 오브 뮤직〉에서 주인공 마리아와 아이들이 도레미송을 불렀던 곳이다. 미라벨 정원이 영화로 유명해지기 전에는 슬픈 러브스토리가 전해지는 곳이었다. 정원을 처음 만든 것은 1606년인데 대주교 볼프 디트리히(Wolf Dietrich)가 사랑했던 여인 살로메 알트(Salome Alt)와 자식들을 위해 지었으며 그 당시는 알테나우(Altenau) 궁전이라 불렸다고 한다. 대주교의 신분에 여인과 자식까지 두었다는 건 성직자로서 옳지 못한 처신으로 간주되어 탄핵을 받은 대주교는 요새 어딘가에 감금되어 쓸쓸히 죽어 갔고, 그의 후임자인 마르쿠스 시티쿠스(Markus Sittikus)가 잘못을 씻으라는 의미로 '아름다운'이라는 뜻의 미라벨이라는 이름을 지었다고 한다(박찬용·백종희, 2007). 이러한 스토리에도 불구하고, 아직도 도레미송이 들리는 것만 같은 이 미라벨 정원은 그리스 신화에서 영감을 얻어 조각했다는 대리석 조각상과 갖가지 꽃으로 장식된 화단과 분수들, 그리고 앤티크한 계단을 통해 보다 행복한 추억과 감성의 낭만에 젖을 수 있는 곳이다(그림 5-9). 한편, 미라벨 궁전 내부에는 모차르트가 6세 때 연주했다는 대리석 방이 남아 있으며 지금도 실내악 연주회가 자주 열리고 있다. 또 세계에서 가장 낭만적이고 아름다운 결혼식이 열리는 식장으로 활용되고 있기도 하다(잘츠부르크 관광청).

미라벨 정원을 나오면, 모차르트가 1773년부터 1780년까지 7년간 거주했던 모차르트의 집(Mozart Wohnhaus)이 있다(그림 5-10). 모차르트가 태어났다는 구시가지의 생가와는 달리 신시가지에 위치한 이 집은 그가 10대 후반~20대 초반에 살았던 공간으로, 모차르트의 아버지가 세상을 떠난 곳이라고 하여 그와 연관된 또 하나의 관광 명소가 되었다. 그래서 모차르트 개인에 관한 물품뿐만 아니라 그의 가족의 삶과 역사에 대한 각종 전시물을 볼 수 있다. 제2차 세계대전 중 폭탄 공격으로 인해 건물의 반 이상이 파괴되었으나

그림 5-9. 미라벨 정원과 그 안의 살로메

그림 5-10. 신시가지에 있는 모차르트의 집

1955년 국제 모차르트 재단(International Mozart Foundation)에 의해 지금의 모습으로 복구되었다(모파랑). 한편, 1762년 이곳에서 하이든(Franz Joseph Haydn)의 결혼식이 열리기도 하였다(오스트리아 관광청).

이 외에도 신시가지에는 (잘 알려지지는 않았지만) 슈타인 골목(Steingasse)이 있는데, 이곳에는 '고요한 밤 거룩한 밤(Stille Nacht Heilige Nacht)'의 작사가인 요제프 모어(Joseph Mohr)의 생가가 있다. 그의 생가가 있는 골목이라 그런지 골목 자체가 인적이 드물고 조용해서 사색하며 걷기에 좋은 장소이다.

고전음악 거장들의 끝점이자 〈비포 선라이즈〉의 낭만지점, 빈

You got so much to do and only so many hours in a day~
할 일은 너무 많은데 시간은 별로 많지 않아~
(빌리 조엘의 노래 'Vienna' 중에서)

사람이 나이를 먹으면 은퇴를 하고, 자식들과 떨어져 양로원에서 죽음을 기다리며 일생을 마감한다고 생각했던 빌리 조엘(Billy Joel)은 1970년대 후반의 어느 날, 빈의 한 거리에서 나이가 지긋한 할머니가 청소부로 일하는 모습을 보고 문화적인 충격을 받아 이 곡을 만들었다고 한다(이효진, 2015). 자신의 '나이 듦'에 대해 초연해지기로 다짐하며, 나중에 자신이 일할 수 없는 나이가 되면 다시 빈으로 오리라는 재기 발랄한 곡이었다고 해야 할까? 그래서인지 빈에 오면 그의 곡과 함께 떠오르는 이미지가 하나 있다. 바로 영화 〈비포 선라이즈〉다. 조금은 막연한 상상이지만, 빈에 오면 어디선가 〈비포 선라이즈〉의 주인공 셀린과 제시가 제법 나이가 든 모습으로 손을 잡고 천천히 걷는 모습을 마주할 것만 같다. 그만큼 이 영화 속에서 나타나는 빈의 낭만은 꽤 오랜 잔상을 남긴다. 오스트리아의 수도이기도 한 빈은 규모상으로는 작은 도시지만 예술과 관련한 볼거리가 풍부한 곳이다. 역사 깊은 건물들 속에서 빼곡하게 채워진 유물과 작품을 보고 있노라면 흘러가는 시간이 결코 지루하지 않다. 특히 빈 국립오페라하우스(Wiener Staatsoper)[18]와 슈테판 대성당(Stephansdom)[19]을 잇는 케른트너 거리(Kärntner Strasse)는 보행자 전용도로로 아직도 말굽소리가 들리는 고전미 가득한 곳이다. 이 거리는 빈의 구도심으로서 중심가이자 쇼핑 거리이며 고급 상품들로 진열된 상점들이 즐비한데, 이곳의 스와로브스키(Swarovski) 매장은 꽤 유명하다(그림 5-11). 또한 1498년 궁정 성당의 성가대로 창단된 빈 소년합창단의 본부인 아우가르텐(Augarten)궁도 빼놓을 수 없는 명소이다.

그러나 무엇보다 큰 기억으로 남는 건, 빈 국립오페라하우스에서의 음악 공연이다. '살면서 언제 또 빈에 와 볼 수 있을까?', 그리고 '살면서 오페라를 구경할 일이 또 얼마나 있을까?'를 떠올리면 빈에서의 공연은 놓치고 싶지 않은 경험이 된다. 실상 여행 중 일부러 시간을 내 공연을 예매해서 보기란 쉽지 않은데, 빈 국립오페라하우스는 두어 달을 빼고 거의 1년 동안 빽빽하게 공연이 열린다는 점에서 공연 횟수도 어마어마하지만 그 품격도 세계 최고라고 하니, 추천할 만하다.

빈 국립오페라하우스의 외관은 웅장하고 화려하다. 내부 역시 태피스트리(tapestry)와 프레스코화(fresco)로 장식되어 아름답고 우아하지만, 지어진 지 오래된 건물이다 보니 여

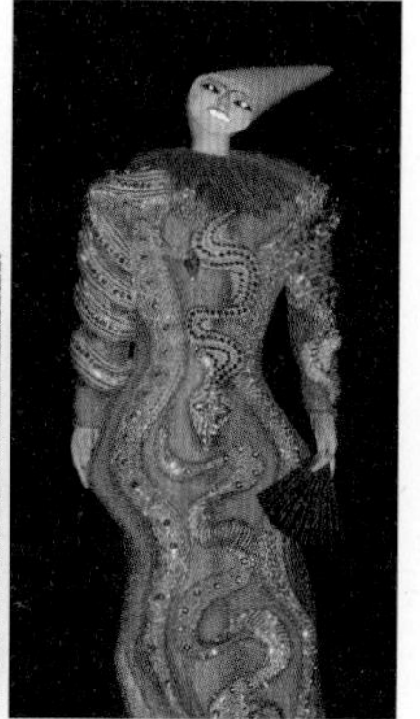

그림 5-11. 케른트너 거리(좌), 슈테판 대성당(중), 스와로브스키 매장의 진열품(우)

기저기 흠집과 균열이 보인다. 그렇지만 이러한 우려(?)와는 반대로 이 안에서 펼쳐지는 다양한 클래식 공연들은 결코 잊을 수 없는 추억을 선사한다. 특히 공연의 하이라이트는 왈츠이다. 요한 슈트라우스 2세의 왈츠음악에 한껏 흥이 오르다 보면 이내 공연은 막바지에 접어든다. 그리고 이들 아름다운 음악과 어우러진 감성은 극장을 나서면서 마주하게 되는 어두워진 빈의 밤거리를 더욱 낭만적으로 물들인다(그림 5-12).

빈에서의 공연과 야경을 경험한 다음으로는 빈 시립공원을 권한다. 빈 시립공원은 1862년 개장하였는데, 조각가 에드문트 헬머(Edmund Hellmer)가 만든 요한 슈트라우스 2세의 동상이 이곳의 메인이다. 이 공원 안에는 1874년 새롭게 조성된 중앙묘지가 있는데,

그림 5-12. 빈 국립오페라하우스 외관 야경(좌)과 내부 공연(우)

그림 5-13. 빈 시립공원 내 음악가의 묘 표지판, 모차르트 기념비, 베토벤 묘, 슈베르트 묘(좌에서 우로)

이 묘지는 일명 '음악가의 묘'로도 불린다(김경남·이혁진, 2018). 여기에는 빈에서 활동했던 모차르트 기념비[20]뿐만 아니라 슈베르트, 베토벤, 요한 슈트라우스 1세와 2세, 브람스, 주페 등 고전음악 거장들의 마지막 숨결이 담긴 묘비가 모여 있어서 음악을 사랑하는 여행자의 발길이 끊이지 않고 있다(그림 5-13). 특히 모차르트 기념비를 중심으로 원형 광장처럼 조성되어 있는 음악가의 묘는 영화 〈아마데우스(Amadeus)〉(1984)의 진혼곡 '레퀴엠(Requiem)'을 떠오르게 한다. 그런 의미에서 이들 음악 거장들의 영혼을 모은 음악가의 묘는 그들을 위한 안식기도를 절로 읊조리게 하는 고귀하고 신성한 공간이 되고 있다.

유럽 음악도시로서의 시작점과 끝점, 잘츠부르크와 빈

'잘츠부르크'는 모차르트와 영화 〈사운드 오브 뮤직〉의 시작점으로서, 그리고 '빈'은 모차르트를 비롯한 슈베르트, 베토벤, 요한 슈트라우스 등과 같은 고전음악 거장들의 끝점이자 영화 〈비포 선라이즈〉의 낭만지점으로서 명실상부한 세계 최고의 음악도시로 자리매김하였다. 많은 음악 거장들이 태어나고 활동한 도시인 만큼 이들 도시에는 음악가가 출생·사망한 곳은 물론이고, 거주한 곳, 한때 잠시 들른 곳, 연관된 가족들의 집마저도 명소화되어 있다. 게다가 광장이나 공원에 이들의 동상을 만들어 기념하고 있을 뿐만

그림 5-14. 잘츠부르크와 빈의 거리, 레스토랑에서 마주친 즉석 연주 공연과 현재의 모차르트

아니라 심지어는 무덤마저도 음악가의 묘로 구성해 놓음으로써 음악을 사랑하는 여행자들의 감상을 돕고 있다.

그래서일까? 빌리 조엘의 가사처럼 잘츠부르크와 빈은 여행자로서 '할 일(갈 곳)은 너무 많은데 시간은 부족한' 도시들이다. 그 대신 거리에서, 광장에서, 레스토랑에서, 카페에서 생생한 연주음악을 듣고, 당시의 모차르트는 아니지만 현재의 수많은 모차르트들을 만나며 음악도시로서의 명분을 되새기고 있다(그림 5-14). 여기에 비엔나커피●[21] 한 잔의 여유를 통해 추억과 낭만, 그리고 음악적 공감대와 자유를 마음껏 누릴 수 있으니, 너무나 감사한 일이지 싶다. 음악이 있어 행복한 잘츠부르크와 빈이다! 이들 공간이 존재한다는 것은 어쩌면 동시대의 우리가 함께 느낄 수 있는 예술적 축복이 아닐까 한다.

06

시간이 중첩되는 도시, 이탈리아 로마

영화에서 재현된 장소 이미지

서양인들이 동양에 대하여 어떻게 인식하고 있는지를 뜻하는 단어가 있다. 바로 '오리엔탈리즘(orientalism)'이다. 오리엔탈리즘은 동양을 뜻하는 '오리엔트(orient)'에서 유래되었다. 전근대 서양인들에게 있어 동양은 상상 속에 존재하는 세계여서 오리엔탈리즘은 동양의 신비한 정신문화를 고양하는 관점을 의미하는 말로 풀이되었다. 이와 같이 우리는 자신이 살고 있지 않은 지역·국가에 대한 이미지를 가지고 있다. 우리나라 사람들은 고풍스럽고 화려한 느낌이 있는 공간을 '유럽 감성'이 충만하다고 말하곤 한다. 즉 이것은 유럽에 대한 환상을 나타낸다. 우리는 왜 이런 환상을 가지고 있을까? 그 이유로 유럽이 우리나라와 정반대에 위치하고 있음을 배제할 수 없다. 이러한 지리적 위치의 특징은 이질적인 문화 차이로 이어지게 되고, 이색적인 문화 경관이 나타나게 한다.

유럽과 같이 우리나라와 멀리 떨어져 있어 쉽게 가 볼 수 없는 지역의 경우, 대부분의 사람들은 매체를 통해서 간접적으로 그곳에 대한 정보를 얻는다. 그래서 사람들은 사진·영화·문학·회화·음악·뉴스 등 여러 대중 매체를 통해 그 장소에 직접 가 보지 않아도 장소에 대한 이미지를 간접적으로 형성한다. 그중에서도 대표적인 시각적 매체인 영화는 장소의 시각적 이미지를 전달하는 데 특히 효과적이다. 그 이유는 영화감독이 본인의 의도를 최상으로 나타낼 수 있는 장소를 공간적 배경으로 선택하기 때문이다. 즉 영화의 서사가 공간적 배경을 기반으로 진행되면서, 그 속에서 재현된 경관은 지역 사람들의 일상성과 구체성을 관객에게 전달하는 역할을 한다(서영애·조경진, 2008). 따라서 영화를 보는 관객들은 영화를 보면서 감독의 의도가 담겨 있는 장소를 인식하게 되고, 낯선 장소에 익숙해지며, 그에 대한 장소 이미지를 형성하게 되는 것이다(장윤정, 2014). 이처럼 감독과 시나리오 작가가 특정 시대와 특정 장소를 선택하고 이를 영상으로 나타내면서 해당 장소의 특징이 나타나기 때문에, 영화를 '현실의 재현(representation of reality)'이라 부른다(김혜민·정희선, 2015). 그러므로 우리는 영화에서 재현된 경관을 보고, 그에 대한 장소감을 가지게 된다.

필자의 경우에는 영화 〈로마의 휴일(Roman Holiday)〉(1953), 〈글래디에이터(Gladiator)〉(2000), 〈로마 위드 러브(To Rome With Love)〉(2012)를 본 후, 로마(Roma)라는 도시에 가장 가 보고 싶었다. 영화에서 수만 명의 관중들이 콜로세움에 들어선 장면을 볼 때, 이렇게 거대한 경기장이 서기 80년경에 지어졌다는 것이 믿기지 않았기 때문이다. 또한, 약 2,000년 전 로마시대에 지어졌던 건물들이 현재와 혼합되어 고풍스럽고 낭만적인 분위기를 풍기는 것에도 눈길이 갔다. 이처럼 많은 사람들은 영화에 매력적으로 등장하는 로마를 보고, 그곳에 가 보고 싶다고 생각하지 않을까 한다.

이탈리아의 수도인 로마는 고대 로마시대에 건설되었던 건축물을 비롯해 많은 문화적·예술적 유산을 간직하고 있으며, 바티칸 시국(Stato della Città del Vaticano)이 위치한 로마 가톨릭 교회의 중심지이다(그림 6-1). 이러한 로마의 장소성은 다양한 이야기를 양성한다. 그리고 우리는 매체를 통해 로마에 대한 많은 이야기들을 접하면서 이곳의 장소 이미지를 재생산한다. 예를 들어, 고대 로마제국을 배경으로 하는 〈글래디에이터〉를 본 후 콜로세움을 방문하면 검투사들이 싸우는 모습이 머릿속에 그려지면서 고대 로마의 수도

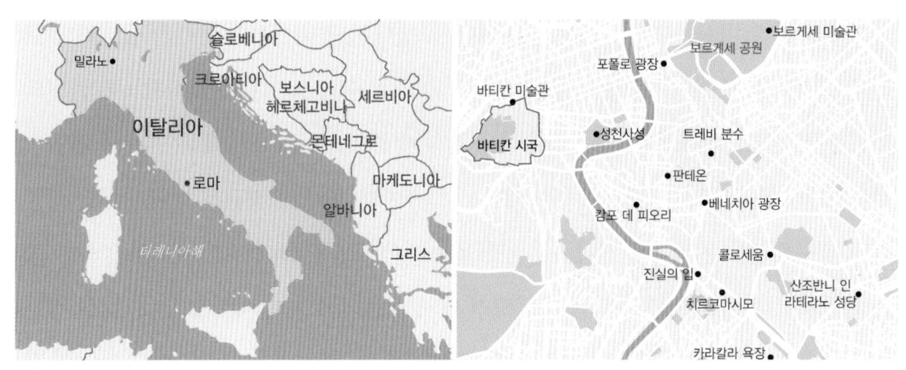

그림 6-1. 로마 위치(좌)와 로마 시내 유적지 지도(우)

였던 로마의 모습이 떠오를 것이다. 이와 다르게 〈로마의 휴일〉과 〈로마 위드 러브〉 두 영화에서는 수많은 유적지들이 남겨진 로마의 현재 모습이 나오는데, 여기에서 우리는 로마의 환상적인 분위기에 빠져들게 된다. 보다 구체적으로 이들 세 영화에서 재현된 로마의 장소 이미지들을 찾아보고, 우리에게 어떤 장소감을 형성하는지 알아보자.

과거의 로마: 〈글래디에이터〉를 통해 본 로마제국의 빛과 어둠, '콜로세움'

로마 하면 콜로세움이 떠오를 만큼 콜로세움은 로마의 대표적인 랜드마크(landmark)이다. 필자는 콜로세움을 정면에서 보았을 때, 그 경이로운 크기와 높이에 놀랐고 고대 로마인들의 기술력에 감탄했다. 호기심에 콜로세움을 겉에서 한 바퀴 돌아보려 했는데, 시간이 너무 오래 걸려서 중간에 포기했을 정도로 콜로세움의 어마어마한 규모에 감탄을 금치 못했다. 그러나 외부에서 위용을 떨치고 있던 분위기와 다르게 콜로세움 내부는 상당히 낡아 폐허가 된 모습에 쓸쓸함이 느껴지기도 하였다(그림 6-2).

유적지로서 콜로세움을 보는 우리와 다르게 그 당시 사람들은 일상생활 속에서 콜로세움을 어떻게 생각하였을까? 콜로세움이 당시에 어떤 모습이었고, 어떤 의미를 가진 공간이었는지 영화 〈글래디에이터〉를 통해 살펴보자.

영화 〈글래디에이터〉의 이야기는 제목에서 그대로 드러난다. 글래디에이터(gladiator)는

그림 6-2. 콜로세움 외부(좌)와 내부(우)

고대 로마에서 군단병이 사용하던 단검 'gladius'와 사람을 의미하는 접미사 'ator'가 합쳐져 형성된 합성어인데, 말 그대로 검투사를 뜻한다. 주인공인 막시무스(Maximus)는 명망 높은 로마의 군단장이었지만, 콤모두스(Commodus) 황제에 충성을 맹세하지 않아서 가족이 몰살당하고 검투사 노예로 전락하게 된다. 그래서 그는 콤모두스 황제에게 복수를 하기 위해 검투사로서 살아간다.

이 영화의 시간적 배경은 로마의 전성기가 막 끝이 날 무렵이다. 이 시기는 과도한 영토 팽창으로 인해 이국의 침입과 내란의 위기가 나타나기 시작했을 때이다. 영화의 첫 장면에서 나오는 게르만족과의 전투는 이를 나타낸다. 이러한 위기에도 불구하고, 로마가 여전히 그 시대의 지배 국가였다는 것을 로마의 도시 경관을 통해 알 수 있다. 특히, 영화에서 컴퓨터 그래픽 기술로 복원된 '콜로세움'은 고대 로마제국에서 로마가 황제가 다스리는 수도였고, 정치 · 경제 · 사회 · 문화의 중심지였음을 상징한다. 콜로세움을 중심으로 진행되는 영화를 보는 내내 콜로세움의 크기와 위엄에 압도되는 것을 느낄 수 있다. 황제의 궁 전경에서 나타난 콜로세움의 모습, 지하 수직 승강기로 검투사가 올라오는 장면과 5만 명의 사람들이 콜로세움에 앉아 소리치는 장면 등에서 '제국'답게 웅장하고, 거대하며, 인류사의 찬란하고 위대했던 문명이 표현된다(그림 6-3).

흥미롭게도, 영화 속에서 콜로세움의 공간적 의미는 사회계층에 따라 조금씩 달라진다. 첫째, 지배층에게 있어서 콜로세움은 정치적 수단이었다. 즉 황제에게 콜로세움은 민중

그림 6-3. 로마 황제의 궁 정면에서 보이는 콜로세움(좌), 콜로세움에서의 검투사 경기(우)
출처: 네이버 영화

을 지배하고, 원로원을 견제하는 도구였다. 로마의 정치 전략은 '빵과 서커스(Panem et Circenses)'로 함축된다(하웅용, 2004). 황제는 콜로세움의 관전자들에게 음식을 무료로 제공하였고, 검투사 경기에서 패배자에 대한 처분을 그들의 요구대로 결정하였다. 이를 통해 황제는 자비로운 모습을 만들고 민중의 지지를 얻을 수 있었다. 또한, 콜로세움에서 황제의 의사에 반대하는 원로원과 귀족들을 검투사로서 강제로 참여시켰으며, 이교도를 처벌하고 박해하는 모습을 공개하기도 하였다. 이를 통해 황제의 적대자에게는 공포를 주고, 구경꾼들에게는 즐거운 볼거리를 선사함으로써 황제는 자신의 입지를 굳건히 할 수 있었다. 다시 말해, 콜로세움은 '먹을 것(Panem)'과 잔인한 '구경거리(Circenses)'를 제공하는 장소로서, 최고 지배자의 권력을 보여 주는 동시에 구경꾼들의 욕구를 충족시켜 공포심과 충성심을 유도하는 곳이었다. 이는 피지배계층, 특히 토착민족들의 반란을 방지하는 기능을 하였다(정은혜, 2018).

둘째로 로마의 시민들에게 콜로세움은 돈벌이 수단이자 자부심을 높이는 볼거리문화였다(하웅용, 2004). 상인들은 콜로세움 경기를 통해 돈을 벌었고, 민중들은 콜로세움이라는 공간에서 도박을 즐길 수 있었다. 또 콜로세움은 문화의 공간이자 국가에 대한 자긍심을 심어 주는 공간이었다. 예를 들면, 〈글래디에이터〉에서 주인공 및 동료 검투사들 대(對) 전차 투사들 간의 경기가 시작할 때, 황제는 한니발(Hannibal, 로마의 대적인 카르타고의 장군)과의 전투(포에니전쟁)를 재현한다고 대중들 앞에서 말한다. 여기서 전차 투사들은 한

니발에 맞선 로마의 장군 스키피오 아프리카누스(Scipio Africanus)의 부대를 의미하기 때문에, 주인공 세력이 죽으면 로마가 이기게 되어 로마에 대한 자긍심을 부여하게 된다. 반면에 전차 투사들이 죽으면, 로마 황제를 섬기게 되는 검투사들이 이기게 된다. 즉 콜로세움은 누가 이기고 지든 승패와 상관없이 로마 시민들의 국가에 대한 자부심과 황제에 대한 충성을 고취시키는 공간이었던 것이다.

마지막으로 노예들에게 있어서, 콜로세움은 자유와 생존을 위한 투쟁의 장소였다. 영화 〈글래디에이터〉에서 어떤 검투사 노예가 "경기장에서 나를, 저 사람을, 저 누미디아인을, 저 탈영병을 죽여. 100명을 죽여서 더는 싸울 상대가 없으면 자유롭게 될 거야"라고 말하는 장면이 나온다. 여기에서 검투사들은 전쟁터처럼 자신이 살기 위해 타인을 죽여야만 했고, 이런 행위에 대한 최종적인 보상은 자유와 인기였음을 알 수 있다. 또한, 영화에서 과거 검투사로서 자유를 쟁취해서 검투사 노예들의 주인이 된 프록시모(Proximo)의 대사는 콜로세움의 공간적 의미를 더해 준다. 그는 막시무스를 포함한 검투사 노예들을 사면서 "노예로 살다가 끝나느니 죽는 순간까지도 박수를 받는 검투사가 되길 바란다"라고 말한다. 즉 검투사들은 '명예'라는 가치하에 무의미한 죽음을 피하거나 피할 수 있도록 설득되었다. 명예로운 죽음은 이미 죽음이 결정되어 있는 노예들에게는 인간의 주체성을 주장할 수 있는 유일한 방법이었다(김진경, 2000). 자유와 생존 그리고 명예와 죽음은, 콜로세움과 전쟁터의 공간적 의미가 같아지게 한다. 검투사 노예들에게 있어서 콜로세움은 죽을 수밖에 없는 운명 속에서 삶을 연명하고 개죽음을 피하기 위해 타인을 죽이거나 명예롭게 죽음을 선택하는 공간이었다.

고대 로마제국을 배경으로 한 이 영화에서 로마의 모습은 눈부신 업적을 지녔던 문명으로 그려진다. 대표적으로 콜로세움은 인간의 역사에서 풍요로웠던 문화를 보여 준다. 그러나 뛰어난 문명의 이면에는 피지배층의 고통이 있었다. 콜로세움은 인간에 내재된 폭력성과 공격성을 합법적으로 충족시켜 주는 공간이었고, 효과적인 시민 통치 전략이었기 때문에(정기문, 2009), 수많은 검투사들이 수 세기 동안 명예롭게 죽어야 했다.

그림 6-4. 콜로세움 외부(좌)와 내부(우)에 있는 십자가

이렇게 영화 〈글래디에이터〉에서 콜로세움이 황제, 로마 시민, 노예로 나뉘어 다양한 의미로 해석되는 이유는 지배층이었던 주인공이 노예로 몰락했기 때문이다. 주인공의 신분 하락을 통해 다양한 사회계층들이 콜로세움을 어떻게 생각하고 있는지 알 수 있다. 그중에서도 영화의 서사는 노예들에게 있어서 콜로세움이 전쟁과 같이 생존을 위해 타인을 죽여야만 했던 곳이었음을 끊임없이 전달하며 강조하고 있다. 그래서일까? 오늘날 웅장한 모습을 보여 주는 콜로세움 앞에서 로마문명의 위대함을 느낄 수도 있지만, 한편으로는 당대의 죽음이 한낱 볼거리에 지나지 않았다는 점에서 안타까움이 든다. 나아가 콜로세움 외부와 내부에 있는 십자가는 인간에 내재된 폭력성을 낱낱이 고발하고 있는 듯하다(그림 6-4). 그래서 이곳에서는 검투사 노예를 비롯하여 이교도인(그리스도교인) 및 황제에 반발했던 귀족들까지, 수많은 사람들의 죽음이 대중의 유희거리로 여겨졌던 것을 돌아보게 된다. 이렇게 느껴지는 장소감은 영화 〈글래디에이터〉에서 비롯한다.

현재의 로마: 〈로마의 휴일〉과 〈로마 위드 러브〉로 재현된 '영원의 도시'

앞서 언급했듯, 고대 로마인들에게 콜로세움은 권력에서 파생된 다각적인 의미를 지녔던 공간이었지만, 오늘날의 콜로세움은 로마의 대표적인 관광지 중 하나일 뿐이다. 이는 1950년대 전 세계에 성행했던 영화 〈로마의 휴일〉의 영향이 큰데, 여기서 콜로세움을 비롯한 수많은 장소가 소개되면서 로마가 '영원의 도시'라는 별칭을 얻었기 때문이다. 현

그림 6-5. 고대 로마시대 유적지인 포로로마노(좌)와 판테온(우)

재의 로마는 포로로마노(Foro Romano), 판테온(Pantheon), 트레비 분수(Fontana di Trevi), 진실의 입(La Bocca della Verità) 등 고대 로마시대부터 쌓아 온 수많은 유적과 예술적 유산이 남아 있어서, 과거와 현재가 섞여 있는 느낌을 준다(그림 6-5). 이러한 장소 이미지는 로마를 배경으로 하는 영화 〈로마의 휴일〉에서 중요하게 작용했다.

〈로마의 휴일〉은 어느 유럽 국가의 공주인 앤이 유럽 순방을 하는 도중에 로마에 오게 되면서 시작된다. 앤 공주는 자유를 억압하는 분위기에 스트레스를 받아 궁전 밖으로 뛰쳐나온다. 이때 조라는 미국 통신기자를 만나게 되고, 그와 함께 하루 동안 로마 시내를 돌아다니면서 서로 사랑에 빠지게 된다. 하지만 하루가 지나자 앤 공주는 다시 궁으로 돌아가게 되고, 그 둘은 공주와 기자라는 신분으로 기자회견장에서 잠깐 만나고 헤어지면서 영화는 막을 내린다. 마치 신데렐라 동화 같은 이야기이다.

이 영화의 원작자는 영국 엘리자베스 2세 여왕의 동생인 마거릿 공주(The Princess Margaret Rose)가 로마에 여행을 왔다는 소식을 듣고, 이를 바탕으로 공주와 평민 간의 연애에 관한 코미디 이야기를 썼다고 한다(Ceplair and Trumbo, 2014). 실제로 영화를 보다 보면, 공주인 여자 주인공과 평민인 남자 주인공이 같은 시대에 살고 있지만 체감하는 시대가 다르다는 것을 느낄 수 있다. 먼저, 앤 공주는 근대 이전의 생활을 하고 있다. 그녀는 고풍스러운 말투를 쓰고 드레스를 입으며 우아하게 춤을 추는 공주이다. 그녀의 신분과 행동들을 통해서 앤 공주는 전근대 속에서 생활하는 인물임을 알 수 있다. 반면에 조는 현대에서만 볼 수 있는 인물이다. 왜냐하면, 미국 통신기자라는 그의 직업이 신문, TV 등의 매체와 함께 근현대에 등장하기 때문이다. 또한 그는 잠옷으로 간편한 파자마를 입고, 유쾌하고 가벼운 농담을 던지며, 돈에 시달리는 등 오늘날 우리와 비슷한 모습을 보인다. 즉 그는 자본주의 사회를 살아가는 현대인(평민)이다.

이렇게 체감하는 시대가 서로 다른 두 남녀는 현실적으로 만나기 어렵지만, 둘은 로마에서 만나 사랑에 빠지기까지 한다. 신데렐라처럼 마법이 있는 것도 아닌데, 공주와 평민의 짧은 사랑 이야기가 어떻게 구성될 수 있었을까? 여기서 이야기에 개연성을 주는 마법은 로마라는 공간이다. 왜냐하면, 로마가 시간을 초월하는 공간이기 때문이다. 로마 시내를 달리는 자동차들은 마치 경복궁 안에서 세종대로에 늘어서 있는 거대한 빌딩숲을 보는 듯한 기분을 들게 한다. 영화 도입부에서 로마를 '영원의 도시'라고 소개하는데, 이는 로마가 과거와 현재가 공존하는 도시임을 강조하는 것이다. 이 작품이 나온 지 약 60년이 넘었지만, 이 영화에서 만들어 낸 '영원의 도시'라는 로마의 이미지는 2013년에 나온 영화 〈로마 위드 러브〉로 이어진다. 이는 두 영화에서 나타나는 이야기 흐름이 비슷하다는 것을 통해 알 수 있다.

〈로마의 휴일〉에서 앤 공주와 조의 사랑 이야기는 한여름 밤의 꿈처럼 끝나고, 둘은 원래의 현실로 다시 돌아온다. 잠깐의 일탈과 판타지라는 서사 구조는 〈로마 위드 러브〉에서도 공통적으로 볼 수 있다. 그렇지만 〈로마 위드 러브〉는 동화 속 주인공들이 나오는 〈로마의 휴일〉과 다르게 로마에 여행 온 관광객, 로마에 유학 온 건축학도, 로마에서 직장을 다니는 시민, 지방에서 로마로 막 상경한 신혼부부 등 실제로 있을 법한 일반인들의 이야기가 옴니버스(omnibus)식으로 진행된다. 이 영화는 평범한 주인공들의 사랑, 일탈과 판타지가 영화의 이야기로서 실현되다가 영화가 끝나면서 그들의 이야기도 끝나고 다시 현실로 되돌아오는 것이 주된 이야기 흐름이다. 다시 말해, 〈로마 위드 러브〉의 서사는 평범한 사람들의 〈로마의 휴일〉로 볼 수 있다. 이렇게 약 반세기 정도 시간 차가 나는 두 작품의 서사가 비슷한 이유는 바로 로마의 이미지 때문이다.

이 영화의 감독인 우디 앨런(Woody Allen)에 의하면, "로마는 고대 문명의 돌기둥에 둘러싸여 있는 공간인 동시에 사람들이 바글거리는 현대 대도시의 소음을 경험할 수 있는 공간이기에 이곳에서 수백만 가지의 이야기를 들려줄 수 있다"라고 말했다(로마위드러브 공식 사이트). 이와 같이, 시간이 퓨전(fusion)된 로마의 경관은 사람들의 욕망과 꿈이 실현되는 이야기가 진행될 수 있는 비현실적인 공간을 만드는 데 중요한 역할을 하였다.

그렇다면 〈로마의 휴일〉과 〈로마 위드 러브〉, 이 두 영화에서 공통적으로 나오는 장소들을 차례대로 찾아가 보며 로마가 얼마나 낭만적이고 환상적인 이야기를 만들어 냈는지 구체적으로 알아보자. 첫 번째 장소는 '베네치아 광장(Piazza Venezia)'이다(그림 6-6). 〈로마 위드 러브〉 영화의 첫 장면에서, 베네치아 광장의 교통경찰은 "여기선 모든 사람의 인생사를 한눈에 볼 수 있습니다. 로마는 아름다운 이야기로 가득합니다."라고 말한다. 공교롭게도 이곳은 〈로마의 휴일〉에서 앤 공주와 조가 스쿠터를 타고 돌아다니다 교통위반으로 경찰서에서 추억을 쌓는 계기가 되는 장소이다. 이를 통해 볼 때 〈로마의 휴일〉과 〈로마 위드 러브〉에서 로마의 베니치아 광장은 로맨스, 즉 낭만적인 사건이 일어나는 중요한 매개체(장소)가 된다.

두 번째 장소는 로마에서 가장 큰 분수인 '트레비 분수'이다(그림 6-7). 이곳에서 〈로마의 휴일〉의 앤 공주가 일명 헵번 스타일(Hepburn style)이라고 불린 단발머리로 머리 모양을 바꾸었고, 앤 공주를 뒤따라가던 조는 트레비 분수에서 사진 찍던 학생들의 사진기를 뺏어서 앤 공주와의 휴일을 추억하는 사진들을 찍는다. 그리고 〈로마 위드 러브〉에서는 뉴

그림 6-6. 영화 〈로마 위드 러브〉와 〈로마의 휴일〉에서의 베네치아 광장

그림 6-7. 영화 〈로마 위드 러브〉와 〈로마의 휴일〉에서의 트레비 분수

욕에서 여행 온 헤일리가 트레비 분수를 어떻게 가는지 로마 시민 미켈란젤로에게 물어보면서 이야기의 두 주인공이 만나고 서로 간의 사랑을 꽃피우는 계기가 된다. 즉 두 영화에서 트레비 분수는 유명한 관광지인 동시에 일탈과 남녀의 지속적인 만남이 시작되는 곳으로 비추어진다. 앤 공주는 머리 모양을 갑작스레 바꿈으로써 고리타분한 공주의 삶에서 벗어나 평범한 신분으로 위장할 수 있었고, 이에 조와 함께 로마 시내를 둘러볼 수 있게 된다. 그리고 헤일리는 로마에 관광하러 온 본래의 목적과는 달리, 연애와 결혼이라는 새로운 목적을 갖게 된다.

두 영화 주인공들의 갑작스러운 탈선은 트레비 분수의 동전 던지기 전설과 관련이 있다고 볼 수 있다. 그 전설은 다음과 같다. 분수를 뒤로한 채 어깨 너머로 첫 번째 동전을 던지면 로마에 다시 올 수 있고, 두 번째 동전을 던지면 사랑하는 사람과 함께할 수 있다는 것이다. 다시 말해, 트레비 분수는 사랑하는 사람을 만나서 추억을 쌓고, 그 추억을 회상할 수 있는 낭만적이고 로맨틱한 공간이라는 장소성을 갖는데, 이러한 장소 이미지가 두 영화 속에서 공통적으로 강조된다.

세 번째 장소는 '스페인 광장(Piazza di Spagna)'이다(그림 6-8). 〈로마의 휴일〉에서 스페인 광장은 조가 앤 공주에게 같이 로마 시내를 관광하면서 진정한 휴일을 즐기자고 부추기는 장소이다. 그리고 〈로마 위드 러브〉에서는 스페인 광장이 보이는 테라스에서 로마 시민이 나오면서 "여기서는 모든 것이 보여요. 로마 사람들부터 학생, 연인들까지 모두 스페인 광장에 모여들죠. 이야기는 끝이 없답니다."라고 말하며 영화의 마지막을 장식하는 곳이기도 하다. 두 영화 속에서 스페인 광장은 수많은 사람들이 다양한 목적을 가지고

그림 6-8. 영화 〈로마 위드 러브〉와 〈로마의 휴일〉에서의 스페인 광장

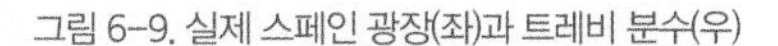
그림 6-9. 실제 스페인 광장(좌)과 트레비 분수(우)

모여드는 곳이기에, 동화 같은 환상적인 이야기들이 시작과 끝을 반복하면서 이야기의 생산이 무한히 이어지는 장소임을 알 수 있다.

이와 같이 영화 속에서 테마파크처럼 비현실적인 공간으로 재현되었던 로마의 장소성은 관광객들에 의해서 다시 재현된다. 로마를 영화에서 접했던 관광객들은 영화 속의 장소를 찾아가서 사진 찍기, 걷기, 추억하기 등의 수행을 통해 자신만의 새로운 장소로 의미를 재생산한다(그림 6-9). 즉 '재현의 재현'이 이루어지는 것이다(오정준, 2015). 사람들은 로마 곳곳에 남아 있는 웅장하고 비현실적인 유적지를 실제로 보면서 '내가 ○○라면…' 같은 상상을 맘껏 펼치며 상상 속 이야기의 주인공이 되고, 이야기가 끝나면 다시 일상으로 돌아온다. 이렇게 로마에서 개개인들은 또 다른 아름다운 이야기를 구성하는 요소가 되고, 로마는 그 이야기들의 주인공들을 영원히 기억하고 있다. 로마는 정말 마법 같은 장소이자 영원한 도시가 아닌가!

로마의 이야기는 계속된다

〈로마의 휴일〉 마지막 장면에서 한 기자가 앤 공주에게 가장 기억에 남는 곳이 어디인지 질문하자, 앤 공주는 "로마"라고 답하면서 꼭 로마를 기억하겠다고 말한다. 현실감 없는 건축물들이 화석처럼 남아 있는 것처럼 보이지만, 로마는 이야기를 영원히 간직하는 공간이다. 로마제국 검투사들의 고된 삶이 남아 있는 콜로세움, 조가 앤 공주에게 진정한 휴일을 즐겨 보자고 말하는 스페인 광장, 헤일리가 미켈란젤로와 소설 같은 사랑에 빠지는 트레비 분수 등 다양한 이야기들이 로마에 그대로 남아 있다. 말 그대로 영원한 시간을 간직한 도시인 것이다.

방문객들은 로마의 명소들을 둘러보면서 위대했던 로마의 문명을 되짚어 보게 되고, 이 유적지들이 현대 문명과 뒤섞여 있는 모습에 감탄하게 된다. 과거와 현재가 교차하는 로마는 그 자체로 잊지 못할 도시이다. 로마의 모습이 담긴 영화를 볼 때는 로마로 여행을 가고 싶어진다. 그리고 여행을 다녀온 후에는 자신이 갔었던 장소가 영상으로 재현되는 순간, 그 당시의 추억들이 다시 떠오를 것이다. 로마는 헤어 나올 수 없는 뫼비우스의 띠처럼 영원한 도시공간임이 틀림없다. 책, 방송, 영화 등 매체를 통해 로마를 알게 된 전 세계인들이 로마에 직접 찾아와서 재생산하는 이야기는 로마의 경관이 그대로 지켜지는 한, 끊임없이 이어질 것이다.

:: 주

1. "왜 우리 집은 일본어를 가르쳐 주지 않나요?"라는 자식의 물음에 "내가 자식을 잘못 가르쳤다"며 통곡한 이가 있었는데, 바로 그가 황순원 작가이다. 많은 작가들이 일제에 협력하여 한글을 버리던 시기, 황순원은 우리말을 지키겠다는 비장한 각오로 글을 썼다고 한다(송은하, 2011). 전쟁과 이념의 상처로 다친 민족을 문학으로 치유하고 싶었던 마음은 「학」, 「카인의 후예」, 「나무들 비탈에 서다」 등의 작품에 고스란히 드러난다. 그의 문학세계는 넓고도 깊었다. 장르와 주제를 넘나들며, 「소나기」, 「독 짓는 늙은이」, 「별」, 「목넘이 마을의 개」 등 100여 편이 넘는 소설을 남겼다.
2. 「소나기」는 1953년 〈신문학〉 5월호에 발표된 황순원의 단편소설로, 1956년 중앙문화사에서 간행된 단편집 「학(鶴)」에 수록되었으며, 1959년 영국의 〈인카운터(Encounter)〉지 단편 콩쿠르에서 입상하였다.
3. 테마파크란, 주제(테마)라는 관념적 틀을 가진 공원으로서 이를 적절히 표현하는 소재로 구성하여 방문객들에게 일상을 탈피한 경험을 제공하는 공원으로 정의된다. 이는 작가가 하나의 주제를 지니고 작품에 일관성을 부여하면서 작품 속의 허구적 세계를 창조하는 서사의 방식과 부합하여, 최근에는 작품이나 문학인의 생애를 테마파크로 조성하는 사업이 많이 진행되고 있다(최혜실, 2004).
4. 황순원 작가는 1957년에서 1980년 사이 경희대학교 문리대학 국문학과 교수로 재직하였고, 이후부터는 경희대학교 명예교수로 재직하였다. 따라서 이를 기리기 위해 경희대학교와 양평군이 함께 설립 계획을 추진하였다.
5. 이니시에이션 소설이란, 통과제의 소설이라고도 한다. 이니시에이션이란 용어는 'initiate(시작하다)'에서 연유된 것이며, 이른바 통과제의라는 의식과 관련된다. 인류학에 따르면, 유년이나 사춘기에서 성인 사회로 진입하기 위해서는 일련의 고통스러운 의식을 치르게 되는데 이를 통과제의라 한다. 이니시에이션이란 바로 이 통과제의의 문턱에 들어선다는 뜻이다. 이때 주인공에게는 육체적인 시련과 고통, 신체 어느 한 부분의 제거, 금기와 집단적인 신념에 대한 체험이 부과된다. 이러한 고통의 체험을 통과함으로써 이들은 비로소 성인 사회의 구성원으로서 자격을 부여받으며 그 사회에 재편입하게 된다고 보고 있다.
6. 슬로시티란 1999년 이탈리아의 소도시 그레베 인 키안티(Greve in Chiantti)의 시장이었던 파올로 사투르니니(Paolo Saturnini)에 의해 창안된 개념으로, 전통과 자연환경을 보전하면서 지속적인 발전과 진화를 추구해 나가는 도시를 의미한다.
7. 담양 사람이 썼으나, 담양이 배경이 아닌 작품(정철의 「관동별곡」과 정식의 「축산별곡」)까지 포함하면 총 18편이다.
8. 사림파의 기원은 고려 후기에 새 왕조를 세워야 한다는 이성계(조선 태조)의 주장에 반대하여 낙향하던 온건파 신진사대부이다. 이들은 지방에서 성리학 기반의 학문을 연구하고 정진하면서 후학을 양성하였고, 성종 때부터 중앙 정계로 진출하기 시작하여, 16세기에는 조선의 건국을 적극적으로 도와 공신의 칭

호를 받은 훈구파와 대립하였다. 이 시기에 사림파가 당한 화를 사화(士禍)라고 말하는데, 총 4번의 사화(무오사화, 갑자사화, 기묘사화, 을사사화)가 있었다. 선조 이후에는 훈구파를 완전히 몰아냄으로써 조선 후기에 집권한다.

9. 과거에는 자미탄(紫薇灘)이라 불리는 여울에 노자암, 견로암, 조대(釣臺), 서석대(瑞石臺) 등의 바위가 있어 뛰어난 경치를 자랑하였지만, 광주호의 준공으로 수장되어 현재는 저수지만 보인다.

10. 「사미인곡」과 「속미인곡」은 공통적으로 담양에 위치한 송강정(松江亭)에서 작성되었는데, 여인이 남편과 이별한 상황에서 사모하는 마음을 담고 있다. 여기서 여인은 정철로, 남편은 임금으로 대입해 본다면, 이 작품들은 정철 자신의 충정을 서정적으로 표현한 것으로, 당시 정치적 중심 세력에서 밀려나 담양으로 돌아와 있었던 자신을 다시 조정으로 불러 달라는 간절한 애원과 충심을 임금에게 호소하는 내용임을 알 수 있다.

11. 성리학에서 사군자는 매란국죽(梅蘭菊竹)을 뜻한다. 즉 이는 봄을 알리는 매화, 깊고 은은한 향기가 나서 여름을 의미하는 난초, 가을 늦게까지 피는 국화, 겨울에도 푸른 잎을 보이는 대나무를 말한다. 이들의 이러한 성질은 충성, 지조와 절개 등 유교적 덕목에 부합하여 선비들의 많은 사랑을 받으며 선비를 상징하는 상징물이 되었다.

12. 1960년대부터 공산주의에서 벗어나고자 하는 체코슬로바키아 국민들의 민주화와 자유화에 대한 열망은 커져 갔다. 이러한 열망은 특히 지식층을 중심으로 하여 전국적으로 파급되기 시작하였다. 그러나 이러한 체코 사태가 동유럽 전체로 확산될 것을 우려한 소련은 1968년 8월 20일 약 20만 명의 군대로 체코슬로바키아를 무력 침공하여 둡체크를 비롯한 개혁파 지도자들을 숙청하였고, 이렇게 '프라하의 봄'은 좌절되었다. 이 당시 한 외신기자가 "프라하의 봄은 과연 언제 올 것인가"라고 타전한 이후 '봄'이라는 단어가 주는 이미지로 인해 '프라하의 봄'은 체코의 자유화와 민주화를 상징하는 용어가 되었다.

13. 얀 후스는 15세기 보헤미아의 신부이며 프라하대학교 총장을 지낸 인물로, 교회의 개혁을 주장하다가 이단자로 화형에 처해졌다. 일반적으로 얀 후스를 따르며 종교, 사회, 정치 등의 개혁을 주장하던 사람들을 후스주의자로 부른다.

14. 매일매일을 타성에 젖어 살아가며 자신의 삶이 단지 한 마리 벌레보다 나은 게 무엇인가를 인식하는 순간, 벌레로 변신한다는 내용을 담은 카프카의 「변신」은 단지 괴기한 공포의 이야기가 아니라 현대적 인간 실존의 허무와 절대 고독의 문제를 그리고 있다.
참고. 카프카의 「변신」 삽화(루이스 스카파티의 그림)

15. 프라하의 혼란한 역사적 상황은 민족 구성에서도 여타의 나라와 다른 모습을 보였다. 즉 슬라브족으로 이루어진 '체코인', 비잔틴제국이었던 뷔잔츠(Byzanz)에서 유래한 '유태인', 그리고 알프스산맥과 바이에른지방을 넘어 밀려들어 온 '독일인'들로 구성되었다. 이들 중 유태인들은 비잔틴제국의 의식에 따라 생활하면서 게토(Ghetto)를 구성하였고 그들 나름대로의 의식에 따라 유태인 예배당인 시너고그(Synagogue)를 세웠다. 이렇게 세 민족이 공생해야 하는 프라하의 운명 속에서 카

프카는 유태인 부모의 혈통을 이어받아 태어났고, 세기의 전환기에 오스트리아와 헝가리제국의 속국인 보헤미아 왕국에서 체코어가 아닌 독일어로 교육을 받아 독일어로 작품을 썼다. 이러한 사실은 곧 프라하가 카프카의 생애와 운명을 같이하였음을 보여 준다. 따라서 그의 작품세계가 방황과 갈등, 소외와 같은 테마로 연결될 수밖에 없었던 것은 자신의 고향인 프라하의 복잡한 여건의 영향을 받은 것으로 추측할 수 있다(김연정, 2008).

16. 카프카는 체코에 살면서 독일어를 쓰는 유태인 작가라는 사실을 잊지 않았다. 이는 결국 실존이라는 문제를 자신의 사상과 결부시켰고, 그의 작품에서도 실존의 문제를 확정하려는 접근이 아니라 질문을 던지는 접근, 이를테면 결코 끝나지 않고 종결될 수 없는 의미에의 추구로 텍스트화하였다(박환덕, 1996).

17. 음악도시란 세계적으로 유명한 음악가나 연주회 또는 작곡가와 관련된 음악연주회가 개최되고 이에 의하여 주민이 관광수입원을 올리는 도시를 말한다(옥한석, 2012).

18. 빈 국립오페라하우스는 세계적인 오페라·발레극장으로, 1869년 궁정오페라하우스로 건립되었으며, 1918년 현재의 명칭으로 변경되었다. 개장 기념으로 모차르트의 '돈 조반니(Don Giovanni)'가 공연된 장소이기도 하다. 파리의 오페라하우스, 밀라노의 스칼라극장과 함께 유럽 3대 오페라하우스이며 슈테판 대성당과 함께 빈을 상징하는 2대 건축물이다.

19. 슈테판 대성당은 오스트리아 최대의 고딕 양식 건물로서, 1147년 로마네스크 양식으로 건설을 시작하였다. 이후 1258년 빈을 휩쓸었던 대화재로 전소되었다가 1263년 보헤미아 왕에 의해 재건되었다. 슈테판 대성당은 '빈의 혼(魂)'이라고 부를 정도로 빈의 상징으로 꼽힌다. 무엇보다 모차르트의 결혼식(1782)과 장례식(1791)이 치러진 곳으로 유명하며, 빈 시민들은 매년 12월 31일 슈테판 대성당 광장에 모여 새해를 맞는다.

20. 영화 〈아마데우스〉에서도 묘사되었듯, 1791년 사망한 모차르트는 실제로 시신을 찾을 수 없었기 때문에 빈 시립공원 음악가의 묘에 있는 그의 묘는 가묘(假墓)라고 볼 수 있다. 따라서 모차르트의 경우 묘비라는 단어 대신 기념비라는 표현을 사용한다.

21. 비엔나커피란 아메리카노 위에 하얀 휘핑크림을 듬뿍 얹은 커피를 말한다. 오스트리아 빈(비엔나)에서 유래하여 300년이 넘는 긴 역사를 지니고 있다. 차가운 생크림의 부드러움과 뜨거운 커피의 쌉싸래함, 시간이 지날수록 차츰 진해지는 단맛이 한데 어우러져 한 잔의 커피에서 세 가지 이상의 맛을 즐길 수 있다. 여러 맛을 충분히 즐기기 위해 크림을 스푼으로 젓지 않고 마신다. 재밌는 것은 빈에는 정작 비엔나커피란 말이 없다는 점이다. 비엔나커피의 본래 이름이 '아인슈페너 커피(Einspanner Coffee)'이기 때문이다. 참고로 마차에서 내리기 힘들었던 옛 마부들이 한 손으로는 고삐를 잡고, 한 손으로는 설탕과 생크림을 듬뿍 얹은 커피를 마신 것이 오늘날 비엔나커피의 시초가 되었다고 한다.

세 번째 소확행

도시·문화·관광을 테마로 한 답사

01

애국과 충절의 고향, 충남 천안

애국과 충절의 도시, 천안

무더운 여름이 가고 쌀쌀한 바람이 불면 유독 생각나는 것들이 있다. 바로 겨울에 특히 맛있게 느껴지는 길거리 간식들이다. 붕어빵, 군고구마, 어묵 등 겨울을 대표하는 간식거리에는 여러 가지가 있지만, 그중에서도 호두과자는 가장 인기 있는 겨울철 간식 중 하나이다. 고소한 빵 안에 달달한 팥과 영양 만점 호두가 가득 들어 있는 호두과자는 맛도 좋고 몸에도 좋은 영양식으로서 연령대를 가리지 않고 많은 사람들의 사랑을 받는 '국민 간식'으로 자리 잡았다. 이러한 호두과자는 우리나라 어디서든 쉽게 구할 수 있는 간식이지만, 가장 유명한 지역을 꼽으라면 충청남도의 천안을 따라올 곳이 없을 것이다. 필자 역시 부모님께서 종종 사 오시던 호두과자 봉지에서 '천안의 명물 호두과자'라는 글귀를 보았던 기억이 있다. 즉 천안의 호두과자는 뛰어난 지역 홍보효과와 더불어 지역을 대표하는 효자상품으로서 그 명성을 다하고 있는 것이다(그림 1-1).

이와 같이 천안의 호두과자가 널리 알려지게 된 것은 지리적인 조건의 영향이 크다. 맑고 깨끗한 산지가 많은 천안은 좋은 품질의 호두나무가 성장하기에 적합한 지형을

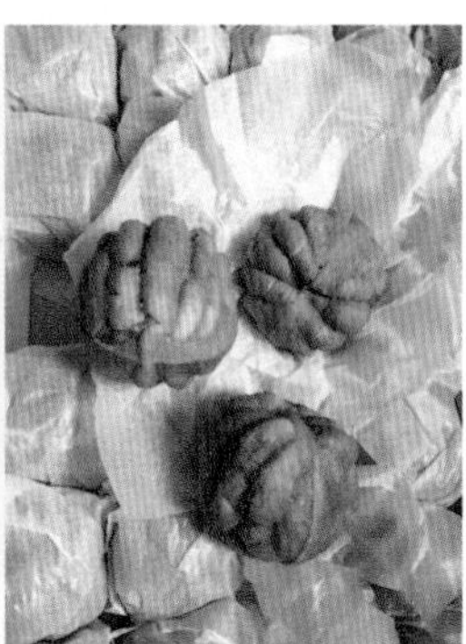
그림 1-1. 천안 호두과자의 모습

갖추고 있어 다른 지역보다 더욱 영양분이 높고 맛 좋은 호두가 생산된다(굿모닝충청, 2018.11.8). 또한 수도권과 인접해 있으며 충청남도 서부 지역의 관문으로서 전국 교통의 요충지와 같은 역할을 하므로 유통환경 역시 매우 우수하다(한백진, 2014). 이러한 이유로 천안은 전국 호두 생산량의 30%를 차지하며, 명실상부한 호두 명산지이자 호두과자의 발명지로서 이름을 알리게 되었다(이광희, 2007).

그런데, 천안의 지리적 조건은 호두과자뿐만 아니라 '애국과 충절의 도시'라는 천안 전체의 이미지를 형성하는 데에도 큰 영향을 미쳤다. 특히 교통이 좋고 편리한 입지조건은 과거 일제강점기 시절 천안이 독립운동의 핵심지로서 기능하게 되는 결정적인 계기가 되었는데, 가장 대표적인 것이 바로 우리에게 너무나 익숙한 1919년의 3·1운동이다. 이는 천안의 아우내 장터에서 일어난 독립운동으로, 아직도 천안 곳곳에는 당시의 뜨거운 열기와 애국심을 느낄 수 있는 장소들이 존재한다. 그렇다면 지금부터 함께 천안을 살펴보며 지역 곳곳에 녹아 있는 애국과 충절의 얼을 느껴 보자.

천하대안天下大安의 땅, 독립운동의 불꽃이 되다

'하늘 아래 가장 편안한 고장(天下大安)'이라는 뜻의 '천안'은 충청남도와 충청북도의 경계부에 위치하며 북쪽으로는 경기도, 남쪽으로는 세종시와 접하고 있다(그림 1-2). 이러한 지정학적 위치상, 천안은 아주 오랜 옛날부터 매우 중요한 육상교통의 핵심지였다. 서울과 호남, 영남으로 가는 길이 갈라지는 길목에 위치하여 서울과 지방을 오가기 위해서는 천안을 지나칠 수밖에 없었던 것이다.

그림 1-2. 천안 위치도

특히 교통이 발달하기 이전, 장기간의 여정에 지친 사람들에게 천안의 삼거리는 최고의 휴식처였다. 전국 각지에서 모인 사람들은 천안삼거리에 머물며 지친 몸과 정신을 정비하였고, 새로운 사람을 만나 인연을 맺기도 하였다. 신분제가 매우 엄격했던 조선시대에도 이곳에서만큼은 신분이나 성별에 구애받지 않고 모두가 평등하게 어울릴 수 있었기 때문에, 천안삼거리는 전국에서 가장 사랑받는 쉼터이자 소통의 장이 될 수 있었었다(김경수, 2009).

이러한 이유에서인지, 천안에는 오랜 역사를 지닌 각종 재래시장이 많이 개설되어 있다. 그중에서도 특히 '아우내 장터'는 전국의 상인들이 꼭 한 번쯤은 거쳐 간다는 가장 큰 장터 중 하나였다. 두 개의 내(川)를 아우른다(倂)는 뜻을 가진 아우내는 병천(倂川)의 순우리말로, 현재 병천면사무소를 중심으로 발달되어 있다. 장은 매월 1일, 6일, 11일, 16일, 21일, 26일 5일장의 형태로 열리며, 일반적인 순대와는 달리 소나 돼지의 내장에 선지를 넣어 만든 병천순대, 오이, 그리고 잡곡이 유명하다(신상구, 2014)(그림 1-3).

이처럼 편리한 교통과 다양한 볼거리, 맛있는 음식을 자랑하는 아우내 장터는 훌륭한 장터일 뿐만 아니라 전국 각지에서 온 사람들이 하나가 되어 모일 수 있는 소통의 장이었다. 이러한 이유로 아우내 장터는 우리나라 역사에 한 획을 긋는 아주 중요한 사건의 배경이 되기도 하였는데, 그것이 바로 1919년의 3·1운동이다.

1919년 당시 우리나라는 일제의 무분별한 학살 아래 정치·경제적인 억압을 받고 있었

그림 1-3. 아우내 장터의 모습(좌), 병천순댓국(중), 병천순대 거리 표지판의 모습(우)

그림 1-4. 병천면 전봇대의 글귀(좌), 삼일절 기념 행사인 아우내봉화제 홍보 플래카드(중), 독립운동 기념비(우)

다. 이에 각 지역에서는 일제의 비인간적인 무단 통치에 대항하여 전국적인 민족운동이 일어나기 시작하였다. 특히 천안 아우내 장터를 배경으로 일어난 3·1운동은 계층에 관계없이 많은 시민이 참여한 거족적인 항일운동으로서 우리나라를 대표하는 민족운동으로 인정받고 있다(한국향토문화전자대전). 이러한 아우내 장터에서의 독립운동은 다양한 독립운동 전개의 기반이 되었으며, 그 과정에서 수많은 독립운동가를 배출하여 천안이 '애국과 충절의 도시'로서 입지를 다지는 계기가 되었다(그림 1-4).

3·1운동의 불을 지핀 천안의 청년 유관순

"우리는 10년 동안 나라 없는 백성으로 온갖 압제와 설움을 참고 살아왔지만 이제 더는 참을 수 없습니다. 우리는 나라를 찾아야 합니다. 지금 세계의 여러 약소민족들은 자기 나라의 독립을 위하여 일어서고 있습니다. 나라 없는 백성을 어찌 백성이라 하겠습니까. 우리도 독립 만세를 불러 나라를 찾읍시다." (1919년 유관순 열사의 3·1운동 연설 중에서)

천안 출신의 독립운동가 중 우리에게 가장 잘 알려진 대표 인물로 '유관순 열사'를 들 수 있다. 1902년 충청남도 목천군(현 천안시 병천면)에서 태어난 유관순 열사는 천안의 3·1운동을 주도한 독립운동가로, 아우내 장터에서 태극기를 나눠 주며 만세운동을 벌이던 중 체포되었다. 이 과정에서 열사의 부모를 포함한 19명이 순국하였으며, 열사는 체포 이후 가혹한 고문 과정을 견디던 중 1920년, 18세라는 꽃다운 나이에 순국하였다(한국민족문화대백과사전).

투옥 과정에서도 독립의 뜻을 잃지 않고, 조국에 모든 것을 바친 유관순 열사의 뜨거운 삶은 우리나라의 독립운동에 커다란 영향을 주었다. 이러한 이유에서인지 천안시 내에는 유관순 열사의 생애와 조국을 향한 애정을 느낄 수 있는 장소가 곳곳에 존재하는데, 대표적인 것이 바로 유관순 열사의 사적지이다.

1972년 사적지로 등록된 '유관순 열사 유적'은 열사의 고향인 병천면 용두리에 위치하며, 열사의 넋을 기리는 추모각과 봉화탑, 만세 동상 등이 조성되어 있다(그림 1-5). 열사의 영정 사진이 모셔져 있는 추모각은 실제로 분향도 할 수 있도록 되어 있는데, 옆에 놓인 방문 기록을 통해 우리나라뿐만 아니라 일본, 중국 등 다양한 나라의 사람들이 방문하여 열사의 넋을 기리고 있는 것을 확인할 수 있었다(그림 1-6).

또한, 열사의 탄신 100주년이던 2003년에는 사적지 내에 열사의 생애를 엿볼 수 있는 유

그림 1-5. 유관순 열사 유적의 만세 동상(좌)과 추모각에 모셔진 열사의 영정 사진(우)

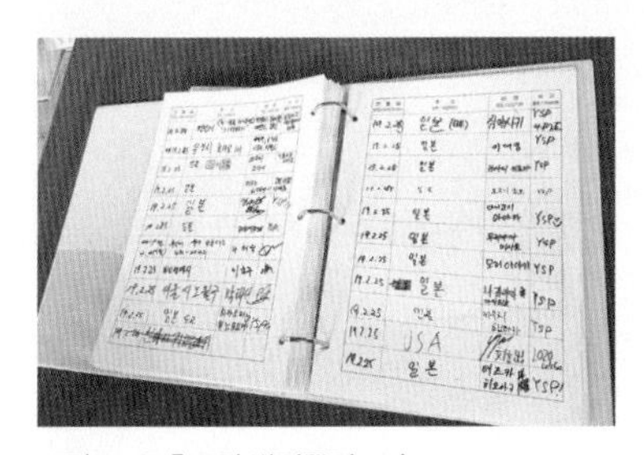

그림 1-6. 추모각 방명록의 모습

관순열사기념관이 개관하였다(유관순열사기념관 홈페이지). 기념관 내에는 열사의 호적 등본, 재판 기록문, 재판 과정을 담은 영상물 등 다양한 전시물과 체험 활동이 존재하여, 방문객들로 하여금 간접적으로나마 열사의 뜨거운 생애를 경험해 볼 수 있도록 구성되어 있다(그림 1-7). 특히 일제강점기의 고문도구인 벽관을 설치하여 잠시나마 직접 그 괴로움을 체험해 볼 수 있도록 한 '벽관 체험' 시설이나, 유관순 열사의 재판 과정을 홀로그램 형식으로 표현한 '매직 비전'은 다른 곳에서 쉽게 볼 수 없는 독특한 전시물로서 관광객의 많은 관심을 끌고 있었다(그림 1-8).

이러한 유관순 열사 사적지 외에도, 천안시 내에는 조병옥, 이동녕 생가 등 조국을 위해 몸과 마음을 바쳤던 열사들의 흔적이 존재한다(김춘식·김기창, 2005). 태어나서 눈을 감는 그 순간까지 조국을 사랑했던 독립운동가들의 뜨거운 생애는 천안이라는 공간을 통해 아직까지 살아 전해지고 있으며, 천안의 지역성을 대표하는 답사지이자 우리 민족의 자랑스러운 유산으로서 그 역할을 다하고 있다.

그림 1-7. 유관순열사기념관의 전시물

그림 1-8. 벽관 체험 전시물(좌)과 매직 비전(우)

천안에 깃든 뜨거운 독립운동의 얼

이처럼 많은 독립운동가들의 보금자리이자 활동 배경이 된 천안은 현재 애국심과 충절을 대표하는 도시로서 인정받고 있다. 이러한 지역 정체성에 힘입어 천안에는 1987년 독립기념관이 문을 열게 되었다.

천안시 목천읍에 위치한 독립기념관은 선사시대 이후부터 해방 무렵까지의 독립운동과 관련한 자료들을 담고 있는 국내 최대 규모의 전시관으로, 1982년 일본의 역사 교과서 왜곡 사건을 계기로 전국적인 국민 성금 모금운동을 거쳐 1987년 광복절날 개관하였다. 기념관 내에는 총 6개의 주제로 꾸며진 상설전시관을 비롯해 체험전시, 특별전시 등의 다양한 프로그램이 존재하여 많은 사람들의 발길을 끄는 천안의 명소가 되었다(독립기념관 홈페이지).

기념관 정문에 들어서면 가장 먼저 보이는 것은 하늘을 찌를 듯이 우뚝 솟아 있는 겨레의 탑이다(그림 1-9의 좌). 약 51m에 달하는 겨레의 탑은 우리 민족의 비상을 표현하는 상징물이며, 민족의 자주와 자립을 향한 의지를 나타내고 있다. 겨레의 탑을 지나 조금 더 걸으면, 광복을 상징하는 815개의 태극기가 게양된 태극기 한마당이 방문객을 맞이한다(그림 1-9의 우). 빼곡하게 들어선 태극기가 바람에 펄럭이는 모습을 보고 있자면, 본인도 모르는 사이에 마음속 어딘가가 뜨거워지는 것을 느낄 수 있다.

태극기 한마당을 지나면, 본격적으로 전시관이 펼쳐진다. 전시관은 겨레의 뿌리, 겨레의 시련, 겨레의 함성, 평화누리, 나라 되찾기, 새나라 세우기의 총 6가지 주제로 구성되어 있으며, 각 주제별 전시 내용은 표 1-1과 같다.

독립기념관의 전시는 마치 하나의 이야기를 들려주듯 시간의 흐름에 따라 구성되어 있다(태지호, 2013). 이를 통하여 관광객들은 우리나라 독립의 역사를 보다 흥미롭게 이해할 수 있으며, 전시관 내에 있는 각종 체험 프로그램과 전시물을 관람하는 과정에서 자연스럽게 애국심과 자긍심을 느끼게 된다(그림 1-10). 즉 독립기념관은 참혹한 무단 통치 속에서도 꿋꿋이 조국을 지킨 열사들의 모습을 담은 자랑스러운 민족의 전당이자, 그들의 애

그림 1-9. 겨레의 탑(좌), 태극기 한마당(우)

표 1-1. 독립기념관 상설전시관 전시 내용

전시관 이름	주제
제1전시관 겨레의 뿌리	선사시대부터 조선시대 후기까지 우리 민족의 문화유산과 민족혼에 관한 자료 전시
제2전시관 겨레의 시련	일제의 침략과 무단 수탈로 인하여 민족의 역사가 단절되고 국권을 상실한 시련기의 자료 전시
제3전시관 겨레의 함성	식민 지배 아래 일어난 독립운동과 대중투쟁 관련 자료 전시
제4전시관 평화누리	민족의 자유를 위한 독립운동의 의미와 가치를 되새겨 보기 위한 자료 전시
제5전시관 나라 되찾기	조국을 되찾기 위해 국내외에서 전개된 독립전쟁에 대한 자료 전시
제6전시관 새나라 세우기	일제강점기 민족문화 수호운동과 대한민국 임시정부의 활동을 다룬 자료 전시

출처: 독립기념관 홈페이지

그림 1-10. 독립기념관 전시물의 모습

국심을 보고 배울 수 있는 훌륭한 역사교육의 현장이라고 할 수 있다(박영순, 2011). 이러한 독립기념관의 개관은 천안으로 하여금 지역 내 독립운동 역사를 알리고 보존하며, 호국충절의 지역 정체성을 보다 확고히 하는 계기가 되었다.

역사관광으로 새로 태어나는 애국충절의 도시 천안

35년간의 일제 무단 통치 기간은 우리나라 역사 전반에 많은 변화를 가져왔다. 아직까지 우리 주변에 남아 있는 일제강점기의 흔적은 더 이상 아프고 숨겨야만 하는 역사가 아니라, 더욱 많이 알리고 체험하며 후손들로 하여금 애국심과 올바른 국가관을 갖게 하는 교육의 장이 되어야 한다. 이러한 측면에서 보았을 때, 조국을 위해 모든 것을 바치고 숭고하게 희생한 독립운동가와 민족운동의 역사가 담겨 있는 천안은 향후 최고의 역사관광지로서 높은 가능성을 지닌 것으로 보인다. 특히 최근 역사과목의 중요성 증대와 더불어 교육 과정 개편에 따른 체험학습 기회가 증가하면서, 천안시 내의 역사적 장소에 대한 관심은 더욱 높아지고 있다. 이를 반영하듯, 천안시는 지역 내에 존재하는 독립운동 관련 시설을 이어 관광벨트로 조성하는 '호국충절관광벨트화' 사업을 추진 중에 있다(천안시 미디어소통센터). 이는 유관순 열사를 비롯한 천안 출신 독립운동가들의 흔적을 복원하고 관광 코스로 개발하고자 하는 것으로, 천안 지역의 활성화뿐만 아니라 우리나라의 자랑스러운 독립운동 역사를 보다 널리 알리는 데 기여할 수 있을 것으로 보인다.

조국을 사랑한 독립투사들의 뜨거운 삶은 길지 않았을지라도, 그들의 애국심과 충절의 흔적은 아직까지도 천안 곳곳에 남아 있다. 이제부터 우리가 해야 할 일은 이러한 역사적 흔적들을 잘 보존하고 알림으로써 그들의 뜻을 기리고 애국정신을 이어받는 것이다. 천안시 내에 살아 숨 쉬는 역사를 통하여, 보다 많은 사람들이 대한민국의 국민으로서 자긍심을 가지고 다시 한 번 애국심을 다지는 계기가 되기를 기대한다.

02

민주운동과 예술의 교차점, 광주광역시

암울했던 현대사, 그 속에서 빛나던 빛고을 광주光州

> 긴 밤 지새우고 풀잎마다 맺힌 진주보다 더 고운 아침 이슬처럼 내 맘의 설움이 알알이 맺힐 때 아침 동산에 올라 작은 미소를 배운다 태양은 묘지 위에 붉게 떠오르고 한낮에 찌는 더위는 나의 시련일지라 나 이제 가노라 저 거친 광야에 서러움 모두 버리고 나 이제 가노라 (양희은의 노래 '아침이슬' 중에서)

가수 양희은이 데뷔하면서 부른 '아침이슬'(1970)은 당시 트로트가 주가 되었던 대중음악계에 크나큰 충격을 줬다. 시련의 고뇌와 결심을 담은 가사와 이에 어울리는 선율 모두 무척 완성도가 높았기 때문이다. 가사에서 "나 이제 가노라" 등의 선지자적·선언적 어조는 예정된 고난 속으로 걸어가겠다는 굳센 의지를 나타내며, 이는 성스럽고 거룩한 분위기의 선율과 조화를 이루면서 마치 성전(聖戰)과 같은 비장감을 고조시킨다. 이런 특징으로 인해 '아침이슬'은 당시 군부정권하에서 자유와 민주주의를 열망하는 민중들이 즐겨

불렀으며, 그 결과 민주화운동을 대표하는 곡이 되어 현재도 그 명성을 잇고 있다.[1]

이처럼 당시의 시대적 현실을 반영하고 사회비판적인 성격을 극대화한 노래의 한 장르를 민중가요라 말한다. 민중가요는 '아침이슬'과 같이 민주화뿐만 아니라 인권, 통일 등의 다양한 주제로 작곡된다. 이러한 점에서 민중가요는 체제 순응적이며 상업성을 지닌 대중가요와 구별된다. 이렇게 민중가요가 색다른 성격을 지니게 된 이유는 우리나라 현대사와 관련이 깊다. 즉 독재정권이 장기적으로 지속되었던 1970~1980년대는 노래 검열로 인해 표현의 자유가 강하게 억압되었기에, 민주주의를 쟁취하려는 운동권에서는 집단 내의 결속력을 높이면서 민중을 유입하기 위한 차별화된 전략이 필요했고 이에 민중가요를 창작하였다. 따라서 당시 시대적 상황에서 민주화를 주제로 하는 민중가요가 구전으로 암암리에 전해지면서 특유의 노래문화가 형성되었다(한국민족문화대백과사전).

특히 1980년 5월 18일 광주민주화운동 이후부터는 민중가요가 본격적으로 창작되며 대중화되었는데, 대표적으로 '아침이슬'의 뒤를 이어 민주화운동을 상징하는 노래 '임을 위한 행진곡'(1981)이 그러하다.

광주민주화운동을 배경으로 만들어진 '임을 위한 행진곡'은 현재 5·18 광주민주화운동 기념식에서 제창되고 있다.[2] 이 곡은 광주민주화운동의 정신, 즉 민주·인권·평화를 수호하고자 한 그날의 광주를 잊지 말자는 의미를 담고 있다. 해방 이후 독재정권에 맞선 4·19혁명에서부터 1987년 6월민주항쟁까지, 이토록 많은 희생과 시련이 가득했던 현대사에서 광주민주화운동은 비록 실패로 끝났으나 자유민주주의를 쟁취하게 되는 6월항쟁을 이끌어 냈으며, 현재의 성숙한 민주주의의 밑바탕이 되었기

그림 2-1. 광주 위치도

때문이다. 따라서 한 치 앞을 볼 수 없을 정도로 어두웠던 시대에서 빛났던 빛고을 도시, 광주는 '민주화의 성지'라는 도시 정체성을 지니게 되었으며 그에 걸맞게 도시 곳곳에 광주민주화운동의 자취를 찾아볼 수 있다(그림 2-1). 더 나아가서는 이러한 지역성을 바탕으로 문화예술의 도시로서 새로운 미래를 그리고 있다. 지금부터 구체적으로 광주의 과거와 현재, 그리고 미래의 모습을 둘러보자!

1980년 5월 18일, 광주민주화운동의 아픔을 고스란히 간직하다

민주화운동의 역사는 직접 겪어 보지 못한 신세대들에게는 와닿기 어려울 수도 있으나 그 시기를 재현한 예술작품을 통해서 간접적으로나마 그 시대를 체험해 볼 수 있다. 그 예로 영화 〈택시운전사〉(2017)를 들 수 있다. 영화 〈화려한 휴가〉(2007)가 나온 지 10년 만에 광주민주화운동을 다룬 〈택시운전사〉는, 당시 계엄군에 봉쇄되어 있던 광주의 실체를 취재하고자 하는 외신기자를 태우고 온 택시기사 김사복의 실화를 바탕으로 한다(그림 2-2).[3] 이 영화는 김사복처럼 광주 시민이 아닌 외부인의 시선으로, 그리고 관람객의 시선으로 광주민주화운동을 바라보게 하는데 그 상황은 가히 충격적이다. 아직도 광주의 옛 도심에는 그 상처가 남아 있다.

광주역 근처에 위치한 전남대 정문 부근에는 횃불이 그려진 '5·18 광주항쟁 사적 1호 기념비'가 세워져 있다. 바로 이곳이 광주민주화운동의 시발점이다(그림 2-3). 1979년 10월 26일 박정희 전 대통령이 갑작스럽게 사망하여 오래된 독재정권이 끝났다는 생각이 들 무렵, 12월 12일에 전두환 장군이 쿠데타를 일으켜 정권을 장악했다. 이에 1980년 3월부터 5월까지 대학생들의 주도로 시위가 일어났고 5월 18일에 전국적인 시위를 하기로 대학교 학생대표들끼리 협의했다. 그러나

그림 2-2. 영화 〈택시운전사〉 포스터
출처: 네이버 영화

그림 2-3. 전남대 정문(좌)과 그 옆에 건립된 기념비(우)

그 전날에 계엄령이 내려지면서 시위는 사그라들었다. 그런데 그날 자정, 계엄군이 도서관에서 공부하던 전남대 학생들을 구타·구금하였고, 이에 5월 18일 아침, 정문 앞에 모여든 학생들이 계엄군에게 항의를 하면서 광주역과 금남로에서 시위를 벌였다. 이날 계엄군은 시위를 탄압하기 위해 마구잡이로 학생들을 연행하고 폭행하였으며, 19일에는 계엄군의 발포로 인해 지나가던 시민이 총상을 입으면서 이에 분노한 시민들이 적극적으로 동참하게 되었다. 무장을 한 광주 시민군은 계엄군과 대치하면서 협상을 시도하려 했으나 무산되었고, 결국 탱크를 앞세운 계엄군에게 진압되면서 27일 새벽에 그 막을 내렸다.

구 전남도청과 그 일대 광장은 시민군의 본부였으며 계엄군과 마지막 항전이 있었던 곳이기에, 광주민주화운동을 상징하는 대표적인 장소가 되었다. 이를 알려 주듯 구 전남도청 근처의 금남로에는 광주민주화운동의 주요 사적지를 경로로 하는 518번 버스가 다닌다(그림 2-4).[●4] 구 전남도청과 금남로 외에도 광주 택시기사들이 부상을 입은 시민들을 수송했던 구 광주적십자 병원, 전남대 병원과 당시 희생자들이 묻힌 5·18 신·구 민주묘지 등 광주민주화운동과 관련이 깊은 유적지들이 많다. 그리고 이러한 사적지들을 모아 5·18 기념재단에서는 '오월길'이라는 독특한 도보 관광 코스를 운영하고 있는데, 안내해설사와 함께 광주민주화운동의 역사적 현장을 직접 걸으며 어떤 일들이 있었는지를 들

그림 2-4. 구 전남도청과 광장 일대(좌), 금남로에 다니는 518번 버스(우)

을 수 있다(오월길 사이트). 이처럼 광주에서는 광주민주화운동의 고통을 잊으려 하기보다 미래의 세대에게까지 기억을 전달하기 위해 그날의 상처를 간직하고 있다.

문화예술을 통해 광주민주화운동의 아픔을 치유하다

광주민주화운동이 비극적으로 끝을 맺은 후, 당시 군사 정부는 이 일을 공개적으로 언급하는 것을 철저히 금지시켰다(유네스코와 유산 사이트). 그렇기에 광주 시민들은 광주민주화운동의 사실을 규명하고자 노력해 왔으며, '임을 위한 행진곡'도 그중 하나이다. 광주 시민들은 그날의 아픈 기억을 보존하고, 형상화하고, 알리는 데에 예술을 적극적으로 활용해 왔는데(이승권·윤만식, 2018), 오늘날 전남대 정문의 횃불 모형은 이를 의미하는 대표적인 상징물이다(그림 2-5). 또한 '5·18 기념공원'은 추모의 공간으로서 예술성을 극대화한 대표적인 장소이다(그림 2-6). 공원 계단을 올라가자마자 보이는 지상의 동상은 쓰러진 동료와 함께 앞서 나가는 당시 사람들의 모습을 형상화하였다. 이 동상 뒤편의 계단으로 내려가면 광주민주화운동을 상징하는 횃불이 보이면서 지하로 이어진다. 여기에는 어머니가 쓰러진 아들을 붙들고 있는 동상과 희생자들의 이름이 빼곡히 적힌 벽이 놓인 추모의 공간이 형성되어 있다. 이 공간을 나서면 동상의 뒷모습이 보이는데, 이는 마치 음지에서 양지로 나가면서 이들과 함께하자는 의미로 이어진다. 이렇듯 5·18 기념공원은 추모와 애도의 장소일 뿐만 아니라 민주화의 정신을 이어 가자는 의미를 내포한 하

그림 2-5. 전남대 근처의 광주민주화운동을 형상화한 예술작품들●5

그림 2-6. 5·18 기념공원 추모승화공간의 지상(좌)과 지하(우)

나의 예술적 공간이 되고 있다.

앞서 본 조형물과 공원은 광주민주화운동을 직접적으로 표현한 예술작품과 공간이다. 하지만 이를 더욱 확장시켜 민주·인권·평화를 주제로 한 '광주비엔날레'도 빼놓을 수 없다. 1995년부터 2년마다 열리는 광주비엔날레는 광주민주화운동의 상처를 치유하기 위해 만들어진 국제 전시회이다(그림 2-7의 좌). 그 목적에 걸맞게 광주비엔날레 초기에는 광주민주화운동을 형상화한 민중예술 작품을 전시하였다. 이후 광주 민중예술가뿐 아니라 한국인, 재외 교포, 아시아인 등 세계 각지의 예술가들이 광주민주화운동의 정신적 가치를 표현한 작품들을 전시하고 있다(광주비엔날레 사이트). 이렇듯 광주비엔날레를 통해 민주화운동의 핵심적인 역할을 했던 민중예술이 더 다양하고 추상적인 주제로 확장된 현대예술로 계승되어 선보여지고 있음을 알 수 있다.

이와 더불어 판소리의 임방울, 한국화의 허백련, 서양화의 오지호 등 문화예술의 거장을 배출한 곳이라는 지역성을 바탕으로, 광주는 '아시아문화 중심도시'라는 새로운 발전전략을 꾀하고 있다. 이를 상징적으로 보여 주는 건물이 구 전남도청 지하에 세워진 아시아문화전당이다(그림 2-7의 우). 아시아문화전당은 2005년 '아시아문화전당 국제 건축설계 공모'를 통해 채택된 우규승 건축가의 '빛의 숲'을 기반으로 설계되었다(광주광역시청 사이트). 광주민주화운동 당시를 상징하는 구 전남도청 본관의 외관을 보존한 채 지하에 건물과 광장을 세웠으며, 지상에는 시민공원을 조성하여 모든 시민들에게 열린 마당의 역할을 하도록 하였다. 이러한 공간적 설계로 인해 구 전남도청이 역사적 현장으로서 중요한 의미를 지니고 있음을 알리고, 과거의 상처가 난 자리에서 아시아문화도시로 재기하겠다는 의지를 효과적으로 나타내고 있다. 다시 말해, 아시아문화전당은 광주민주화운동이 지닌 민주·인권·평화의 의미를 예술적으로 승화시키며 아시아의 과거와 현재의 문화예술을 연구·기록·전시·교류하는 공간으로서, 미래지향적인 광주의 모습을 생산하는 데 주요한 역할을 하고 있다(국립아시아문화전당 사이트).

그 밖에도 광주시는 아시아문화전당 근처의 활성화를 위해, 예술의 거리(Art street), 대인시장 등에서 '아시아 문화예술 활성화 거점 프로그램'을 연계하여 운영하고 있다(중앙일보, 2018.1.23). 즉 예술품을 주로 판매하는 예술의 거리와 대인시장에 문화예술 프로그램을 접목하여 예술인과 시민이 직접 교류하는 예술공간을 형성하고 있는 것이다(그림 2-8). 예술의 거리는 1896년 광주가 도청 소재지가 되면서 함께 발전한 장소로, 항일·민족주의 정신을 담은 동양화를 발전시키는 데 큰 역할을 하였다(김연경·이무용, 2015). 대인시장 또한 광주의 도시화와 함께 성장한 재래시장으로, 광주민주화운동 당시 시민들에게 주먹밥 및 생필품을 전달하는 등 역사적 의미가 큰 곳이다(전경숙, 2016). 이 두 군데 모두 도청 및 시청의 이전 등으로 인해 도심 공동화 현상을 겪으면서 쇠퇴하고 있었으나, 예술문화를 계기로 다시 성장할 수 있는 발판을 마련하였다. 이에 아시아문화전당과 함께 연계되면서 광주에서 꼭 가 봐야 할 장소가 되었다. 이처럼 광주에서는 명성이 자자

그림 2-7. 광주비엔날레가 열리는 전시장(좌), 구 전남도청 지하에 위치한 아시아문화전당(우)

그림 2-8. 예술의 거리(좌), 대인시장(우)

한 예술가들을 배출함으로써 예향(藝鄕)으로 불렸던 '과거'와, 광주민주화운동의 아픔을 예술로 치유하는 '현재' 그리고 이를 바탕으로 아시아 문화예술의 중심지로 우뚝 서려는 '미래'의 모습을 모두 만날 수 있다.

시민이 주체가 되는 문화예술의 도시, 광주

광주학생운동, 4·19혁명, 광주민주화운동 등 저항의 도시인 광주에는 무수한 상처들이 남겨져 있다. 특히 불과 40여 년 전에 일어났던 광주민주화운동은 광주 시민들과 광주의 지역성에 크게 영향을 미쳤다. 이를 알려 주듯, 구 전남도청 광장에 있는 시계탑은 매일 오후 5시 18분에 '임을 위한 행진곡'을 울리며 희생자들을 추모하고 기억하고 있다(그림

2-9). 이런 아픔을 딛고 광주는 문화예술의 도시로 일어서려 한다. 아시아문화전당, 광주 비엔날레, 예술의 거리, 대인시장 등은 이를 반영한다.

문화예술과 민주주의는 밀접한 관련성을 지닌다. 민주주의의 주요 요소인 평등·참여·표현의 자유 등이 정치적인 영역을 넘어 문화예술의 영역에도 적용되기 때문이다. 관련된 용어로 '문화민주주의'를 들 수 있다. 문화민주주의란 세계화로 인해 각기 다른 문화적 배경을 지닌 사람들 간의 갈등이 빈번해지면서 형성된 개념이다. 즉 이는 제각기 다른 문화를 존중하고 이해해야 하며, 어떤 경제적·정치적·사회적 배경을 지니고 있든지 상관없이 누구나 문화예술에 참여하거나 즐길 수 있어야 한다는 것을 뜻한다. 발레, 오페라 등의 고급예술에 일반 대중이 쉽게 접근할 수 있도록 하는 점을 강조하는 '문화의 민주화'와 달리, 문화민주주의는 아마추어예술을 대중들이 널리 할 수 사회를 형성시켜 시민들이 단순히 문화예술을 보는 입장이 아닌, 직접 참여하는 것을 강조한다(김태운, 2011).

그림 2-9. 구 전남도청 광장의 시계탑과 전일 빌딩●6

그런 점에서 살고 있는 지역민이 예술의 주체가 되어 가꾸어 가는 펭귄마을은 좋은 사례이다. 펭귄마을은 전남도청이 다른 곳으로 이전하면서 침체된 마을 분위기를 향상시키고 공터에 쌓여 있던 쓰레기를 해소하기 위해 김동균 촌장이 작품을 만들면서 시작되었다. 펭귄마을이라는 이름은 마을 어르신들이 펭귄처럼 걷는 모습에 착안해 지어졌다. 시민들의 힘으로 평범한 쓰레기를 정겨운 예술작품으로 재탄생시킨 이곳은 문화민주주의를 떠올리게 한다(그림 2-10). 즉 고급스러운 전시공간에서 만나는 예술작품만이 예술이 아니며, 누구나 예술인이 될 수 있고 어떤 것이든 예술작품이 될 수 있다. 이는 광주민주화운동이 주는 자유와 평등의 의미와 자연스럽게 맞닿아 있다고 생각된다.

펭귄마을처럼 주민 주도로 예술이 행해지는 마을은 전국에서 찾아보기 어렵다. 그렇기에 시민이 예술 생산의 주체가 되는 공간이 광주에 존재한다는 것은 큰 의미를 지닌다. 즉 시민들이 함께했던 민주화운동의 역사를 품은 광주이기에, 그리고 민주화운동의 핵

그림 2-10. 펭귄마을 전경(상)과 시민이 만든 예술품(하)

심축인 민중예술이 펼쳐졌으며 계승되고 있는 곳이 광주이기에, 전문 예술가뿐 아니라 시민들도 예술작품을 만드는 데 직접 동참하는 문화민주주의가 지향된 것이 아닐까 한다. 과거의 아픔을 시민들과 함께 문화예술로 치유하고 있는 광주! 이곳이야말로 진정한 문화예술의 도시라 말할 수 있을 것이다.

03

독특한 맛의 에그타르트 도시, 홍콩과 마카오

중국의 새로운 여행특구, 홍콩과 마카오

반만년의 역사라 불리는 대한민국의 긴 세월 속에서, 가장 밀접한 관계를 맺어 온 나라를 꼽으라면 단연 중국을 빼놓을 수 없을 것이다. 고조선 때부터 시작된 우리나라와 중국의 관계는 현재까지도 이어져 정치·경제·문화 등 여러 방면으로 서로에게 막대한 영향을 미치고 있다. 이러한 사회적 유사성과 지리적 인접성 때문인지 중국은 우리나라 사람들에게 부담 없이 떠날 수 있는 해외 여행지로 인식된다.

중국의 대표적인 여행지라 하면 가장 먼저 떠오르는 곳은 아마 베이징(北京, Beijing)일 것이다. 자금성, 만리장성, 북경오리 등 다양한 볼거리와 먹을거리를 갖춘 베이징은 중국의 수도로서 그 역할을 톡톡히 해내고 있다. 하지만 최근에는 다양한 매체의 영향과 평균소득 증가 등의 이유로 베이징 외에도 중국 내 다양한 지역들이 새로운 해외 관광지로서 각광받고 있는데, 대표적인 곳이 바로 홍콩(香港, Hong Kong)과 마카오(澳门, Macau)이다(그림 3-1).

우리나라와 멀지 않으면서도 이국적인 경관을 볼 수 있는 홍콩과 마카오는 인천공항에서 비행기로 3시간 반 정도면 갈 수 있어 접근성이 매우 좋은 편이다. 또한 비교적 가격이 저렴한 페리를 통해 두 지역 사이를 자유롭게 이동할 수 있기 때문에 최근에 많은 관광객의 사랑을 받고 있다. 이 두 지역의 경관은 중국의 다른 지역과 비교해 보았을 때 여러 측면에서 차별성을 가지는데, 이는 역사에서 그 이유를 찾아볼 수 있다. 비슷하면서도 다른 홍콩과 마카오의 역사는 흥미롭게도 '에그타르트(Egg Tart)'와 매우 깊은 관련이 있다.

일반적으로 에그타르트란 파이(pie)에 계란 노른자와 생크림 등을 섞어 만든 커스터드 크

그림 3-1. 홍콩과 마카오의 위치

그림 3-2. 제로니모스 수도원(좌),
포르투갈식 전통 에그타르트(우)
출처: 제로니모스 수도원 홈페이지(좌)

림으로 속을 채운 것으로, 포르투갈의 제로니모스 수도원(Mosteiro Dos Jerónimos)●7에서 계란 흰자로 수녀복에 풀을 먹인 후 남은 노른자를 활용하기 위해 디저트를 만들었던 것에서 유래했다(세계 음식명 백과)(그림 3-2). 바삭바삭해 보이는 에그타르트를 한 입 베어 물면 부드러운 커스터드 크림이 입 안을 감싸며 순식간에 녹아내리는 황홀한 맛을 느낄 수 있다. 생각만으로도 기분이 좋아지는 달콤한 에그타르트는 두 지역의 역사와 어떠한 관련이 있는 것일까?

홍콩과 에그타르트

세계적으로 가장 중요한 금융과 무역항이 집중되어 있는 홍콩은 세계를 선도하는 핵심 도시 중 하나로서 1인당 GDP가 약 43,681달러로 우리나라(약 27,538달러)의 1.6배에 달하며(세계은행, 2016), 전 세계에서 4번째로 높은 인구밀도를 가진다(유엔, 2015). 세상에서 가장 높은 마천루로 다른 어디에서도 볼 수 없는 빼어난 야경을 자랑하는 홍콩은 많은 여행객들에게 사랑받는 관광지로서도 훌륭한 입지를 가지고 있다. 홍콩의 먹거리 역시 많은 사람들을 유혹하는 요소 중 하나인데, 그중 빼놓을 수 없는 것이 바로 '홍콩식 에그타르트'이다. 중국에서 즐기는 에그타르트라니, 쉽게 상상이 가지 않는 조합이다. 왜 하필 동양의 홍콩에서 서양식 에그타르트가 유명세를 타게 된 것일까?

그 이유를 찾기 위해서는 19세기로 거슬러 올라가야 한다. 19세기 청나라는 유럽인들에게 보물과 같은 가능성의 땅이었으며, 이에 영국을 중심으로 한 유럽 국가들은 청나라와의 무역 확대를 위해 많은 노력을 기울였다. 당시 영국은 청나라에 모직물과 면화 등을 수출하고 홍차, 비단, 도자기 등을 수입하였는데, 이러한 무역 구조는 영국에 엄청난 적자를 가져왔다. 영국의 공업품은 청나라의 엄청난 인구와 낮은 인건비 앞에서 경쟁력을 가지지 못했고, 청나라와의 유일한 무역 통로였던 광저우항을 통해 아열대 기후인 중국 남부를 중심으로 유통되었던 모직물들은 통풍이나 땀 흡수율이 좋지 못해 큰 인기를 얻지 못하였기 때문이다.

그 반면, 영국 내에서 청나라의 차(茶)는 큰 성공을 거두었다. 18세기에 영국에서 소비된 차의 양이 1000만 파운드를 초과했다는 통계가 있을 정도로 영국인들의 차 사랑은 대단하였다(안대회 외, 2014). 이 과정에서 영국으로부터 엄청난 양의 은이 청나라로 흘러들어가게 되었고, 영국은 큰 무역 손실을 입게 되었다.

이와 같은 비대칭적 무역 구조로 큰 적자를 보게 된 영국은 이를 상쇄하고 은의 대량 유출을 막기 위한 새로운 방안을 꾀하고자 하였다. 그로 인해 등장한 것이 바로 아편무역이었다. 영국은 당시 영국의 식민 지배를 받던 인도산 아편을 청나라에 몰래 유통하기 시작했다. 중독성이 매우 강한 아편은 오랜 기간 무역의 성공과 정치적 안정으로 인해 긴장이 풀어져 있던 청나라 내에서 빠른 속도로 퍼져 나갔고, 은의 유출로 인한 재정난, 농민생활의 곤궁, 사회 기강의 해이 등 국가 전반에 큰 악영향을 미쳤다. 이에 청나라는 아편의 수입을 전격 금지하고, 광저우에 특별 관리 임칙서를 파견하여 영국 상인들로부터 아편을 빼앗아 불태워 버렸다. 이를 빌미로 영국은 1840년 6월 청나라를 공격하는데, 이것이 바로 제1차 아편전쟁이다(김용구, 2006).

당시 청나라의 침체된 분위기와 지방 관리의 부패, 아직 미성숙한 중앙 정부 등의 영향으로 결국 제1차 아편전쟁에서 청나라는 영국군에게 대패하게 되고, 1842년 8월 청나라가 맺은 최초의 근대적 불평등조약인 난징조약●8을 체결한다. 이 조약으로 인해 영국은 5개의 청나라 항구에서 자유롭게 무역 활동을 할 수 있게 되었고, 홍콩섬의 지배권을 양도받는다. 청나라의 굴욕은 여기서 끝나지 않았다. 1856년 애로호 사건●9을 빌미로 일어난 제2차 아편전쟁에서 또다시 영국에게 크게 패한 청나라는 1860년 베이징조약을 체결함으로써 주룽반도(九龍半島)마저 영국에게 할양하게 된다. 이러한 불평등조약의 결과로 중국의 영토였던 홍콩섬과 주룽반도는 약 150년간 영국의 지배를 받다가, 1984년 홍콩반환협정을 통해 1997년 7월 1일 다시 중국에 반환된다(이승진, 2018).

길다면 길고 짧다면 짧은 150여 년간의 통치 기간 동안 영국의 지배는 홍콩 지역 전반에 큰 영향을 끼쳤다. 이 과정에서 홍콩은 동서양의 문화가 융합되어 다른 중국 지역과 뚜

그림 3-3. 홍콩식 에그타르트

렷하게 구분되는 경관을 가지게 되었는데, 이러한 융합으로 나타난 대표적인 결과물이 바로 홍콩식 에그타르트이다. 홍콩식 에그타르트는 우리가 일반적으로 알고 있는 얇고 바삭한 타르트와는 달리, 그릇 모양의 단단한 쿠키 안에 부드러운 계란 필링이 채워져 있는 형태를 가진다(그림 3-3). 바삭하면서 담백한 쿠키와 부드러운 필링이 완벽한 조화를 이루는 홍콩식 에그타르트는 1920년 중국 최대의 무역항이었던 광저우의 한 백화점에서 소개된 영국식 커스터드 타르트를 홍콩문화에 맞게 변형한 것으로, 1940년 홍콩의 차찬텡(茶餐廳, 차와 음식을 곁들여 먹을 수 있는 홍콩의 전통 식당)에서 처음으로 개발되었다고 전해진다. 이러한 홍콩식 에그타르트는 그 맛과 풍미가 매우 뛰어나서, 영국의 마지막 총독이었던 크리스 패튼(Chris Patten) 경이 귀국 후에도 홍콩식 에그타르트의 맛을 잊지 못하여 국제 특송으로 주문해 먹었다는 일화도 존재한다.

이렇듯 큰 의미 없어 보이는 에그타르트 하나에도 홍콩의 오랜 역사와 아픔, 그리고 전통이 모두 담겨 있다. 언젠가 홍콩에 가게 된다면, 아름다운 야경을 바라보며 달콤한 홍콩식 에그타르트 한 입과 함께 홍콩의 지난 역사를 되새겨 보는 것도 좋은 경험이 될 것이다.

마카오와 에그타르트

홍콩과 함께 중국의 특별행정구 중 하나인 마카오는 30.5㎢ 정도의 작은 면적을 가졌지만, 카지노를 중심으로 한 관광업의 활성화로 1인당 GDP가 약 73,186달러에 달하는 곳이며, 세계 최고 수준의 인구밀도를 자랑하는 지역이다(세계은행, 2016). '동양의 라스베이거스', 혹은 '동양의 모나코'로 불리며 많은 관광객들의 사랑을 받고 있는 마카오는 홍콩에서 페리로 약 1시간 정도면 도달할 수 있는 가까운 거리에 위치하고 있다. 이러한 지리적 인접성 때문인지 문화적인 측면에서 홍콩과 많은 유사점을 가진다. 흥미롭게도 마카오를 대표하는 명물 역시 에그타르트인데, 그 형태나 기원이 홍콩과는 조금 다르다.

마카오식 에그타르트의 기원은 16세기 초로 거슬러 올라간다. 당시 포르투갈의 상인들은 중국 대륙과의 활발한 무역 활동을 위한 지리적 거점으로서 완벽한 위치에 있는 마카오를 호시탐탐 노리고 있었다. 기회를 엿보던 포르투갈인들은 1553년 물에 젖은 화물을 말린다는 구실을 내세워 처음 마카오에 발을 들였고, 1557년 부패한 중국의 관리자들에게 뇌물을 주고 마카오의 거주권을 획득하였다. 그 후 포르투갈은 매년 뇌물을 바치는 것을 조건으로 중국과의 무역권을 획득함과 동시에 마카오의 실질적인 사용권을 인정받았고, 이를 통해 본격적인 식민 활동을 시작하였다.

마카오는 포르투갈의 아시아 진출을 위한 거점으로서, 또한 19세기 영국이 홍콩의 식민 지배를 시작하기 전까지 중국과 서양의 유일한 교류 기지로서 중추적인 역할을 하였다. 그리스도교, 천문학, 기하학 등 서양의 다양한 문물과 지식이 마카오를 거쳐 동양으로 전달되었고, 이 과정에서 마카오는 금·은·도자기·아편 등의 중개무역과 기독교 포교의 기지로 크게 번영하였다. 성 바울 성당(Ruins of St. Paul's)과 같이 아직까지도 건재하게 남아 있는 고건축 양식의 성당들은 이러한 역사적 사실을 뒷받침한다. 그러나 19세기에 난징조약이 체결되며 유럽과 중국 대륙 사이에 직접적인 교역이 시작되자 마카오는 점차 쇠퇴하였고, 이후 1986년 마카오반환협정에 의해 1999년 비로소 중국의 영토로 다시 반환되었다. 현재 마카오는 다른 중국 지역에서 쉽게 찾아볼 수 없는 건축 양식과 이국적인 분위기, 세계 최대 수준의 카지노 등을 활용한 관광산업으로 제2의 전성기를 맞고 있다.

약 450년이라는 긴 세월 동안 포르투갈의 지배를 받은 마카오의 도시 곳곳에서는 아직도 그 당시 식민 지배의 잔해를 쉽게 찾아볼 수 있다. 도시 내 표지판 및 간판에는 포르투갈어와 중국어가 병기되어 있는 경우가 많다. 또한, 수백 년 전부터 포르투갈인들이 지어 온 남부 유럽풍 건축 양식을 가진 건축물들이 존재하여 다른 중국 지역에서는 볼 수 없는 매우 이국적이면서도 독특한 분위기를 풍기고 있다.

마카오의 명물로 꼽히는 마카오식 에그타르트 역시 이러한 식민 지배의 역사를 그대로 담고 있다. 홍콩식 에그타르트가 영국의 영향을 받아 부드러운 쿠키 형태를 가지고 있는 것과는 다르게, 마카오식 에그타르트는 포르투갈의 영향을 직접적으로 받았다. 마카오식 에그타르트는 여러 겹으로 이루어진 바삭바삭한 페이스트리(Pastry)식 타르트지를 사용하여 전통 에그타르트의 형태를 비교적 그대로 따르고 있다(그림 3-4). 다만 중국인의 입맛에 맞게 단맛을 조금 줄이고 바삭바삭한 식감을 살린 마카오만의 에그타르트로 많은 관광객들의 사랑을 받고 있다. 포르투갈의 원조 에그타르트는 바삭바삭한 페이스트리 도우에 부드러운 필링을 채워 넣어 보다 기름지고 달콤한 맛을 가지는데, 마카오는 이러한 포르투갈식 에그타르트의 기본 형태와 중국의 요리문화를 융합하여 독특한 마카오식 에그타르트를 만들어 내었다.

그림 3-4. 마카오식 에그타르트

식문화로서 홍콩과 마카오의 에그타르트가 갖는 소박한 꿈

한 지역을 대표하는 음식은 단순히 맛을 추구하는 것뿐 아니라, 그 지역의 오랜 전통과 역사, 선조들의 지혜를 모두 반영하는 문화유산의 집합체이다. 그러한 측면에서 보았을 때, 홍콩과 마카오의 에그타르트는 두 지역을 대표하는 소중한 식문화라고 할 수 있다. 비슷하면서도 다른 홍콩과 마카오, 이들 두 지역은 모두 식민 지배의 아픔을 가지고 있는 지역이며 동양과 서양문화의 융합이 이루어진 곳이라는 점에서 공통점을 갖는다. 이러한 공통점과 두 지역의 지리적·역사적 차이가 만나 독특한 에그타르트를 만들어 낸 점이 상당히 흥미롭지 않은가! 홍콩의 빅토리아 피크(Victoria Peak)에서 아름다운 마천루의 야경을 보며, 혹은 마카오의 성 바울 성당 앞에서 이국적인 경치를 즐기며 먹는 에그타르트는 이곳의 여행을 한층 더 의미 있는 경험으로 만들어 줄 것이다(그림 3-5). 홍콩과 마카오를 방문하게 될 독자들이 두 지역의 에그타르트를 통해, 단순히 맛뿐 아니라 역사를 포함한 더 많은 것을 느낄 수 있었으면 좋겠다.

그림 3-5. 홍콩의 빅토리아 피크(좌), 마카오의 성 바울 성당(우)

04

눈과 맥주의 도시, 일본 삿포로

역사로 살펴본 삿포로의 이미지

'삿포로(札幌)'라는 지역을 들으면 어떤 것이 가장 먼저 떠오를까? 필자의 경우는 노란색 별이 그려진 삿포로맥주와 거대한 눈 조각들이 진열된 축제가 연상된다. 아마 많은 이들이 삿포로를 이렇게 떠올리지 않을까 한다. 삿포로는 사계절 내내 축제로 볼거리가 가득한 곳이다. 대표적으로 겨울에는 세계 3대 축제 중 하나인 '삿포로 눈축제'가 열리고, 여름에는 세계 3대 맥주축제인 '복지협찬 삿포로 오도리 비어가든'이 열린다. 삿포로는 왜 '눈'과 '맥주'라는 도시 이미지를 갖게 되었을까? 삿포로의 역사 속에서 해답을 찾아보자.

삿포로는 일본 홋카이도(北海道)의 정치·행정·경제·문화·교통의 중심지이다. 또한 도쿄(東京), 오사카(大阪), 나고야(名古屋), 후쿠오카(福岡) 다음으로 인구가 많은 대도시이기도 하다. 해안가에 위치한 이들 도시와는 달리 삿포로는 내륙에 위치하고 있다. 그 이유는 다른 대도시들은 과거부터 항구를 통해 물자 교류를 활발히 하면서 역사적으로 성장하였지만, 삿포로는 일본 정부가 19세기 말에 계획적으로 형성한 도시이기 때문이다.

과거 홋카이도, 사할린, 쿠릴 열도 등의 북방 지역에는 '아이누(Ainu)'라는 소수민족이 살고 있었다. 도쿄, 오사카 등이 속한 혼슈(本州)에 살던 일본인들(和人)은 아이누족을 에조(蝦夷)라고 부르고, 그들이 사는 지역을 에조치(蝦夷地), 에조가시마(蝦夷が島) 등으로 불렀다. 아이누족은 홋카이도 남쪽에 위치한 하코다테(函館)에서 일본과 주로 교류하였다. 메이지유신(明治維新)●10 전까지만 해도 일본 정부는 홋카이도에 관심이 크지 않았다. 그러나 1869년에 메이지 정부는 에조치를 홋카이도로 바꾸고 개척사(開拓使, 홋카이도 개척을 위한 일종의 일본 관청)를 설치하여 일본인들을 이주시키기 시작했다. 정부는 삿포로 근교인 오타루(小樽)에 임시로 개척사 사무소를 개설해 삿포로에 교토(京都)의 격자 모양을 따라 한 시가지를 설계하였고, 1871년에 삿포로로 개척사 사무소를 옮겼다. 이렇게 삿포로에 도시가 세워지면서, 그 이전에는 아이누족과 일본인들이 무역하기 용이한 위치에 있던 하코다테가 홋카이도의 중심지 역할을 했으나 일본의 북방개척 이후에는 삿포로가 홋카이도의 거점이 되었다.

왜 메이지 정부는 기존의 중심지였던 하코다테가 아니라 삿포로를 거점으로 삼았을까? 그 이유로 전략적 위치, 지형 등을 들 수 있다. 먼저 '전략적 위치'를 살펴보자. 삿포로는 홋카이도의 중심부에 위치해 있다(그림 4-1의 좌). 그 당시 러시아의 남하정책에 반발하여 메이지 정부는 홋카이도를 러시아와의 경계로 삼기로 하였는데, 홋카이도를 더욱 효과적으로 통치하기 위해서 개척의 중심이 남쪽으로 치우친 하코다테가 아닌, 홋카이도 중앙 부근인 삿포로로 개척사를 옮길 필요가 있었다. 이것이 개척사가 설립된 이유이자, 삿포로를 거점으로 삼은 첫 번째 이유이다.

둘째, '지형'을 보았을 때, 삿포로는 도요히라강(豊平川)이 형성된 이시카리 평야(石狩平野)에 접하는 선상지(扇狀地, 곡구에서 형성된 부채꼴 모양의 퇴적지형)이다(그림 4-1의 우). 삿포로라는 단어는 아이누족의 언어로 '거칠고 황량한 대지'를 의미한다. 실제로 지형도를 보면, 삿포로 주변에 넓은 평야(이시카리 평야)가 펼쳐져 있다. 즉 하코다테는 산으로 둘러싸여 있어 도시를 확장하기 어려웠지만, 삿포로는 배후지가 평야여서 도시를 격자형으로 개발하기가 편했다는 의미이다. 또한 그 당시에는 도로, 철도 등 내륙교통이 발달되지 않아 하천교통에 많이 의존할 수밖에 없었는데, 삿포로는 근교의 이시카리강을 이용하여 오타루의 항구를 통해 내륙과의 연결이 용이하다는 장점이 있었다(김일림, 2005). 이처럼 삿포로는 전략적 위치, 지형 등의 지리적인 이유로 홋카이도 근대 역사의 중심지가 될 수 있었다.

한편, 개척사는 삿포로 중심에 길이 1.5km, 폭 60~105m의 오도리(大通)공원을 만들어서, 이 공원과 소세이가와 하천(創成川, 이시카리강의 지류)을 중심으로 한 시가지를 구성하였다. 북서쪽은 삿포로 본청사가 있는 관청가, 북동쪽은 삿포로맥주 공장 등이 위치한 공장지구, 남쪽은 상업지구 및 주택지구로 설정하였다. 그리고 1972년 동계올림픽을 준비하면서 도심에 새로운 고층 빌딩과 랜드마크를 건설하고, 도로를 정비하며, 지하쇼핑센터와 지하철을 개통하는 등의 과정을 거쳐 삿포로는 오늘날의 모습을 갖추게 되었다. 동계올림픽 이후에는 제1차 석유 파동으로 인해, 석탄·철강·조선 등 중화학공업을 주요 산업으로 했던 홋카이도경제가 휘청거렸다. 그리고 농지축소정책 및 배타적 경제수역 지정, 농림수산업 부진 등으로 농어촌 주민들이 일자리를 구하기 위해 삿포로로 모여들면서, 삿포로시(市)의 영역은 점차 확대되었다. 하지만 삿포로는 홋카이도경제에서 제조업의 비중이 크지 않고, 지방 기업보다 본토의 대기업이 홋카이도 지점으로 출장을 오

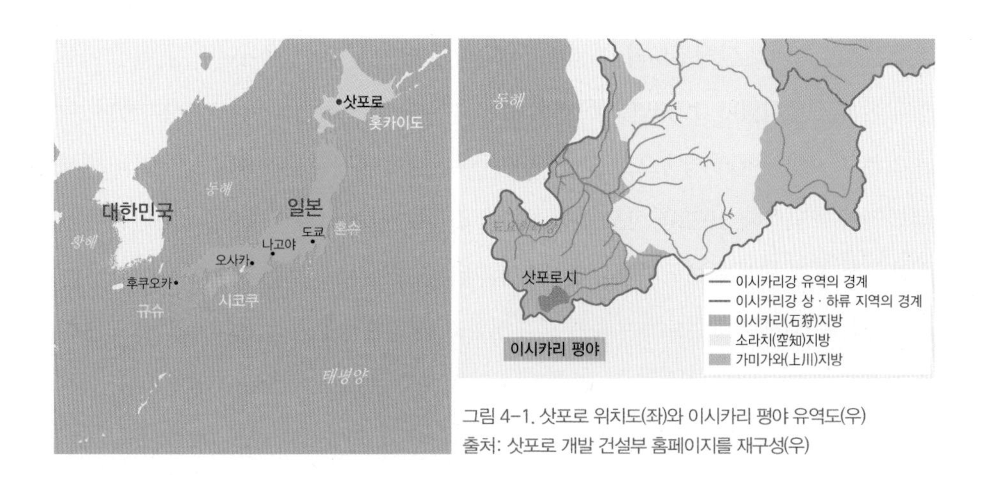

그림 4-1. 삿포로 위치도(좌)와 이시카리 평야 유역도(우)
출처: 삿포로 개발 건설부 홈페이지를 재구성(우)

는 지점경제 형태였기에, 관공서가 중심인 대형 공공사업이 큰 비중을 차지할 수밖에 없었다(김은혜, 2018). 따라서 삿포로는 지속적인 성장을 위한 새로운 산업이 필요했고, 이를 위해 선택한 것이 바로 관광산업이었다.

'눈의 도시'를 향한 발걸음, 삿포로 눈축제

일본의 대설 지역으로 유명한 삿포로는 동경 141°, 북위 43°에 위치하는데, 서울(북위 37°)보다 높은 위도에 있고 바다로 둘러싸여 있는 섬이기에 춥고 습한 기후가 나타난다. 홋카이도는 평지에서는 1~2m, 산악지대에서는 3m 정도의 눈이 쌓이는데, 삿포로의 경우 겨울 적설량이 총 5m이다. 이러한 이유로 삿포로 주민들에게 겨울은 춥고, 눈이 많아 밖에 나가기 싫은 계절이었다. 하지만 삿포로시는 이를 역으로 이용하여 추운 겨울에 축제를 열기로 하였다. 당시 삿포로 관광협회 사무국장이 오타루 시내의 한 초등학교에서 눈 조각 전시회를 본 후 이를 차용한 것이었다. 이에 1950년 2월 18일, 처음으로 눈축제가 개최되었다. 시민과 상인 그리고 시청 직원들은 각자 겨울을 즐겁게 보내기 위해, 불경기의 상점을 살리기 위해, 그리고 새로운 도시 관광자원을 만들기 위해 열심히 이 축제에 참여하였다.

첫 회에는 삿포로의 중고생들이 조각한 6개의 눈 조각을 오도리공원에 설치하였다. 눈 조각전뿐만 아니라 단체무도회, 개썰매 경주, 야외 영화 상영, 스퀘어댄스 등 여러 이벤트가 함께 진행되었다. 1953년부터 15m 높이의 대형 눈 조각이 나타나기 시작했다. 이는 일본 각지의 신문과 방송으로 송출되면서 일본 내에서 삿포로의 대표적인 겨울 행사로 알려지게 되었다. 1972년 삿포로 동계올림픽 때에는 『걸리버 여행기』의 거인상이 매스컴을 통해 전 세계로 보도되면서 전 세계인의 눈길마저 사로잡았다.

초기의 눈축제는 관이 주도하여 축제를 진행하고, 관광객들은 주로 눈 조각상을 구경하는 형태였다. 그러나 이런 단순한 관람 위주의 프로그램 진행에 관심이 떨어지자, 점차 시민, 관광객 등이 참여할 수 있는 프로그램으로 바뀌게 되었다(박진천, 2009). 학교, 지역

주민이 축제를 준비할 수 있도록 발전위원회를 설치하였고, 미끄럼틀과 자유로운 눈 조각 제작 등의 체험형 프로그램을 진행하였다. 1974년에는 국제 눈 조각 콩쿠르를 열고 중국 선양, 캐나다 앨버타, 독일 뮌헨, 호주 시드니 등 외국의 대표적인 건축물을 눈으로 조각하며 활발한 국제 교류를 벌였다. 그리고 2009년에는 숭례문, 2010년에는 백제 왕궁과 백제금동대향로, 2011년에는 대전광역시 시가지 등을 전시해 우리나라와도 교류를 다졌다(그림 4-2). 그 외에도 그해에 유명세를 탔던 영화의 한 장면이나 당해에 발생한 사건 등을 조각으로 만들기도 하는데, 2017년 축제에서는 영화 〈스타워즈: 라스트 제다이(Star Wars: The Last Jedi)〉(2017)의 눈 조각상이 전시되기도 하였다.

삿포로는 눈축제를 통해 세 가지 이득을 얻었다. 먼저, 경제적 측면에서 비성수기인 겨울에 관광객을 유치하여 지역의 경제 활성화에 기여하였다. 그 예로, 2014년 65회 눈축제에서 최종 수요액은 329억 엔(약 3,300억 원)에 달했다. 또한 눈 운반을 위한 지역 주민 아르바이트, 숙박시설 고용 등을 포함한 간접적인 경제 파급효과도 약 419억 엔(약 4,200억 원)으로 추정되고 있다. 이뿐만 아니라 매년 200만 명 이상의 관광객들이 눈축제를 보러 삿포로를 방문하고 있다(삿포로 눈축제 공식 사이트).

두 번째로 삿포로 눈축제는 민관협력을 돈독히 하는 역할을 하였다. 눈축제를 기획하기

그림 4-2. 삿포로 눈축제의 숭례문 눈 조각(좌)과 대전광역시 시가지 얼음 조각(우)
출처: 주일본 대한민국 대사관(좌), 대전광역시청(우)

위해 삿포로시, 삿포로 관광협회, 삿포로 교육위원회, 삿포로 상공회의소 등 100개 사회단체의 회장들이 모여 '삿포로 눈축제 실행위원회'를 만들었다. 이 위원회는 매해 눈축제의 전체 주제를 정하고, 프로그램 기획 및 운영을 하고 있다. 또한 홋카이도 관광연맹, 홋카이도신문사, 마이니치신문 홋카이도지부 등 지역 기업들이 축제를 후원하고 있다. 여기에 관공서는 교통, 편의시설 안내, 관광안내도 등을 제공하고, 자위대와 협력하여 눈 수송 및 제설작업을 벌이며, 대설상(大雪像)을 제작한다. 이뿐만 아니라 홋카이도신문, NHK 삿포로방송 등 20개의 매스컴은 각각 축제 권역을 담당하여 주제와 관련된 눈 조각상을 설치하고 독자적으로 운영하면서, 기업에게 브랜드 마케팅을 펼칠 장소를 제공하고 그 대가로 5천만 엔 정도의 스폰서십(sponsorship)을 받고 있다(더페스티벌). 시민들 역시 눈·얼음 조각의 제작과 관광 안내, 외국어 통역, 안전 관리 등 자원봉사에 참여하고 있다. 이렇듯 축제를 준비하면서 시민 간의 화합과 지역의 공동체의식을 높이고 있다.

마지막으로 삿포로는 '눈의 도시'라는 이미지를 얻었다. 태국, 싱가포르 등 눈을 보기 어려운 동남아시아 관광객들은 눈을 보기 위해 삿포로를 방문하고 있다. 실제로 매년 동남아시아 관광객들이 증가하고 있고, 신치토세 공항(新千歳空港, 삿포로 공항)에는 태국 방콕, 말레이시아 쿠알라룸푸르, 싱가포르 등 동남아시아 항공 노선이 유치되어 있다(삿포로시 통계자료). 국제적으로 삿포로가 눈축제로 눈의 도시라는 명성을 떨치는 것 외에도, 이러한 이미지는 도시 내에서도 잘 활용되고 있다. 덕분에 눈이 내리지 않는 여름의 삿포로조차 눈의 도시라는 생각이 들게 한다. 그 예로, 공항 면세점에서는 '스노우 브라우니 케이크'를 한정 판매한다는 점, 일본에서 유명한 게임 캐릭터인 '하츠네 미쿠(Hatsune Miku)'를 '유키미쿠(Yuki Miku)'라는 캐릭터로 변형시켜 삿포로 눈축제를 기념하고 있다는 점 등이 이를 반영한다. 이뿐만 아니라 아이스크림 가게조차도 '눈의 도시' 이미지를 활용하는 모습을 볼 수 있다(그림 4-3).

결과적으로 삿포로는 혹독한 겨울을 긍정적인 이미지로 바꾸는 데 성공하였고, 그로 인

그림 4-3. 스노우 브라우니 케이크(좌), 유키미쿠(중), 아이스크림 가게의 눈의 도시 이미지(우)
출처: 유키미쿠 2018 공식 홈페이지(중)

해 관광 비성수기였던 겨울에도 많은 관광객이 찾아오게 되었다. 무엇보다 사람들에게 삿포로의 매력을 느끼게 한 계기는 '눈축제'였다. 눈축제는 삿포로의 지리적 특성을 이용하여 개최되었고, 도시의 구성원들이 축제를 기획하고 참여하면서 삿포로라는 장소를 눈의 도시로 만들었다. 이는 장소만들기(place making)의 성공 사례로 볼 수 있다. 한편 눈의 도시가 된 삿포로는 1972년 동계올림픽을 통해 전 세계에 알려질 수 있었다. 즉 이를 장소브랜딩(place branding)[11]이 잘 활용된 경우로 볼 수 있을 것이다. 이처럼 장소만들기와 장소브랜딩이 합쳐지면서 삿포로는 그들만의 자산을 가지게 되었고, 이를 활용한 장소마케팅(place marketing) 전략이 활발히 전개된 지역으로 남을 수 있었다(이병민·남기범, 2016).

'맥주의 도시'로 거듭나다, 삿포로맥주와 맥주축제

우리나라 사람들은 매미소리를 듣고 여름이 무르익었다고 생각한다. 그런 의미에서 한 여름의 맥주축제는 삿포로 시민들에게 매미소리와도 비슷하다. 이들에게 맥주는 떼려야 뗄 수 없는 기호식품인데, 삿포로의 맥주가 삿포로 근대 역사와 함께하였기 때문이다. 일본 메이지 정부는 홋카이도를 개척하면서, 다양한 산업을 계획하였다. 그중에서 보리와 홉을 재배하는 맥주산업은 홋카이도의 농업을 진흥시키려는 목적에서 시작되었다. 그리고 이것은 당시의 여러 산업 중에서 유일하게 현재까지 남아 있는 산업이다.

1872년, 개척사의 초빙 외국인인 토마스 안티셀(Tomas Anticel)과 호러스 케프론(Horace Capron) 등이 홋카이도의 자연환경을 조사한 후 맥주산업을 할 것을 제언하였다. 홋카이도가 맥주의 원료인 홉과 보리를 재배하는 데 적합한 풍토를 지니고 있었기 때문이다. 또 맥주의 맛이 변하지 않도록 온도 조절을 하기 위한 냉각용 빙설이 필요했는데, 홋카이도는 얼음 확보에 용이한 지역이었다. 특히 선상지에 위치한 삿포로는 지하수와 복류수(伏流水) 등이 흐르기에 유량이 풍부하고 물맛이 좋다는 점에서 술의 주원료인 물을 손쉽게 확보할 수 있었다(삿포로 관광협회 사이트). 그래서 개척사는 이를 받아들여 맥주 양조장을 1876년 삿포로에 세웠으며, 그 다음 해에 이곳에서 생산된 맥주는 일본에서 첫 생산된 맥주라는 명성을 안은 채 도쿄로 수송되기 시작했다.

1900년대에 들어서면서 일본의 맥주산업은 해외시장을 주목하기 시작하였다. 이후 제1차 세계대전 때는 유럽 맥주가 아시아로의 수출이 금지되면서, 개척사의 상징인 '붉은 별'을 단 삿포로맥주가 아시아를 비롯한 세계 맥주시장에서 영향력을 확대해 나갔다. 1937년부터는 제2차 세계대전에 일본이 본격적으로 참여하면서, 맥주회사의 브랜드 라벨이 폐지되었다. 그러나 삿포로맥주를 찾는 애호가들이 끊임없이 이어지자 1956년 삿포로맥주는 홋카이도에서 부활하게 되었다. 결국, 개척사의 별을 브랜드로 한 삿포로맥주는 홋카이도 근대산업의 상징물이 되었다. 삿포로 시내를 돌아다니면서 마주하게 되는 시계탑, 구 홋카이도 도청 등에 새겨진 붉은 별은 자연스레 삿포로맥주를 연상시킨다(그림 4-4).

이러한 역사를 발판으로 삿포로시는 맥주산업을 관광자원으로 활용하여 '맥주의 도시'라는 이미지를 만들었다. 먼저, 삿포로 교외에 있는 '삿포로맥주 박물관'으로 가 보자. 이곳은 일본에서 국가의 승인을 받은 유일한 맥주 박물관이다. 과거에는 삿포로맥주의 생산 공장이었으나 현재는 근대화유산으로서 문화예술의 공간으로 재탄생되었다(진종헌, 2012). 많은 관광객은 이곳을 찾아 맥주와 삿포로 역사와의 깊은 연관성을 배우고, 맥주

그림 4-4. 구 홋카이도 도청(좌), 삿포로맥주(우)

그림 4-5. 삿포로맥주 박물관(좌), 아리오(Ario) 종합쇼핑몰(우)

를 시음하면서 삿포로가 맥주의 도시임을 상기한다. 이곳 근처에는 대형쇼핑몰(아리오 종합쇼핑몰)이 있어서 맥주를 그다지 좋아하지 않는 사람들도 함께 올 수 있도록 교외 지역의 경제 활성화에 기여하고 있다(그림 4-5). 이처럼 삿포로는 '산업유산의 상품화'를 활발히 하여 지역의 이미지를 굳건히 하고 있다.

여름에는 삿포로 시내의 오도리공원에서 맥주축제가 개최된다. 정확한 명칭은 '복지협찬 삿포로 오도리 비어가든'이다. 삿포로 맥주축제는 삿포로 여름축제의 일환으로, 매년 여름에 약 100만 명 정도의 시민과 관광객이 참여하는 큰 규모의 축제이다(삿포로 관광협회 사이트). 삿포로 맥주축제는 복지단체의 운영 자금을 높이기 위해 복지 관계자가 맥주 제조업체의 협력을 받아서, 1959년 6회 여름축제에 처음으로 운영되었다. 이렇게 삿포로에서 맥주축제가 개최되고 오랫동안 지속될 수 있었던 이유는 질 좋은 맥주를 생산하는 데 유리한 자연환경과 더불어 1876년 일본 최초의 맥주를 생산했다는 역사성을 지녔기 때문이다. 실제로 맥주축제를 가 보면, 축제 참가자들은 일본의 4대 맥주회사가 삿포로 인근 지역에서 막 생산한 싱싱한 맥주를 마셔 볼 수 있다.

한편 맥주축제에 참여하는 기업, 관공서, 시민 및 관광객들은 축제를 통해 다양한 이득을 얻는다. 첫째로, 맥주축제를 시작한 취지대로 축제에 참여하는 맥주 기업들은 매출 일부를 복지단체나 장애인단체에 기부하고 있다. 맥주 기업들은 이러한 사회공헌을 통해 긍정적인 기업 이미지를 형성함으로써 기존 고객들의 충성도를 높이는 동시에 신규 고객을 유치하는 데 유리해질 수 있다. 또한, 축제 참가자들로 하여금 일본 맥주를 기업별로 맛보고 비교하게 함으로써 기업의 새로운 고객으로 데려올 수 있다. 더군다나 축제는 제품을 고객에게 직접 소개하고, 축제를 취재하러 온 매스컴들을 통해서 홍보할 수 있는 기회가 된다.

둘째로, 삿포로시는 축제를 통해 지역의 연계발전을 이루고 있다. 맥주축제의 운영시간은 오후 9시까지로 상대적으로 다른 축제에 비해 일찍 끝나는 편이다. 그렇기에 맥주축제 참가자들은 1차를 오도리공원 맥주축제에서 즐기고, 2차는 그 주변 음식점으로 가거나, 숙소로 돌아가기 위해 택시 및 대중교통을 이용하게 된다. 이로써 연계산업으로의 파급효과를 높일 수 있다. 또한 주변 호텔과 연계하여 맥주축제의 예약석을 호텔 이용객에게 제공한다. 이렇듯 관광객이 삿포로에 머물게 하는 전략을 통하여, 주변 지역의 경제 활성화까지 도모하고 있는 것이다.

마지막으로 삿포로 맥주축제를 통해 이곳 시민과 관광객들은 시원한 바람을 맞으며 오도리공원에서 맥주를 마시는 즐거움과 추억을 얻을 수 있다. 필자는 삿포로 맥주축제에서 유모차를 끌고 온 여성분이 맥주 한잔을 하거나 퇴근한 회사원들이 축제를 즐기러 오는 모습을 보았다. 이처럼 이곳 시민들에게 있어서 맥주축제는 매년 여름마다 오도리공원에서 함께한 일상이 되고 있는 것이다(그림 4-6). 또한 맥주축제에서 삿포로 시민들과 한 공간에 있던 관광객들은 여행이 끝난 후에도, 즉 일상으로 돌아온 후에도 맥주를 마

그림 4-6. 삿포로 맥주축제의 모습

시며 삿포로에서의 즐거웠던 추억들을 회상할 수 있다.

저성장시대의 도시발전 전략

삿포로는 '눈의 도시'에 이어 '맥주의 도시'라는 이미지를 구축하고 있다. 눈이라는 계절적 특성, 지역의 산업유산을 상징하는 건축물, 지역의 역사가 담긴 맥주 브랜드 그리고 축제는 지역경제를 살리는 데 사용될 뿐 아니라 지역의 긍정적 이미지를 사람들에게 심어 주는 데 기여한다. 삿포로는 눈축제 브랜드효과와 함께, 맥주산업에 대한 지역의 역사성과 이에 관련한 근대 건축물의 기능적 재생산, 풍부한 자연환경의 보존과 활용을 기반으로 도시에 대한 브랜드를 구축하고 확장하여 세계적인 관광지로 성장하였다(이병민, 2017). 우리는 이러한 삿포로를 보면서, 제조업과 같은 산업 기반이 약한 도시는 지역성을 기반으로 하는 문화유산과 이를 이용한 축제로 발전할 수 있다는 것을 알 수 있다. 우리나라 도시들이 낮은 경제성장률을 기록하고 있는 상황에서 삿포로의 발전 전략은 참고할 만하다고 생각되지 않는가?

05

중세 성곽도시로서의 동화와 낭만, 독일 로텐부르크

축제극 마이스터트룽크(Meistertrunk)

1826년 여름, 이탈리아에서 독일로 돌아가던 중 우연히 로텐부르크(Rothenburg)●12를 방문하게 된 화가 아드리안 루트비히 리히터(Adrian Ludwig Richter)는 저녁 무렵 인적이 드문 좁은 골목길을 지나다가 어느 낡은 여관집 식당에 들어갔다. 그리고 그곳에서 뒤러(Albrecht Dürer)의 그림에서나 나올 법한 주석(朱錫)술잔을 기울이고 있는 사람들을 보았다. 그때 그는 자신이 갑자기 중세로 간 것 같은 환상적인 느낌이었다고 말한 바 있다(Stabenow, 1987; Johanek, 1992).

그가 표현한 것처럼 로텐부르크는 로맨틱 가도(Romantic Road)를 대표하는 관광지로 '중세의 보석'이라는 수식어가 따라붙는 곳이다. 로맨틱 가도는 독일 중남부의 뷔르츠부르크(Würzburg)에서 남쪽으로 오스트리아와의 국경에 가까운 퓌센(Füssen)까지 약 300km에 이르는 도로의 호칭으로, 독일어로는 로만티셰 슈트라세(Romantische Straße)로 불린다(그림 5-1). 로맨틱 가도는 1950년 남부 독일의 몇몇 지방자치단체들이 전후 독일의 관광업을 활성화하려는 취지에서 뷔르츠부르크와 퓌센 사이에 위치한 명소들을 연결하는

그림 5-1. 로맨틱 가도

관광버스 서비스를 제공하기로 합의하면서 형성되었다. 가도의 이름에서 드러나는 것처럼 낭만적인 독일의 이미지를 대표하고 있는데, 그중에서도 로텐부르크는 일종의 랜드마크 역할을 한다.

로텐부르크는 현재에도 관광버스를 이용하거나 철도를 이용하여 몇 번을 갈아타야만 도착할 수 있는 외진 곳에 위치해 있어 인구수 역시 1만 명을 약간 상회하는 곳이다. 그럼에도 불구하고, 매년 100만 명이 넘는 수많은 국내외 관광객이 찾아오고 있다(한국어문기자협회, 2009). 그렇다면 교통의 요지도 아닌 이곳에 이처럼 많은 관광객이 찾아오는 이유는 무엇일까?

흥미로운 것은 로텐부르크가 처음부터 이렇게 유명한 대중 관광지는 아니었다는 점이다. 여행이 점차 근대적인 관광의 형태로 바뀌기 시작했던 19세기 전반기에 낭만주의를 사조로 삼았던 몇몇 지식인과 예술가들이 타우버강 계곡과 조화를 이룬 성곽도시 로텐부르크의 고풍스러운 아름다움을 칭송한 바 있으나 이는 극히 소수였다(황대현, 2016). 즉 로텐부르크는 1802년 바이에른(Bayern)에 통합된 이래로 신생 왕국의 서쪽 변경에 위치한 작은 시골도시에 불과했던 것이다. 그랬던 로텐부르크가 유명 관광지로 떠오르게 된 이유는 무엇일까? 그것은 바로 1881년 처음 거행된 이후 연례 행사로 지금까지 계속 이어져 오는 역사축제 '마이스터트룽크(Meistertrunk)' 때문이다(그림 5-2).

번역하면 '호주가(好酒家)'라는 뜻을 지니고 있는 마이스터트룽크는 30년전쟁이 한창이던 1631년 틸리(Johan 't Serclaes van Tilly) 장군이 이끄는 가톨릭군에게 점령되었던 개신교 도시 로텐부르크가 전직 시장 게오르크 누쉬(Georg Nusch)의 목숨을 건 용감한 행동으로 인해 극적으로 파괴를 모면하게 되었다는 일화(로텐부르크시 당국이 마련한 환영 주연에서 마신 포도주로 기분이 누그러진 틸리가 3.25리터에 달하는 큰 술잔에 가득 담긴 포도주를 쉬지 않고 단숨에 마시는 사람이 있다면 자비를 베풀겠다고 제안했고, 누쉬가 이 '위대한 들이킴'을 감행함으로써 도시를 구했다는 이야기)를 토대로 만들어진 축제극이다. 1881년 로텐부르크 시청사에서 초연한 마이스터트룽크는 전문 배우들이 아닌 시민들이 직접 배우로 출연하며 당시 독일인들에게 깊은 인상을 남겼고, 이는 당시 언론의 호평을 받으며 기대 이상의 대성공을 거두었다. 언론들이 공통적으로 꼽은 성공 요인은 축제의 무대 배경 역할을 하는 구시가지와 축제극에 활용된 소품 및 음향장치들이 그 어떤 전문극단도 연출할 수 없는 높은 수준의 '역사적 진정성'을 성취했다는 점이었다. 예를 들면, 축제극이 공연된 시청사는 연극에서 묘사한 1631년의 사건이 벌어졌던 바로 그 장소이고, 연극 중에 울려 퍼지는 종소리 역시 250년 전에 존재했던 성 야코프(St. Jakob) 교회의 종에서 나는 소리였다(그림 5-3). 이러한 모습은 독일인들의 민족주의적 정서를 자극하는 데에 큰 일조를 하였다.

특히 로텐부르크의 고풍스러운 도시 경관이야말로 로텐부르크가 19세기 초부터 '독일

그림 5-2. 마이스터트룽크
출처: 마이스터트룽크 홈페이지

그림 5-3. 마르크트 광장(Markt Platz)의 시청사(좌)와 시의원 회관의 시계탑(중·우). 청사 건물의 시계는 오전 11시부터 오후 5시까지 매시 정각에 창문이 열리면 인형이 나와 마이스터트룽크의 이야기를 재현한다.

그림 5-4. 중세 성곽도시로서의 경관을 지닌 로텐부르크. 성곽 지도(좌)와 성벽(우)

의 과거에서 온 보석(Kleinod aus deutscher Vergangenheit)'이라는 명성을 이어 갈 수 있게 한 주요 요인이다(Hofmann, 1868). 그런데 아이러니한 점이 하나 있다. 로텐부르크의 도시 경관은 그 어디보다도 중세의 원형을 잘 간직하고 있는 것처럼 보이지만(그림 5-4), 실상은 좀 다르다. 겉으로 보이는 이러한 중세풍의 낭만적인 이미지 이면에는 또 다른 역사적 진실이 자리하고 있다.

로텐부르크에서의 30년전쟁

'30년전쟁'은 역사축제 마이스터트룽크의 핵심 배경이 되기 때문에 언급할 필요가 있다. 30년전쟁은 1618~1648년 독일을 무대로 신교(프로테스탄트)와 구교(가톨릭) 간에 벌어진 종교전쟁을 말한다. 이 전쟁은 명목상의 기간으로 볼 때 십자군전쟁이나 100년전쟁, 그리고 80년전쟁이라고 불리는 네덜란드 독립전쟁보다도 짧은 기간이었다. 하지만 거의 쉬지 않고 전쟁이 치러졌으며 심지어 겨울에도 전투가 벌어졌다는 점, 그리고 동원된 병력과 화력의 규모를 따져 본다면 오히려 종전의 전쟁을 압도한다. 그런 의미에서 30년전쟁은 최후 최대의 종교전쟁이면서, 최초의 근대적 영토전쟁이기도 했다. 그러므로 서구세계가 중세에서 근대로 넘어가는 길목에, 이 치열하고 복잡한 전쟁사가 자리하는 것으로도 해석한다.

그렇다면 이 30년전쟁이 로텐부르크와 무슨 연관이 있는 걸까? 로텐부르크는 19세기 초 바이에른에 편입되기 전까지 프랑켄(Franken)●13 지역의 제국도시들 중에서 뉘른베르크(Nürnberg) 다음가는 위상을 차지하고 있었다. 즉 로텐부르크는 주변 배후 지역에 400㎢에 달하는 상당한 면적의 자체 직속령을 구축하고 있었던 독립적인 도시였다. 중세 시기 신성로마제국 황제들이 자주 방문했고 두 차례 제국의회가 열리기도 했던 이곳은 14세기에 정치·경제적 전성기를 맞이했지만 1544년 도시의 최고 시정 운영기관인 시참사회(市參事會)가 종교개혁을 수용하여 개신교 도시로 전환하면서 정치적 격변에 휘말리기 시작하였다. 특히 1609년 로텐부르크가 개신교 연합(Protestantische Union)에 가입하면서 본래 제국도시가 충성을 바쳐야 할 유일한 대상인 황제와의 관계가 미묘해졌다. 그리고 이것은 30년전쟁에서 로텐부르크가 겪게 될 운명을 예고하였다.

전쟁 초기만 하더라도 로텐부르크는 그리 심각한 피해를 겪지는 않았다. 개신교 연합에 가입했지만 도시민들은 황제군이나 가톨릭 동맹군과의 공공연한 대결은 피했기 때문이다. 하지만 1630년 스웨덴 국왕 구스타브 2세 아돌프(Gustav II. Adolf)가 수세에 몰린 개신교 진영을 돕기 위해 참전하였고, 1631년 그의 적수인 틸리 장군이 아돌프의 진영에 쳐들어왔다. 그 과정에서 로텐부르크는 스웨덴군과 함께 맞서 싸웠으나 결국 틸리 장군에게 항복하여 황제군이 입성하였다. 일반적으로 전쟁에서 패배하면 항전을 주도했던 책임자들을 처형하거나 도시를 파괴하는 등의 철저한 보복이 뒤따르지만 다행히도 로텐부르크는 (앞서 마이스터트룽크에서 언급했듯) 누쉬의 '위대한 들이킴'으로 인해 잔인한 전쟁 관례를 어느 정도는 피할 수 있었다. 하지만 로텐부르크는 전황이 바뀔 때마다 스웨덴군과 황제군에게 번갈아 가며 점령당하는 처지에서 벗어나지 못했고, 전쟁 말기에는 프랑스군과 바이에른군의 각축장으로 전락하였다. 이 같은 장기간의 전쟁, 그리고 여기에 더해 간헐적으로 되풀이된 페스트의 창궐로 인해 로텐부르크는 심각한 인구 감소와 경기 침체를 겪었고 이는 도시의 빈곤화로 이어졌다(Lang, 2001). 결국 사방에 넓은 배후지를 갖춘 자급자족적 도시였던 로텐부르크는 일개 작은 변경도시로 전락하고 말았다.

그런데 역설적으로 이와 같은 로텐부르크의 장기적 경기 침체와 도시 빈곤화 현상은 사회변화의 속도가 빨라진 19세기에 들어와서도 이곳이 고풍스러운 분위기를 계속 간직할 수 있도록 만드는 역할을 하였다(그림 5-5). 한편, 19세기 중반에도 일반 대중들에게 알려지지 않았던 로텐부르크는 아우크스부르크(Augsburg)의 일간지 〈알게마이네 차이퉁(Allgemeine Zeitung)〉에 화석화된 중세도시로서 '독일의 도시 중 가장 고풍스럽고 가장 순수하게 중세적인 도시로서 옛것을 파괴하는 시간뿐만 아니라 새것을 만들어 가는 시간으로부터도 잊힌 곳'으로 소개되면서 큰 주목을 받았다(Riehl, 1865). 여기에 1873년 지선철도의 개통이 이루어지면서 로텐부르크의 인구는 조금씩 증가하였다. 여전히 농촌

그림 5-5. 로텐부르크 풍경

적인 특성이 강해 제조업이 성장하지 못했고, 뉘른베르크나 아우크스부르크 같은 산업 중심지와의 연결망도 좋지 않았기에 경제산업은 활성화되지 못했지만, 그럼에도 불구하고 철도는 향후 경제발전에 중요한 전제조건이 되었다. 로텐부르크의 근대적 대중관광의 초석 역할을 한 철도는 이전엔 상상할 수 없었던 수많은 여행객들을 이곳으로 방문하게 하였다. 그리고 이는 관광업이 로텐부르크의 새로운 성장산업으로 부상할 수 있는 계기를 만들어 주었다.

기억의 터로서의 중세 성곽도시

중세의 보석으로 불리는 로텐부르크이지만 정작 16세기 종교개혁 이전에 건립된 건물은 소수에 불과하다.●14 그리고 제2차 세계대전이 종전으로 치닫던 1945년 3월 말, 미 공군의 폭격으로 구시가지의 40~45%가량이 파괴되어 전후에 상당 부분이 재건되었다. 따라서 우리가 오늘날 볼 수 있는 건물의 대부분은 실제로 중세의 직접적인 유산이라 할 수 없다. 그렇지만 이러한 실상은 로텐부르크가 중세도시로서 지니고 있는 대외적인 명성과 매력에는 별반 손상을 가하지 못했다. 즉 로텐부르크는 19세기 이래로 엄청난 역사적 격변을 거쳐 왔음에도 낭만적인 독일 중세도시를 대표하는 기억의 터로서의 위상을 흔들림 없이 확고하게 유지해 왔던 것이다. 어떻게 이것이 가능했을까?

많은 학자들은 민족공동체의 건설 과정에서 특정한 상징적 경관(symbolic landscape)이 민족정체성의 형성을 촉진한다고 강조해 왔다. 그러한 측면에서 로텐부르크는 독일의 로맨틱 가도를 잇는 작은 소도시로서, 모든 것이 급변하는 산업화시대에 이러한 소도시야말로 건전하고 전통적이며 근면한 생활 양식이 구현될 수 있는 곳이라는 믿음을 주기에 적합한 곳이었다. 즉 로텐부르크는 주변 자연환경과 조화를 이룬 소도시로서 아늑하고 목가적인 공동체 혹은 고향(hometown)과 같은 느낌을 주는 곳이었던 것이다. 이는 단순히 한 도시가 유명 관광지로 부상할 수 있었던 비결을 찾는 데에 그치는 것이 아니라 19세기 이후 독일인들의 민족정체성 함양에 기여한 상징적 경관에서 소도시가 어떠한 위상을 차지했는지를 보여 준다.

사실 19세기에 들어와 로텐부르크에 대한 대중적 관심이 크게 증가한 것은 독일 민족주의의 성장과 그 귀결인 독일제국의 탄생과 밀접한 관련이 있다. 통일된 민족 국가 건설을 위해 새로운 독일과 독일 국민을 대표할 수 있는 역사적·문화적 상징을 모색하는 작업이 이루어졌고, 그 과정에서 이상적으로 미화된 중세도시가 필요했다. 그 결과, 잊힌 중세도시였던 로텐부르크가 재발견되었다. 독일인들은 로텐부르크를 옛 제국도시로서 전통과 시민적 자부심으로 결속된 주민들이 근면하고 건강한 공동체를 이룬 중세도시의 전형으로 재해석해 냈다. 동시에 로텐부르크의 30년전쟁 역사는 '부지런하고 영리하며 활동적인 시민계층과 현명한 지도자'의 스토리로 재구성되었다(황대현, 2016). 이로 인해 로텐부르크는 전후에도 일찌감치 재건작업이 이루어지는 도시가 될 수 있었다. 또한 관광업의 신속한 재개가 이루어졌고 로텐부르크는 독일문화의 상징으로서 높은 가치를 평가받게 되었다. 왜냐하면 남다른 중세적 분위기를 풍기는 옛 제국도시 로텐부르크는 나치당대회의 이미지가 크게 남아 있던 뉘른베르크와는 달리, 전후 독일인들에게 근래의 불편한 과거와 적당한 거리를 유지하면서도 독일사에 대한 자부심을 표현할 수 있는 적절한 장소로 인식될 수 있었기 때문이다.

기억의 터로서 옛 도시 경관의 완성을 이룬다는 원칙하에 수행된 로텐부르크 재건작업은 파괴된 모든 건물을 이전 그대로 복원하는 게 아니라 새로 지을 건물이 기존에 남아 있는 옛 건물들과 조화를 이루도록 하는 데에 보다 큰 초점이 맞춰졌다. 이러한 부분이 무분별한 도시 난개발을 방지하였지만 한편으로는 대중 관광지로서의 매력을 높이기 위해 중세적인 이미지를 풍기는 건축 양식이나 건물을 인위적으로 새롭게 추가하는 결과를 낳기도 했다(그림 5-6). 따라서 로텐부르크는 기적처럼 살아남은 중세의 기념비적 유물이라기보다는 19세기 이후 도시민과 관광객들을 사로잡았던 낭만적인 독일 중세도시의 이미지를 시각적으로 형상화한 구성물로 볼 수 있을 것이다.

그림 5-6. 중세시대를 방불케 하는 마차(상), 기사의 창·방패 간판(좌하), 기사의 갑옷(우하)

동화와 낭만의 관광도시

비록 로텐부르크가 중세를 재현해 놓은 곳일지라도 이곳은 여전히 수많은 관광객들을 중세의 시대로 안내한다. '독일의 과거에서 온 보석'이라는 말이 무색하지 않을 만큼 실제로 로텐부르크는 매우 고풍적이고 낭만적이다. 중세의 성곽 내부로 굽이굽이 펼쳐진 골목길, 성당, 작은 상점들은 마치 우리가 타임머신을 타고 중세에 안착한 듯한 착각을 불러일으킨다. 특히 마르크트 광장의 시청사 옆으로 뻗은 쇼핑가 헤른 거리(Herrngasse)는 중세 느낌의 간판, 꽃 장식, 건물의 색상, 인형 등으로 인해 더욱 동화 속 세상같이 느껴진다(그림 5-7). 실제로 이곳은 테디베어 인형의 생산지이고 365일 크리스마스 풍경이 펼쳐지는 곳이기도 하다. 일반적으로 소도시는 야외에서 거리나 광장의 분위기를 즐기는 게 핵심이라서 날씨가 나쁘거나 추울 때는 매력이 떨어진다는 단점이 있지만 로텐부르크는 예외다. 바로 케테 볼파르트(Käthe Wohlfahrt)가 있기 때문이다.

케테 볼파르트는 1964년 독일에서 창업한 크리스마스 상품 제조사로 창립자인 케테 볼파르트 여사의 이름을 딴 회사이다. 독일을 넘어 전 세계에서 최고의 크리스마스 상품 제조사로 꼽히는데 1977년부터 로텐부르크에 본사를 두고 있다. 그런 이유로 로텐부르크에는 계절과 상관없이 크리스마스 분위기가 가득하다. 거리에는 크리스마스 선물더미로 디자인된 자동차가 있고, 크리스마스 박물관도 함께 운영된다. 또한 케테 볼파르트

그림 5-7. 헤른 거리에서 볼 수 있는 중세풍 간판(좌), 독일 민속 인형(중), 테디베어 인형(우)

그림 5-8. 케테 볼파르트 건물(좌), 크리스마스 선물더미 자동차(중)와 장식용품(우)

내부에는 귀엽고 찬란한 크리스마스 장식과 용품이 가득 차 있어 환상적인 공간을 연출한다(그림 5-8). 가격은 저렴하지 않아 무언가를 사기가 선뜻 망설여지지만, 굳이 사지 않더라도 단지 이런 곳에서 구경하는 것만으로 크리스마스 분위기에 푹 빠져들 수 있어 마냥 행복해지는 곳이다.

독일인들에게는 고향을, 관광객들에게는 중세를 선물하다

제1차 세계대전을 다룬 르포 형식의 소설 『서부전선 이상 없다』(1929)의 작가 에리히 레마르크(Erich Maria Remarque)는 나치에 의해 독일 국적을 박탈당한 후 미국과 스위스를 오가며 생활하다가 문뜩 고향이 그리워 자신의 출생지인 오스나브뤼크(Osnabrück)를 찾아갔다고 한다. 하지만 그곳에서 레마르크는 어린 시절을 보냈던 거리를 찾지 못해 길을 헤맸고, 그 대신 전시 전의 모습이 담긴 고향의 그림엽서를 보며 위안을 삼던 중 우연히 여행을 하다가 도착한 로텐부르크에서 비로소 평안함을 느꼈다고 한다(Imhoh, 2009). 예전처럼 구석진 골목길과 성벽, 탑이 남아 있는 로텐부르크가 희망과 위로를 건네주었다고 표현한 그는, 이곳을 자신의 혼란스러운 영혼을 치유해 준 제2의 고향이라 칭했다. 이처럼 로텐부르크가 독일인들의 고향, 독일의 민족성을 대표할 수 있는 지역이 된 것은 실제 보존된 역사적 건축물의 풍부함이나 이 도시와 결부된 사건의 민족사적 중요성이 아니었다. 오히려 '독일의 과거에서 온 보석'이라는 명성에 걸맞게 잘 관리된 도시의 상징적 경관이었다. 이러한 경관은 고향에 대한 물질적인 보존보다는 감성적인 정취가 더 결정적이라는 사실을 보여 준다.

한편, 마이스터트룽크라는 축제극은 과거의 역사적 사실을 객관적으로 정확하게 묘사하기 위한 수단으로 기획된 것도 아니었고, 단순히 관광업을 통해 도시경제를 활성화하려는 영리 추구욕으로만 설명할 수 있는 것도 아니었다. 오히려 과거와 현재를 하나로 합쳐 실제 현실과 무대 사이의 경계가 불분명한 도시를 배경으로, 과거의 영웅들을 통해 현재에 필요한 정치적 메시지를 전달함으로써 도시에 색다른 생명력을 불어넣었다. 이는 도시에 새로운 전통을 부여한 것으로, 로텐부르크 시민과 독일인들에게는 애향심과 애국심을, 그리고 이 새로운 전통을 중세적 낭만과 동화적 이미지로 연계시킴으로써 이곳을 방문한 관광객들에게는 중세의 시간을 선물해 주고 있다. 비록 로텐부르크가 미화된 중세도시라 할지라도 그 이상향에 대한 동경과 낭만은 독일인들에게도, 그리고 관광객들에게도 동일하게 적용되고 있는 것이라 생각한다. 그래서일까? 로텐부르크는 중세라는 전통과 낭만의 의미를 다시금 생각하게 하는 곳이다. 이처럼 중세라는 시간과 고향의 기억을 아름다운 낭만과 환상적인 동화로 이어지게 하는 것은 아마도 로텐부르크만이 가지는 매력이 아닐까 한다.

06

다채롭고 풍요로운 문화·경제의 중심, 미국 뉴욕 맨해튼

뉴욕에 대한 이해

적절한 예시가 될 수 있을지 모르겠지만, 적어도 뉴욕에 대한 풍요와 자유 그리고 문화를 가장 쉽게 이해할 수 있게 해 주는 미국 드라마가 있다. 바로 〈섹스 앤 더 시티(Sex and the City)〉다. 이 드라마는 미국 HBO에서 제작한 것으로, 1998년부터 2004년까지 총 여섯 시즌으로 방영됐는데, 뉴욕시에서 생활하는 번듯한 직업의 30~40대 여성 4명에게 초점이 맞춰진 작품이다. 워낙 인기가 많아 한국에서도 현재까지 케이블 TV에서 꾸준히 재방송되고 있다. 여성들의 쇼퍼홀릭(shopaholic), 성생활 그리고 싱글라이프 등이 주된 소재이며, 칼럼니스트인 주인공 캐리가 일상에서 칼럼의 주제가 될 만한 질문을 던지고, 그에 대한 이야기를 풀어 가는 식으로 진행된다. 이 드라마 속에서 '뉴욕'은 너무나 멋지다. 전형적인 도시로서의 면모, 즉 높은 빌딩숲으로 이루어진 세련된 마천루 풍경, 그 속에서 핸드폰과 커피 등을 들고 바삐 움직이는 패셔너블한 사람들, 화려한 네온사인, 대형 쇼핑몰에서의 구두·옷·가방 쇼핑, 그리고 주말이면 파티가 벌어지는 모습들은 뉴욕이라는 거대도시에 대한 매력을 느끼게 하기에 충분하다(그림 6-1). 그렇다면 〈섹스 앤 더

그림 6-1. 드라마 〈섹스 앤 더 시티〉 속 뉴욕에서의 주인공들의 일상

시티〉에서 보여 주는 뉴욕은 어떠한 곳일까?

매력이 넘치는 도시 뉴욕에 대해 본격적으로 알아보기에 앞서, 이곳에 대한 지역적 범위의 혼동을 줄이기 위해 다시금 정의를 내릴 필요가 있다. 일반적으로 '뉴욕'이라고 하면 다음의 세 가지의 의미를 지니고 있기 때문이다. 첫째는 뉴욕주(New York State)를 지칭하는 경우로, 이는 뉴욕을 가장 넓은 지역적 범위로 간주한 것이다. 둘째는 〈섹스 앤 더 시티〉에서처럼 뉴욕주에 속한 뉴욕시(New York City)를 지칭하는 경우로, 이러한 지역적 범주는 미국에서 보편적으로 적용되고 있다. 셋째로, 우리나라 사람이나 외국인들에게 인식되는 경우로, 뉴욕을 뉴욕시 전체로 보는 게 아니라 뉴욕시 5개의 구(Borough) 중 하나인 맨해튼(Manhattan)만을 지칭하는 경우가 여기에 속한다. 참고로 뉴욕주의 주도(州都)를 뉴욕시로 생각하는 사람들이 많지만 이는 잘못된 지식으로, 실제 뉴욕주의 주도는 뉴욕주 청사가 있는 올버니(Albany)이다.

뉴욕시는 제2차 세계대전 후 기업과 금융기관들이 집중되고 공장이 활성화되면서 경제적 힘을 갖게 되었고 그에 따른 영향으로 문화를 비롯한 모든 분야에 걸쳐 세계의 중심이 되었다. 아울러 전 세계의 인종과 문화 그리고 경제가 혼재된 또 하나의 세계를 형성하였다. 오늘날 뉴욕시의 인구는 통계청의 집계로 860만 명 정도로 추산되지만(2018년 기준), 훨씬 더 많은 인구가 활동하며 거주하고 있다(미국인구조사국 웹사이트). 뉴욕시의 도시 생활은 극명한 대조가 나타나는데 예를 들어 400만 명에 가까운 인구가 도시 내 생업에 종사하고 있는 반면, 수천 명의 노숙자가 길거리를 배회하고 있다. 이처럼 최고의 부를 누리고 있는 도시에서 전체 도시인구의 20%에 가까운 사람들의 수입이 최소 생계유지 수준에 미달되는 것은 뉴욕이기에 생길 수 있는 현상으로 이해할 수 있다(정일훈, 1999).

1898년에 하나의 시가 된 뉴욕시는 앞서 언급했듯 퀸스(Queens), 브루클린(Brooklyn), 브롱크스(Bronx), 스태튼섬(Staten Island), 맨해튼 등 5개의 구로 이루어져 있다(그림 6-2). 이 중에서도 맨해튼은 88㎢의 면적으로 이루어진 섬으로 허드슨(Hudson), 이스트(East), 할렘(Harlem) 등 3개의 강으로 둘러싸여 있다. 처음 유럽의 네덜란드인들이 지금의 뉴욕항에 도착하였을 때 맨해튼섬에는 27여 개의 인디언 부락이 있었다. 그 부락들의 이름은 '언덕의 섬'이라는 뜻의 맨하타(Manhata), 매나탄스(Manatans), 매나하틴(Manahatin) 등으로 불렸다. 최초로 인디언의 땅인 맨해튼을 발견한 네덜란드인들 중에는 네덜란드 동인도회사(Dutch East Indians Company)[15]의 책임자인 페터 미노이트(Peter Minuit)도 있었다. 그는 1625년에 인디언들로부터 2만 에이커에 달하는 맨해튼 땅을 60길더(네덜란드의 화폐 단위로 옛날의 금화와 은화를 의미) 값어치의 옷가지와 장신구, 목걸이 등을 주고 구입하였다. 지금의 화폐 기준으로 환산하면 1페니(한화로 약 15원 정도)로 10에이커의 땅을 산 셈이다. 그 후 이곳은 네덜란드인들의 본거지를 따서 뉴암스테르담(New Amsterdam)이

그림 6-2. 미국 내 뉴욕의 위치(좌), 뉴욕시 5개의 구 지도(우)

라고 명명되었으며, 점점 많은 사람들이 뉴욕 맨해튼에 모여들기 시작하였다. 그리고 19세기 중반에 뉴욕항을 통하여 대규모의 이민 역사가 시작되면서 뉴욕시는 대표적인 이민자들의 도시가 되었다. 그런 이유로 뉴욕은 지금도 '만남, 이동, 혼합, 정착, 식민주의, 착취, 저항, 꿈, 거부 그리고 서로 다른 힘들이 모여 있는 장소'로서의 의미를 지니고 있다(Campbell and Kean, 2005).

뉴욕 마천루 풍경의 핵심, 엠파이어 스테이트 빌딩

> City of the world! (for all races are here…) 세계의 도시여! (모든 인종들이 여기 있기에…) / (중략) / City of tall façades of marble and iron! 대리석과 강철로 지어진 높은 파사드의 도시여! / Proud and passionate city! 위풍당당하고 열정적인 도시여!
> (월트 휘트먼의 시집 『Leaves of Grass』(1855)에 수록된 시 「City of Ships」 중에서)

19세기 미국의 시인 월트 휘트먼(Walt Whitman)은 뉴욕의 도시 경관을 과학과 기술의 진보가 가져다준 시각문화가 충만한 시대로 보았다. 여러 시와 산문에서 그는 뉴욕을 "속도 있게(with velocity), 사방에서의 움직임(motion on every side), 빠르게 변화하는 광경(shifting tableaux)" 등으로 역동성 있게 표현하였다. 특히 뉴욕의 마천루 풍경을 "맑은 하늘을 향해 날씬하고, 튼튼하고, 가볍고, 웅장하게 솟아 있는 철 구조물의 고속성장(high growths of iron, slender, strong, light, splendidly uprising toward clear skies)"이라고 묘사하며, 보다 현대적이고, 기술적이고, 객관적이며, 엣지 있는(edged) 표현으로 뉴욕의 모습을 형상화하였다(Whitman, 1872; 심진호, 2012). 이러한 뉴욕 맨해튼의 마천루 풍경에서 가장 핵심을 차지하고 있는 건물이 있다. 바로 '엠파이어 스테이트 빌딩'이다.

1920년대 미국은 건설 붐의 한복판에 있었다. 1885년 시카고에 최초의 마천루 '홈 인슈어런스 빌딩(Home Insurance Building)'이 세워진 이래, 미국의 건물들은 점점 더 높아져

가고 있었다. 1920년대 말, 뉴욕의 가장 부유한 시민 중 두 사람인 크라이슬러의 월터 퍼시 크라이슬러(Walter Percy Chrysler)와 제너럴모터스의 존 제이컵 래스컵(John Jacob Raskob)이 누가 가장 높은 빌딩을 짓는지를 놓고 경쟁을 벌였다. 덕분에 세계에서 가장 상징적인 건축물 두 개, 즉 크라이슬러 빌딩과 엠파이어 스테이트 빌딩이 탄생할 수 있었다.

1920년대 말에서 1930년대 초, 엠파이어 스테이트 빌딩 공사가 시작될 무렵, 미국은 월스트리트(Wall Street)의 주식시장이 붕괴하며 대공황 시대로 접어들고 있었다. 그러자 래스컵은 가능한 한 최소의 비용을 들여 빌딩을 완성하고자 했고, 설계도작업에서 실입주까지 18개월 이상 걸리지 않기를 원했다. 이에 매주 강철 골조가 4와 2분의 1층씩 올라가, 1년 45일 만에 381m 높이(102층)를 건설하는 신화를 이루었다. 총비용으로는 약 4,100만 달러가 들었는데, 이는 초기 계획의 절반에 불과한 금액이라고 한다. 그리고 6만 톤의 강철과, 외벽에는 1,000만 개의 벽돌이 사용되었다(리처드 카벤디쉬·코이치로 마츠무라, 2009). 이처럼 엠파이어 스테이트 빌딩은 비교적 짧은 시간에 적은 비용을 들였음에도 불구하고 제법 견고하게 지어졌다고 알려져 있다. 그 예로 1945년 제2차 세계대전 때 건물 79층을 폭격기가 들이받고 추락했으나 이 빌딩은 아무런 피해를 입지 않았던 일화가 지금까지 회자되고 있다.

한편 이러한 여러 가지 제약에도 불구하고 래스컵의 의뢰를 받은 건축가 윌리엄 램(William Lamb)은 단순히 높기만 한 것이 아니라 아름다운 건축물을 만들고자 했다. 그래서 램은 연필 모양의 디자인을 기본으로 삼아 아르데코풍(자연의 선을 중시한 장식미술)으로 시카고의 트리뷴 타워처럼 위로 올라갈수록 좁아지면서도 여전히 뉴욕의 스카이라인을 압도하는 타워를 만들어 내는 데에 성공하였다.

이렇게 탄생한 엠파이어 스테이트 빌딩은 1931년 완공된 이래 오랫동안 뉴욕의 상징으로 많은 사람들의 사랑을 받고 있다. 우아한 외관으로 인해 〈러브 어페어(Love Affair)〉(1994), 〈시애틀의 잠 못 이루는 밤(Sleepless In Seattle)〉(1993), 〈킹콩(King Kong)〉(2005)

그림 6-3. 엠파이어 스테이트 빌딩(상)과 전망대를 통해 바라본 뉴욕 맨해튼의 마천루 풍경(하)

등과 같은 영화의 배경으로 등장하기도 했다. 밤이 되면 빌딩 위쪽의 30층에 다양한 색의 조명이 켜져 로맨틱한 분위기가 한층 더 고조된다. 이 조명은 미국 독립기념일이나 계절의 변화가 있을 때면 흰색·노란색·초록색·빨간색 등 다양한 색으로 바뀌곤 한다. 그래서인지 이곳은 항시 사람들로 하루 종일 북적인다. 그럼에도 불구하고 전망대에서 바라보는 뉴욕 맨해튼의 마천루 풍경은 도시의 매력 그 자체다(그림 6-3).

뉴욕의 화려한 문화적 풍요, 타임스 스퀘어와 브로드웨이

'뉴욕 타임스 스퀘어'는 맨해튼 중심부에 있는 번화가로, 42번가 · 7번가 · 브로드웨이가 만나는 삼각지대를 일컫는다. 보통 줄여서 '타임스 스퀘어'라고 부른다. 초기에는 롱에이커 스퀘어(Longacre Square)로 불렸으나, 1903년에 뉴욕 타임스(The New York Times)[16]의 사옥이었던 원 타임스 스퀘어 빌딩이 이곳으로 이전해 오면서 현재의 이름으로 개칭되었다. 이 삼각지대에는 수많은 영화관, 공연장, 호텔, 레스토랑 등이 모여 있어 미국 대중문화의 상징이 되었다(그림 6-4).

19세기에 이곳은 말 거래업자, 마구간, 마차 등으로 붐비던 곳이었다. 그러던 1899년 오스카 해머스타인(Oscar Hammerstein)이 이곳에 최초로 극장을 세우면서 브로드웨이 공연문화가 시작되었다(탁선호, 2009). 현재 타임스 스퀘어와 인근 지역은 공연장, 극장, 상점, 신문 가판대, 술집, 음식점 등이 집중되어 있으며, 미국에서 가장 번화하고 분주한 유흥 지역으로서 미국 공연문화의 중심지를 형성하고 있다. 언제나 수많은 사람들로 북적이고 통행하는 자동차도 많아 혼잡하지만 그만큼 뉴욕의 분위기를 제대로 느낄 수 있다. 밤이면 화려한 네온사인의 거리로 변신하는 것도 큰 볼거리다. 특히 세계에서 가장 비싼 광고료를 자랑하는, 최첨단 기술의 LED 광고 전광판은 낮에도 눈길을 빼앗지만 밤에

그림 6-4. 타임스 스퀘어의 낮과 밤

는 그 화려함이 절정을 이룬다. 마치 빛들의 환영 속에 놓인 것만 같다. 나스닥(NASDAQ), CNN, MTV, 엠앤엠즈(M&M's), 허쉬(Hershey's), 코카콜라(Coca-Cola), 삼성(Samsung), 엘지(LG), 현대(Hyundai) 등 끝없이 이어지는 이미지와 빛의 향연은 문화와 경제와 시사와 즐거움을 한꺼번에 폭발시킨다(그림 6-5). 실로 뉴욕의 상징이자 '세계의 교차로(Cross-road of the World)'로서 부족함이 없는 곳임을 체감하게 된다. 그래서일까? 이 뉴욕의 심장부에 들어선 순간 여행자의 입장에선 그냥 지나치기 아까운 마음이 일고, 이곳은 지속적으로 셔터를 눌러 댈 수밖에 없는 곳으로 변모한다.

한편 미드타운의 중심 지역인 만큼 브로드웨이의 극장에서 뮤지컬 공연을 꼭 경험해 보길 권한다. 공간상 13번가에서 45번가까지 약 2.4km의 거리로 단지 12블록 정도가 브로드웨이 극장가(극장지구)이지만, 실제로 브로드웨이의 공연예술산업은 뉴욕시 경제의 거대한 수입원으로 매해 60억 달러 이상에 달하는 직접적인 경제적 파급효과를 생성하고 있다(이연자, 2007). 공연목록 자체가 이곳을 찾는 관광객에게 상품화되고 있으며, 극장가라는 공간적 집적화를 통해 뉴욕이 문화도시라는 이미지를 얻을 수 있도록 브로드웨이가 하나의 브랜드 역할을 하고 있다. 해머스타인에 의해 브로드웨이 공연문화가 시작된 이후 1960년대에 들어 한때 무허가 술집, 스트립쇼 공연장, 포르노 극장, 성인용품 상점

그림 6-5. 타임스 스퀘어의 전광판들. 엘지(좌)와 엠앤엠즈 광고(우)

그림 6-6. 브로드웨이 극장가의 뮤지컬 공연 포스터들(좌), 관객으로 가득 찬 뮤지컬 공연장(우)

등 우범지대로 전락한 바 있지만, 1982년 시작된 42번가 재개발 프로젝트와 1994년 대기업 디즈니(Disney)사가 막강한 자금력으로 〈미녀와 야수(Beauty and the Beast)〉, 〈라이온 킹(Lion King)〉, 〈아이다(Aida)〉 등 인기 뮤지컬을 생산하면서 이곳은 새롭게 재탄생되었다. 즉 월트 디즈니(Walt Disney)가 브로드웨이 개발에 투자하면서 많은 새로운 공연장, 호텔, 음식점, 대규모 상점들이 들어서고 재정비된 것이다. 그 결과, 브로드웨이는 가족 단위 관광객까지 끌어모으며 과거의 명성을 회복하고 화려한 부활을 이루었다(그림 6-6). 현재 브로드웨이는 풍부하고 다양한 문화를 경험할 수 있는 곳, 상이한 인종과 관광객이 혼합되면서 문화적 정체성이 새로운 소비 양식과 결합하여 유통되는 곳, 그리고 개성 있는 다문화주의의 장으로 평가받고 있다(Gans, 1999; Glazer and Moynihan, 1963).

연말이 되면 타임스 스퀘어는 한층 바쁘고 화려해진다. 12월 마지막 밤의 새해맞이 카운트다운 행사는 현지인과 관광객 모두에게 인기다. 자정을 넘어 새해가 되면 사람들은 일제히 "해피 뉴 이어(Happy New Year)"를 외치고 서로 키스를 한다. 새해의 시작과 동시에 원 타임스 스퀘어 빌딩에서 떨어지는 거대한 전광식 사과는 뉴욕의 애칭인 빅애플(Big Apple)을 상징한다. 이 행사는 1908년 연말에 열린 뉴욕 타임스의 신사옥 완성을 기념한 파티에서 비롯된 것으로 지금까지도 신년 행사로 이어지고 있다.

다채롭고 풍요로운 문화와 경제 속에서 해방감을 찾다!

뉴욕항을 통해 들어온 사람들로 인해 이민자들의 도시로 시작한 뉴욕은 이제 그 어느 도시보다도 복잡다단한 도시가 되었다. 뉴욕 사이사이에 들어서 있는 아파트들과 이들 벽에 설치된 화재 대피용 비상계단들은 이렇게 다양한 사람들을 차곡차곡 수용해 준 결과물로 보인다. 그리고 이러한 다양성을 바탕으로 내재된 위용을 드러내며, 그 어떤 곳보다도 화려하고 다채로운 문화와 풍요로운 경제적 토대를 바탕으로 진정성 있는 해방감을 선사한다. 그러면서 여전히 뉴욕은 심장부로서 기능한다(그림 6-7).

꺼지지 않고 뿜어져 나오는 빛들 속에서 과거의 흔적들을 찾아내기란 여간 어려운 일이 아니다. 여러 문헌들과 신문기사들을 통해 맨해튼의 지나간 시대를 만날 수 있었지만 이곳은 아직도 새로운 역사가 쓰이는 중이다. 경제적인 위상을 느낄 수 있는 거대한 마천루가 솟아 있는 곳이자, 세계의 교차로로서 미국의 대중문화가 숨 쉬고 다채로운 해방감을 느낄 수 있는 이곳은 바로 많은 이들이 사랑하는 '뉴욕, 뉴욕, 뉴욕!'인 것이다. 그래서일까? 뉴욕의 글을 마무리 짓는 이 시점에서, 나지막이 기억에 떠오르는 프랭크 시나트라(Frank Sinatra)의 곡을 흥얼거려 본다.

> Start spreading the news, I'm leaving today. I want to be a part of it New York, New York. These vagabond shoes are longing to stray right through the very

그림 6-7. 뉴욕의 거리에서 촬영한 포스터(좌), 아파트(중), 뉴욕 기념품 상점의 엽서(우)

heart of it New York, New York··· It's up to you, New York, New York···

소문을 내 주세요, 나는 오늘 떠나요. 난 뉴욕의 일부가 되고 싶어요. 이 방랑자의 신발은 뉴욕의 심장부를 가로질러 떠돌고 싶어요··· 모든 것은 당신에게 달려 있어요, 뉴욕에서는···

(프랭크 시나트라의 노래 'New York, New York' 중에서)

자유와 불평등의 혼종성이 존재하는 도시, 터키 이스탄불

터키의 위치성과 역사

많은 사람들이 동양과 서양을 동시에 감상할 수 있는 도시는 이 지구상에서 이스탄불뿐이라고 말한다. 그만큼 이스탄불은 동양과 서양, 과거와 현재를 함께 느껴 볼 수 있는 곳이다. 이러한 이스탄불의 분위기는 어디에서 연유한 것일까? 가장 큰 이유는 터키가 자리 잡고 있는 위치성과 역사에서 그 해답을 찾을 수 있을 것이다.

터키는 유럽, 아시아, 아프리카의 3개 대륙에 연해 있다. 국토의 삼면은 흑해, 마르마라해, 에게해, 지중해 등 4개의 바다로 둘러싸여 있고, 보스포루스 해협, 다르다넬스 해협 등 2개의 해협이 이들 바다를 연결하고 있다(그림 7-1). 국토는 길이 1,600km, 폭 800km 정도로 그 주변으로 8개 나라와 국경을 접하고 있다(권동희, 2013). 이러한 터키는 동양과 서양을 연결하는 교차지로서 특히 이스탄불은 아시아와 유럽 대륙 사이, 즉 2개의 대륙에 걸쳐 있는 세계 유일의 도시이다. 이스탄불은 보스포루스 해협을 중심으로 유럽 이스탄불과 아시아 이스탄불로 구분된다(그림 7-2). 유럽 이스탄불은 상업 중심지로, 그리고 아시아 이스탄불은 거주지로 활성화되어 있는데, 보스포루스 해협을 건너다 보면 이 두

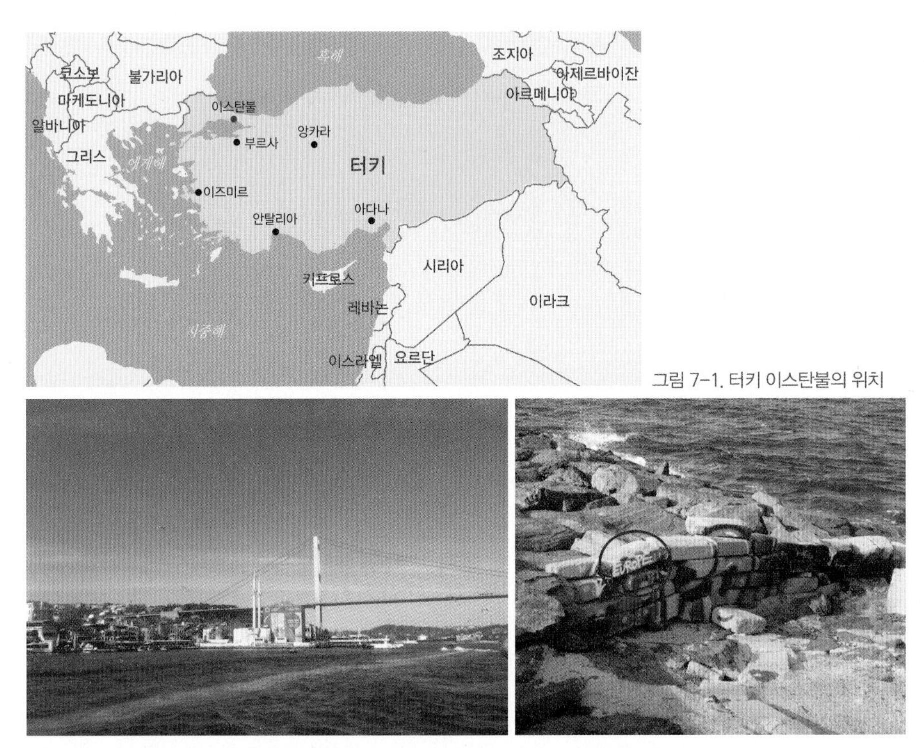

그림 7-1. 터키 이스탄불의 위치

그림 7-2. 이스탄불 보스포루스 해협의 모습(좌), 이 해협의 유럽과 아시아 경계 표석(우)

가지 양상을 한눈에 파악할 수 있다.

터키인들은 원래 몽골 초원에서 살았으며, 그 기원은 역사 속에서 '튀르크(Türk)'라는 이름의 유목민에서 찾아볼 수 있다. 이들은 몽골 서부 알타이산맥에서 발흥하여 6세기 중엽에 대제국을 건설했고, 8세기에 들어와 같은 튀르크계 유목민인 위구르족에게 쫓겨 몽골 초원을 떠나 서쪽으로 이주하였다. 이처럼 터키인의 조상은 서쪽으로 이주한 이들 튀르크계 유목민이다. 그리고 11세기에 들어, 셀주크 튀르크(Seljuk Türk)라는 이름으로 중앙아시아의 강자로 부상하면서 역사의 전면에 등장하게 된다. 그들은 지중해까지 진출하여 1071년에는 비잔틴제국을 몰아내고 지금의 터키 땅인 아나톨리아반도에 정착했다. 셀주크는 13세기 몽골의 침략을 받을 때(1245)까지 이 땅의 주인으로 군림했다. 13세기 셀주크 튀르크를 대신하여 아나톨리아반도를 지배한 사람들은 오스만 튀르크(Osman Türk)다. 오스만제국을 세운 이들은 당시 번영하던 비잔틴제국을 결국 1453년에 멸망시키고, 콘스탄티노플을 이스탄불이라 개명하여 오스만제국의 수도로 삼은 후, 제국이 공식적으로 멸망하게 되는 20세기 초까지 이 땅을 지배했다. 술탄이 지배하던 오스만제국은 16세기에 이르러 서아시아에서 발칸반도, 더 나아가 북아프리카까지 그 세력을 떨쳤으나 무리한 영토 확장은 통치의 어려움으로 이어졌고 이는 결국 산업혁명과 근대화에 뒤처지는 결과를 초래하였다. 그 결과 오스만제국의 세력도 점차 쇠퇴하여 과거의 영광은 사라지게 되었다. 게다가 제1차 세계대전에서 독일 측에 가담했다가 패전 후 많은 영토를 잃고 그리스의 침입까지 받는 등 시련을 겪었다(이난아, 2013). 이때 그리스를 격퇴하고 술탄제를 폐지하며 1923년 공화국을 선포한 사람이 무스타파 케말 파샤(Mustafa Kemal Pasha)이다. 그는 터키공화국의 초대 대통령으로서, 터키인의 아버지로 불릴 만큼 터키인의 존경을 받는 인물로 남아 있다.

터키 이스탄불의 특징, 하나: 공존과 화합, 그리고 자유

이처럼 이스탄불은 일찍이 비잔틴제국과 오스만제국의 수도였다. 이로 인해 이스탄불에는 과거의 유산이 지금도 산재해 있다. 어디를 가나 이스탄불에는 고대 유물로 보이는 건축물들이 놓여 있다. 보는 이의 입장에서 이들 역사적 건축물들이 제대로 관리가 되지 않아 안타까운 마음이 일 정도이다(그림 7-3). 이러한 이스탄불에 대해 역사학자 아널드 토인비(Arnold Toynbee)는 "인류문명이 살아 있는 거대한 옥외박물관"이라 칭한 바 있는데, 그의 말이 틀리지 않아 보인다. 이스탄불은 현재를 살아가는 우리에게 과거의 역사적 영광을 되돌아볼 수 있게 해 주는 시대적 공존의 공간이다.

게다가 어디서든 사원이 보인다. 터키 국민의 99%가 이슬람교를 믿는 것으로 알려져 있으나, 이슬람의 언어학적 어원이 평화인 것처럼 터키는 여타의 이슬람 국가들과는 달리 국가 운영에 있어 종교의 영향, 이슬람 율법의 영향을 상대적으로 덜 받는 나라이다. 그

그림 7-3. 여기저기 산재해 있는 고대 건축물들

런 이유로 터키는 공화국으로 들어서면서 정치와 종교를 분리하는 이른바 세속주의를 표방하고 있다. 특히 중동의 이슬람 국가들과는 달리 수니파·시아파를 모두 포용하고 있다. 또한 터키의 이슬람은 근대화와 접촉한 최초의 이슬람으로 간주되고 있어, 세계를 단일화된 하나의 종교로 해석하려 들지 않는다. 즉 터키의 이슬람은 자기비판적이고 화합적이라는 특징을 가진다. 그래서일까? 이슬람 사원인 술탄 아흐메드 모스크(Sultan Ahmed Mosque)●17 바로 맞은편에는 그리스 정교의 총본산이자 비잔틴 양식의 대표 격인 성 소피아 성당(Hagia Sophia)●18이 위치해 있다(그림 7-4). 종교를 달리하는 이들 건축물은 동서양의 조화, 그리고 문화적 다양성에 대한 일종의 경외감을 자아낸다.

이렇듯 과거와 현재의 공존, 그리고 종교적 화합이 이루어지는 터키여서일까? 그들의 염원은 시대와 종교를 막론하고 하나의 푸른색 장식물인 '나자르 본주(Nazar boncuğu)'로 귀결된다. 마치 푸른색 눈동자처럼 보이는 나자르 본주는 악마의 눈이라고도 불리는데, 이것이 액운을 막아 준다고 하여 보통 집 대문이나 상점 입구에 많이 놓여 있다(그림 7-5). 그러한 의미에서 터키의 부적이기도 하지만, 터키에서 가장 유명한 기념품이기도 하다.

이뿐만 아니라 이스탄불은 동양과 서양, 그리고 전통과 현대의 모습을 동시에 만나 볼 수 있는 곳이다. 지정학적 위치상 이스탄불이 육상 실크로드의 끝이자 해상 실크로드의 시작점이었기 때문이다(실상 터키의 수도는 앙카라이지만 주된 역할은 행정도시여서 대부분의 국

그림 7-4. 술탄 아흐메드 모스크(좌)와 성 소피아 성당(우)

그림 7-5. 어느 집 대문 앞의 나자르 본주(좌), 나자르 본주를 파는 길거리 상점(우)

그림 7-6. 이스탄불의 전통시장(좌)과 현대식 쇼핑몰(우)

제 행사나 주요 행사는 이스탄불에서 열리는 편이다). 그래서 이스탄불은 그 어떤 곳보다도 대제국 수도로서의 고전미와 휘황찬란한 미래가 함께 공존하고 있다. 이를 반영하듯 이스탄불에서는 동양적인 느낌의 전통시장과 서양적인 느낌의 현대식 쇼핑몰을 모두 감상할 수 있고, 각각의 매력을 비교하며 체험해 볼 수 있다는 점에서 상대적인 장점이 있다(그림 7-6).

한편 터키는 기후적으로 흑해와 지중해 연안의 지중해성 기후, 아나톨리아고원 일대의 건조 스텝 기후, 그리고 동부 산지의 냉대 기후 등 3개의 기후대가 모두 나타난다. 즉 삼면이 바다로 둘러싸여 있고 다양한 기후를 지니고 있어 해산물, 과일, 채소들이 풍성하다. 여기에 유목민적인 특성이 더해져 양젖을 발효시킨 요구르트, 쇠고기·양고기, 그리고 이동하면서도 편리하게 먹을 수 있는 빵이 유명하다(그림 7-7). 터키만의 고유한 문화를 담은 터키 음식은 프랑스와 중국에 이어 세계 3대 음식의 반열에 올라 있기도 하다. 특히 이스탄불은 지중해성 기후가 나타나는 지역이라서 이러한 특성이 더욱 잘 반영되어 있다.

이스탄불의 풍요로움은 길거리에서 만나는 개와 고양이를 통해서도 엿볼 수 있다. 이곳에서는 주인 없는 길거리의 개와 고양이도 굶주리는 법이 없다. 먹을 게 풍부하기 때문이다(쉽게 말해 축복받은 기후로 터키에서는 일단 뿌리기만 하면 농사가 잘된다는 말이 있을 정도다).

그림 7-7. 이스탄불의 다채로운 음식들. 홍합과 레몬(좌), 채소(중), 요구르트와 빵(우)

그림 7-8. 이스탄불 길거리에서 만난 개와 고양이

게다가 이슬람 교리에서는 가난한 이웃을 도와주라고 가르친다. 즉 코란에 따른 관용의 문화가 사회 전반에 널리 퍼져 있는데, 이러한 그들의 문화는 길거리의 개와 고양이에게도 적용되고 있다. 평상시 사람들의 돌봄을 받고 있어서인지 거리에서 만난 개와 고양이들은 제법 여유가 있다. 그리고 낯선 사람들을 꺼려하거나 경계하지 않는다(그림 7-8). 이러한 이유로 이스탄불은 개와 고양이의 천국이란 소릴 듣는다. 특히 이스탄불 사람들은 "고양이는 신과 사람을 연결해 주는 매개체다. 고양이가 없다면 이스탄불은 영혼의 한 부분을 잃어버리는 것"이라고 말할 정도로 고양이에 대한 애정이 각별하다(오마이뉴스, 2013.12.9). 결국 신이 내려 준 기후의 혜택과 풍성한 먹을거리, 그리고 관용의 문화는 이스탄불 길거리에 사는 개와 고양이의 다채로운 개방성과 여유 그리고 자유분방함으로 이어지고 있다.

터키 이스탄불의 특징, 둘: 통제와 불평등

앞서 말했듯이 터키의 지리적·역사적 특징은 터키를 공존과 화합, 다채로움과 자유로움이 있는 매력적인 장소로 만들었다. 하지만 아이러니하게도 통제라는 결과를 낳기도 했다. 왜냐하면 터키에는 그만큼 다양한 인종의 삶의 방식, 종교적 차이로 인해 적지 않은 충돌이 있어 왔기 때문이다. 터키 사회에는 튀르크족(터키족)이 대부분이지만, 쿠르드족, 아르메니아인, 유태인, 타타르인, 룸족, 라즈족, 시리아인, 아랍인, 페르시아인, 보스니아인, 루마니아인, 아제르바이잔인, 그루지야인, 발칸인, 체르케스인, 슬라브인 등 다양한 인종이 공존하고 있다. 이러한 다문화주의와 다양성 속에서 인종 간의 충돌과 반목도 끊임없이 이어지고 있고, 이로 인해 터키 내에서는 이를 통제하기 위한 억압정책으로 적잖은 불평등의 모습이 드러나기도 한다. 아마도 이러한 민족적 갈등은 터키 사회의 가장 큰 이슈이자 과제이기도 할 것이다.

특히 쿠르드족●19과의 갈등이 대표적이다. 탁심(Taksim) 광장에서 직접 마주한 쿠르드족 시위는 이에 대한 문제를 확인시켜 주었다(그림 7-9). 쿠르드족은 나라가 없는 민족 중 세계 최대의 민족으로, 인구는 2,500만 명에서 3,500만 명으로 추산된다(The World Fact book). 이는 터키의 인구가 쿠르드족을 제외하고 5,000만 명 정도라는 것을 감안한다면 결코 적은 수치는 아니다. 과거 쿠르드족은 페르시아, 이슬람 왕조, 이란의 사파비 왕조, 오스만제국 등의 지배를 받아 왔다. 현재에도 쿠르디스탄(Kurdistan)이라고 하여 이란, 이라크, 시리아, 터키 등의 산악 지역에 그들의 거주지를 두고 있다(그림 7-10). 이렇게 광대한 지역과 적잖은 인구를 가지고 있음에도 불구하고 쿠르드족은 나라를 가져 본 적이 거의 없다. 따라서 쿠르드족은 늘 외부 세력에 휘둘리고 있을 뿐만 아니라 내부적으로도 쿠르드민주당과 이에 반대하는 쿠르드애국동맹이 군사 충돌을 반복하여 분열된 채 남아 있다. 여기에 쿠르드 민족주의의 맥을 끊어 놓으려는 이란과 터키 등 외부 세력의 간섭도 한몫을 하고 있다. 특히 터키는 자국 내 쿠르드 세력을 억누르고 싶어 한다. 하지만 터키와 쿠르드족 간의 갈등이 유럽연합 가입의 족쇄가 되고 있어서, 표면적으로 터키는 쿠

그림 7-9. 탁심 광장에서 일어난 쿠르드족 시위와 갈등

그림 7-10. 쿠르드족이 분포하는 쿠르디스탄 지역
출처: AFP(Agence France-Presse)

르드어 사용 금지 등의 문화말살정책 및 불평등정책을 폐기할 수밖에 없는 상황에 놓여 있기도 하다.

터키에서의 통제와 불평등의 사례는 쿠르드족과의 갈등에서뿐만 아니라 작게는 한 대학교의 캠퍼스에서도 살펴볼 수 있다. 이스탄불에 소재한 어느 한 대학의 정문은 두 개다. 하나는 학생들과 관계자들이 이용하는 정문이고, 또 다른 하나는 대학 총장만이 이용할 수 있는 정문이다(그림 7-11). 그 어떤 곳보다도 평등과 자유의 사상이 보장되어야 할 대학이건만, 이곳의 대학교는 차등화된 불평등의 공간으로 나타나고 있다. 대학 출입증을 통한 통제 시스템 또한 일반적인 대학의 개방성과는 거리가 있어 보인다.

물론 이러한 통제와 불평등의 모습을 터키의 집단주의로 해석할 수도 있다. 터키의 집단

그림 7-11. 통제와 불평등이 반영된 대학교 정문. 대학생 및 관계자들의 정문(좌)과 총장 전용 정문(우)

주의는 특히 가족에서(가족주의), 지인 사이에서(친분주의), 그리고 사회적 관계(애국심)에서 잘 드러나는데, 좋은 쪽으로 해석하면 이러한 집단주의적 특성은 개인의 삶보다는 가족, 친구, 이웃 그리고 국가에 헌신하는 것으로 볼 수 있다. 이를 더 깊이 살펴본다면, 터키민족이 과거 유목생활에서 무리 지어 이동했던 전통과도 무관하지 않다.

터키 이스탄불의 자유와 불평등이라는 혼종성에 대한 소고

터키의 지리적·역사적 특징은 터키를 공존과 화합의 다채로운 매력이 있는 장소로, 그리고 풍요로움과 자유로움을 보여 주는 장소로 만들어 주었다. 하지만 상기하였듯, 이러한 모습과는 달리 통제와 불평등으로 인한 사회·문화적인 갈등도 적지 않게 나타나고 있음을 볼 수 있다. 따라서 객관적인 입장 혹은 제3자의 입장에서 이스탄불에서 나타나는 자유와 불평등의 혼종성은 여전히 아이러니한 문제로 보인다.

그럼에도 우리는 이스탄불이 다양한 문명, 동양과 서양, 이슬람과 세속주의, 전통과 현대 등 이중적이고 복합적이며 다양한 층위가 있는 지역이라는 점을 감안할 필요가 있다. 즉 이스탄불이 가지는 지리와 역사의 도시문화적 특징을 고려하여, 그들의 사회·문화적인 가치관을 보다 포용할 수 있는 시각으로 나아갈 때 비로소 터키의 혼종성을 바르게 이해할 수 있지 않을까 생각한다. 물론 쿠르드족과 같은 소수민족 그리고 상대적 약자에 대한 불평등정책에 대해서는 함께 고민하고 풀어 가야 할 과제로 남겨야 할 것이다.

한편, 이스탄불의 오래된 경관들과 관대문화(혹은 환대문화)는 불편한 교통과 낙후된 시설조차도 인상적으로 받아들이게 한다. 차가운 회색빛 빌딩 건축으로 가득 들어차 있는 일반적인 도시의 경관과는 달리, 지리와 역사와 인간다움이 스며져 있는 이스탄불의 모습은 과거의 원형을 일깨워 주기에 부족함이 없어 보인다.

:: 주

1. 본래는 민중가요를 의도로 한 곡은 아니다. 그러나 엄숙하고 비장한 분위기 속에서 "나의 시련일지라"와 같은 가사가 당시 청년들의 상황에 감정이입하는 데 좋았기 때문에 시위 현장에서 많이 불리다 보니 민중가요의 속성을 지니게 되었다(JTBC News, 2018.9.13).
2. '임을 위한 행진곡'은 광주민주화운동 당시 시민국 대변인이었으며 계엄군에 의해 희생되었던 신랑 윤상원과 광주공단 근처에서 야학을 설립했으나 불의의 사고로 숨진 노동운동가 박기순 간의 영혼 결혼식에 바치는 노래이다.
3. 이 영화의 주인공 택시운전사 '김사복'은 시위에 나선 대학생들을 한심하게 생각하는 인물로, 그는 돈을 벌기 위해 외신기자를 태우고 군대에 봉쇄되어 있던 광주로 향한다. 그곳에서 그는 광주에서 벌어지고 있는 끔찍한 일들을 목격하게 되고, 간신히 광주를 벗어나는 데에 성공한다. 그러나 이에 대한 죄책감에 시달리다가, 결국 진실을 알리려는 외신기자의 보도를 끝까지 돕는다.
4. 518번 버스는 광주민주화운동 당시 군부대가 주둔했던 상무지구부터 5·18 자유공원, 5·18 기념공원, 구 전남도청, 광주역, 전남대 정문을 지나 희생자들이 묻혀 있는 5·18 민주묘지까지 운행한다. 구불구불한 노선으로 경제성이 크지 않으나 광주민주화운동을 기리기 위해 운영되고 있다(한겨레, 2015.5.14).
5. 왼쪽 사진은 전남대가 광주민주화운동의 발원지임을 나타내는 조형물로, 각각의 꽃잎은 광주민주화운동의 정신인 민주, 인권, 평화의 가치를 상징하며 꽃처럼 피어나는 순간을 형상화하였다(한국일보, 2016.12.19). 오른쪽 사진은 '오월느린우체통'이라는 작품으로 오월길을 상징하는 발자국 캐릭터를 이용한 독특한 로봇 모양의 우체통이다(오월길 사이트).
6. 광주민주화운동 당시 참상을 처음으로 알린 독일 공영방송 NDR 위르겐 힌츠페터 기자가 "이 시계탑이 모든 것을 알고 있다는 사실은 반드시 계속 전승돼야 합니다. 이 시계탑은 자유의 기념물이자 한국의 민주주의 시작을 상징하는 것이기 때문입니다"라고 말할 정도로 시계탑은 광주민주화운동에서 상징적인 기념물이다. 이후 전두환 정권에서 시계탑을 없앴다가 최근 다시 복원되었다. 또한 전일 빌딩은 헬기 사격의 진위 여부를 가리는 데 중요한 증거가 남은 장소로, 최근에는 광주민주화운동의 역사를 보존하기 위해 리모델링을 하고 있는 중이다.
7. 제로니모스 수도원은 에그타르트의 고향이자 리스본 내 최고의 역사 유적 중 한 곳으로 포르투갈의 탐험가들을 기념하기 위해 1672년에 건립되었으며 1983년 유네스코 세계유산에 등재되었다. 1820년대 자유주의운동의 영향으로 수도원이 문을 닫자 1873년 '파스테이스 드 벨렘(pasteis de belem)' 빵집에서 수도원의 에그타르트 레시피를 그대로 재현하여 판매하기 시작하였고, 현재까지도 많은 사람들이 찾는 에그타르트 명소로 사랑받고 있다. 현재 전통적인 제로니모스 수도원식 에그타르트 레시피를 아는 요리사는 단 세 명뿐인 것으로 전해진다(세계 음식명 백과).

8. 난징조약은 1842년 8월 영국과 청나라가 체결한 불평등조약이자 중국 최초의 개국조약이다. 이 조약으로 인해 홍콩이 영국에 할양되었고, 광저우를 비롯한 5개 항이 개항되었다. 난징조약은 중국 반식민지화의 발단이 되었다.

9. 애로호 사건은 1856년 청나라가 광저우항에 머물고 있던 애로호를 검문하여 중국인 선원들을 체포하는 과정에서 애로호에 걸려 있던 영국 국기가 끌어 내려진 사건이다. 이 사건을 계기로 평소 청나라와의 교역에 불만을 품고 있던 영국이 프랑스와 연합하여 광둥성(廣東省)을 점령하고, 1858년에 개항장의 증가, 새로운 무역 규칙 및 관세율 협정, 그리스도교의 공인 등을 골자로 하는 톈진조약을 체결하였다(정수일, 2013).

10. 메이지유신이란, 일본 메이지(明治) 천황 시기에 막부(幕府)체제를 무너뜨리고 왕정복고를 이룩한 변혁과정을 말한다. 12세기부터 19세기까지 일본의 천황은 명목상으로 존재했고, 쇼군(將軍, 막부의 수장)을 중심으로 한 군부정권을 이루었는데 이를 막부체제라 한다. 특히 임진왜란을 일으켰던 도요토미 히데요시(豐臣秀吉)가 1598년에 사망한 후에, 그의 가신이였던 도쿠가와 이에야스(德川家康)가 일본 통일을 이루었고, 1603년에 에도(江戶, 현재 도쿄)에 정권을 수립했다. 이 정권을 '에도막부(江戶幕府)'라 부른다. 에도막부는 19세기까지 일본을 통치했으나, 그 당시 서양 세력의 개혁 요구에 제대로 대처하지 못해, 통치권을 메이지 천황에게 넘긴다. 이를 메이지 유신이라 한다.

11. 장소브랜딩이란 카바라지스(Kavaratzis)가 장소마케팅의 한계를 보완할 대안으로 제시한 개념이다. 장소마케팅이 경제적 의미가 강한 것에 비해, 장소브랜딩은 장소정체성을 확립하고 이미지를 제고하여 사회적 목표를 달성하기 위해 장소의 역사성과 의미 창출을 보다 중점적으로 살피는 것을 의미한다.

12. 독일 남부, 바이에른주 북서부의 도시인 로텐부르크는 타우버강 상류 연안에 있다. 정식 이름은 로텐부르크 오프 데어 타우버(Rothenburg ob der Tauber)로, '타우버강 위쪽에 있는 로텐부르크'라는 뜻이다. 처음 문헌에 등장한 것은 9세기였다. 12~13세기 호엔슈타우펜 왕조(Hohenstaufen dynasty) 때 지은 요새를 중심으로 도시가 발전하였고, 1274~1803년에 자유제국도시로 교역이 활발하게 이루어지다가 17세기의 30년전쟁 이후 쇠퇴하였다. 하지만 현재에는 중세풍의 도시로 유명 관광지가 되었다.

13. 프랑켄은 독일의 지역명으로, 오늘날 바이에른 북부와 그 인접 지역에 해당한다. 신성로마제국이 멸망하고 나폴레옹에 의하여 남부 독일 국가들이 재구성됨에 따라 대부분의 프랑켄 지역이 바이에른에 속하게 되었다.

14. 16세기 이전에 건립되어 현재까지 보존된 대표적인 건물로는 로텐부르크에서 가장 높은 '성 야코프 교회'를 들 수 있다.

15. 네덜란드 동인도회사는 1602년 아시아 지역에 대한 무역·식민지 경영·외교 절충 등을 위해 이 방면의 여러 회사를 통합하여 설립한 독점적 특허회사이다.

16. 뉴욕 타임스는 뉴욕에서 발간되는 미국의 대표적인 일간신문이다. 각국의 신문사와 제휴하여 로컬신문을 발행하고 있으며, 한국에서는 2000년부터 중앙일보와 공동으로 Korea JoongAng Daily-NYT를 발행하고 있다.

17. 술탄 아흐메드 모스크는 술탄 아흐메드 1세가 17세기에 건축한 사원으로 모스크 내부가 푸른빛과 초록빛의 타일을 사용했다고 하여 블루 모스크(Blue Mosque)로도 불린다. 이 사원은 오스만제국이 구가한 황금시대의 상징이다(이난아, 2001).

18. 성 소피아 성당은 현존하는 최고의 비잔틴 건축물로, "건축의 역사를 바꾸었다"는 찬사를 듣고 있다. 유스티니아누스 대제의 명령으로 세워졌는데, 그리스 정교회 창설의 중심지였으며 비잔틴제국 황제의 의식이 치러지는 중요한 장소였다. 이 성당의 비잔틴 양식은 후일 이슬람 사원을 비롯한 다양한 종교, 문화 건축에 큰 영향을 주었다(최장순, 2006). 특히 오스만제국의 치하에서 500년이나 이슬람 사원으로 사용되는 비운을 겪은 후 현재는 박물관으로 지정되어 그리스 정교와 이슬람이 공존하는 역사의 현장으로 남아 있다.

19. 쿠르드족은 메소포타미아 지역(현재 터키의 동남쪽, 시리아의 북서쪽, 이라크의 북쪽, 이란의 북서쪽, 아르메니아의 남쪽)의 토착민들을 일컫는다. 뿔뿔이 흩어져 살면서 정작 자신들의 나라를 가져 본 적은 없으나 문화와 언어, 인종이 비슷하여 강한 민족성을 가지고 있다. 현재 각국에서 독립과 자치요구 활동을 활발하게 전개하고 있다.

네 번째 소확행

자연환경을 테마로 한 답사

01

마을숲에서 찾은 지혜, 전북 남원

인간과 숲, 역사를 함께하다

인간은 언제부터 지구에 살기 시작했을까? 지구상에 등장한 최초의 인류는 오스트랄로피테쿠스(Australopithecus)로서, 약 250만 년 전 현재 아프리카의 남부지방에 살았던 것으로 추정된다(장용준, 2008). '남방의 원숭이'라는 뜻을 가지고 있는 오스트랄로피테쿠스는 말 그대로 사람보다는 원숭이에 가까운 외형을 가졌으나 최초로 두 발 보행을 시작하였으며, 돌이나 나뭇가지 등 간단한 도구를 사용했다는 점에서 기존의 동물과는 차이점이 있다. 이후 호모 에렉투스(Homo erectus), 호모 사피엔스(Homo sapiens)를 거쳐 현생 인류의 직접적인 조상인 호모 사피엔스 사피엔스(Homo sapiens sapiens)가 등장하였다. 호모 사피엔스 사피엔스는 약 4만 년 전 지구에 최초로 출현한 이후 지금까지의 그 어떤 생물종보다 활발한 활동을 통해 지구의 경관을 무서운 속도로 변화시키고 있다.

인간이 지구를 점령한 이후, 지구상에서 일어난 가장 큰 변화는 바로 식물, 그중에서도 '수목(樹木)의 변화'일 것이다. 인간이 본격적으로 활동을 시작하기 전인 구석기와 신석기 시대의 숲은 인간에게 삶을 살아가는 보금자리이자 식재료를 제공받을 수 있는 소중한 공간이었다. 이 시대 인간은 숲을 중요한 장소로 여겨 신성시하였다. 그러나 청동기 시대 이후부터는 무기 제작과 음식 가열 등의 목적을 위해 본격적으로 목재를 활용하기 시작하였으며, 엄청난 양의 나무를 베어 사용하기 시작했다. 이는 인간의 삶을 크게 바꾸고 발전시키는 원동력이 되었으나, 숲을 크게 훼손하는 결과를 낳았다(강판권, 2006).

청동기 시대부터 이어져 온 숲의 파괴는 단순히 경관적인 변화에서 끝나지 않았으며, 지금까지도 인간의 삶에 큰 영향을 미치고 있다. 역사적 흐름 속에서 숲은 국가의 기반이자 국가가 유지될 수 있는 강력한 환경적 조건이 되었는데, 이러한 숲을 적절하게 활용하고 관리하지 못한 국가들은 끔찍한 멸망을 맞이할 수밖에 없었다. 대표적인 예가 될 수 있는 것이 바로 신라의 수도인 경주의 사례이다. 천 년에 가까운 기간 동안 고대 국가의 수도로서 찬란한 역사를 자랑하던 경주가 멸망하게 된 이유로는 여러 가지가 존재하지만, 인간 활동에 의한 자연재해의 영향 역시 중대한 역할을 한 것으로 추정된다. 당시 국가의 중심지로서 매우 높은 인구밀도를 자랑했던 경주가 경작지와 연료의 확보를 위해 무분별하게 산림 식생을 파괴하였고, 그 결과 가뭄, 산사태 등의 자연재해 빈도가 증가하여 경주의 기반을 약화시켰다는 것이다. 숲은 수목을 비롯한 각종 식생이 밀집해 있는 곳으로서 토양의 유실과 산사태 등 각종 재해를 방지하는 기능을 한다. 이러한 숲의 기능을 고려하지 않은 경주의 식생 파괴는 자연재해의 발생 빈도를 크게 증가시켰고, 결국에는 천 년의 수도 경주가 멸망하는 직접적인 원인이 되었다(황상일·윤순옥, 2013).

이렇듯 숲은 단순히 인간에 의해 이용되는 삶의 터전이 아닌, 인간의 삶에 여전히 큰 영향을 미치는 능동적인 존재이다. 특히 비슷한 면적의 다른 국가에 비해 생물의 종 다양성과 국토 중 산림이 차지하는 비율이 약 65%로 매우 높은 우리나라는 숲이 가지는 의미가 더욱 크다(산림청, 2015). '백두대간'으로 대표되는 우리나라의 아름다운 산지는 수려한 경관으로 오랜 기간 동안 우리 민족의 정신을 대변하였으나, 일제의 목재 수탈과 6·25전쟁을 겪으며 국토를 울창하게 덮고 있던 대부분의 숲이 황폐화되고 말았다. 이러한 산림 파괴 문제의 심각성을 인식한 정부는 1967년 산림청을 개설하고, 망가진 국토

그림 1-1. 우리나라의 산림녹화 사업(좌), 산림녹화 전·후 비교(우)
출처: 김재현(2018)

의 회복을 위해 본격적으로 헐벗은 숲에 나무를 심는 녹화(綠化) 사업을 시작하였다(그림 1-1). 이러한 노력을 통해 우리나라는 울창한 산림을 대부분 회복하게 되었으며, 4월 5일을 식목일로 규정하여 나무심기 운동을 격려하는 등 현재까지도 소중한 우리 숲을 보존하기 위해 노력하고 있다.

이렇듯 숲은 인류의 역사와 오랜 시간 함께하는 과정에서 막대한 영향력을 행사해 왔으며, 특히 우리나라에서 숲이 가지는 의미와 중요성은 매우 크다고 볼 수 있다. 반만년의 긴 역사 속에서 우리 민족은 숲과 떼려야 뗄 수 없는 관계로서 이를 적극적으로 활용하고 의지하며 살아왔다. 특히 자연환경을 비교적 훼손하지 않고 있는 그대로 활용하여 삶의 터전으로 삼고 있는 교외의 작은 마을의 경우에는 숲과 인간 사이의 유대감이 더욱 끈끈하게 드러나는데, 이를 가장 잘 드러내고 있는 경관이 바로 '마을숲'이다.

마을숲이란 마을 사람들의 생활과 직접적인 관련을 가지고 있는 숲으로, 마을 사람들의 역사, 문화, 신앙 등을 바탕으로 조성된 숲을 말한다(박재철, 2006). 이러한 마을숲은 마을 사람들에 의해 만들어졌기 때문에 대부분 단일 혹은 소수의 수종으로 구성되는 경우가 많다는 점에서 일반적인 숲과는 차이점을 가진다. 또한 오랜 시간 마을 사람들과 함께하는 과정에서 그 마을만의 생활사와 문화가 그대로 녹아 있다는 점에서 소중한 문화유산이다. 이 외에도 마을숲은 외부로부터의 시선을 차단하여 마을의 치안을 유지하고 풍수지리적인 조건을 보완하며 거센 바람을 막아 주는 등 다양한 기능을 수행한다. 우리나라에서 이러한 마을숲 경관이 가장 뚜렷하게 잘 나타나는 지역 중 하나가 바로 '전라북도 남원'이다.

지리산 자락에 위치한 남원은 지리적 특성상 산림이 차지하는 면적이 전체의 63%에 이르며, 고유한 전통이 보존된 마을이 많이 분포하고 있는 지역이다. 역사가 깊은 남원의 마을들은 각자 독특한 기능을 수행하는 마을숲과 함께 발전해 왔는데, 지금부터 남원을 대표하는 몇 가지 마을숲을 함께 살펴보며 우리나라에서 마을숲이 가지는 가치와 역할에 대해 자세히 알아보도록 하자.

560년의 세월이 숨 쉬는 곳, 닭뫼마을숲

전라북도 남원시 이백면 남계리(藍鷄里)에 위치한 닭뫼마을은 마을의 형상이 마치 닭이 알을 품고 있는 듯하여 '닭뫼'라는 이름이 붙여졌으며, 1450년대 순흥 안(安)씨의 조상이 터를 잡아 만들어진 곳이다(그림 1-2와 1-3). 섬진강 상류에 위치한 닭뫼마을은 과거에 현재 마을숲이 있는 코앞까지 물이 범람하여 마을 사람들의 안전을 위협하고 농작물을 훼손하기 일쑤였다고 한다. 이를 예방하고자 순흥 안씨 일가는 마을 주변에 나무를 심어 마을숲을 조성하기 시작하였는데, 이후에는 물이 마을로 넘치는 일이 없었다. 예부터 주민들은 이러한 숲의 기능에 감사하며 이를 신성시해 왔다고 전해진다(생명의숲 홈페이지).

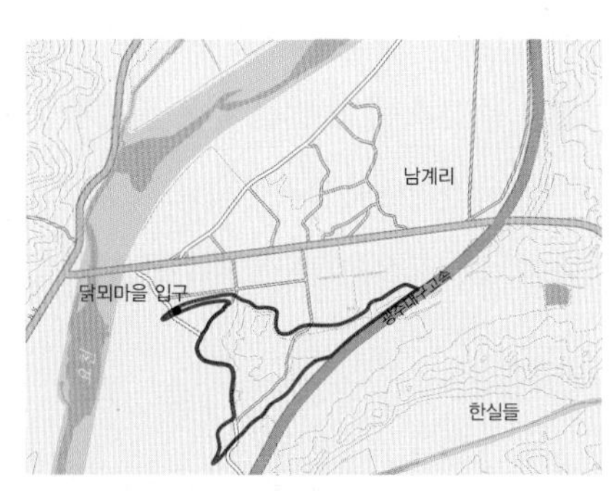

그림 1-2. 닭뫼마을 위치도

약 0.2ha의 면적을 가진 닭뫼마을숲은 느릅나무, 팽나무, 느티나무 등의 수종으로 구성되어 있으며, 섬진강으로부터 오는 물의 범람을 막아 마을의 안전을 지키는 보호림 및 북쪽으로부터 불어오는 거센 북서풍을 막아 주

그림 1-3. 닭뫼마을 경관

그림 1-4. 닭뫼마을숲의 경관
출처: 생명의숲 홈페이지(우)

는 방풍림의 역할을 하고 있다. 또한, 풍수지리학적으로 마을의 기를 보강하는 비보림(裨補林)[1]으로서도 기능하여 마을 사람들의 애정을 듬뿍 받고 있다. 실제로, 나무 그늘 아래에 앉아 “이 나무가 복덩이야. 마을 보물이지.”라고 말씀하시던 동네 어르신들의 표정에서 마을숲에 대한 애정과 자부심을 느낄 수 있었다. 주민과 함께 발전해 온 닭뫼마을숲은 이러한 가치와 아름다움을 인정받아 2017년 6월 국가산림문화자산으로 지정되었으며, 같은 해 11월에 산림청에서 주관하는 ‘아름다운 숲’ 전국대회에서 우수상을 수상하였다(그림 1-4).

늘 푸른 소나무의 기운을 받다, 삼산마을 소나무숲

앞서 살펴본 닭뫼마을숲이 다양한 기능으로 주민들의 사랑을 듬뿍 받는 숲이라면, 지금부터 살펴볼 삼산마을숲은 지리산의 기운을 받은 아름다운 소나무들이 다른 곳에서 찾아볼 수 없는 빼어난 장관을 연출하여 관광객의 사랑까지 듬뿍 받고 있는 곳이다. 고려시대 말 형성된 것으로 추정되는 삼산마을은 전라북도 남원시 운봉읍 산덕리(山德里)에 위치하고 있으며 마을 동쪽에 세 개의 작은 봉우리인 삼태봉(三台峰)이 존재한다(그림 1-5).

그림 1-5. 삼산마을 위치도

삼산마을의 가장 큰 자산이자 특징은 바로 마을을 둘러싸고 약 300년 이상 된 소나무 100여 그루가 함께 모여 있는 솔숲이다. 닭뫼마을숲이 느릅나무, 팽나무 등 비교적 다양한 수종으로 조성되어 있는 것과는 달리 삼산마을숲은 소나무 한 종으로만 숲이 이루어져 있는 것이 특징이다. 각 소나무들은 모두 다양하고 독특한 모양으로 방문객들의 이목을 사로잡는다. 삼산나무의 소나무숲은 바람을 막아 주는 방풍림으로서 동남풍을 막는 윗숲, 서풍을 막는 중간숲, 북풍을 막는 아랫숲으로 구성된다(생명의숲 홈페이지).

삼산마을숲을 이루고 있는 소나무는 우리나라를 대표하는 수종으로서, 우리나라의 풍토에 가장 효과적으로 적응하여 살고 있는 나무 중 하나이다. 실제 산림청의 설문조사자료에 의하면, '우리나라 국민이 가장 좋아하는 나무'에 대한 조사 결과 소나무가 66.1%의 압도적인 비율을 차지하며 전국에서 가장 사랑받는 나무로 선정되었다고 한다. 사시사철 푸른 잎으로 절개와 기상을 나타내기도 하는 소나무는 우리나라의 애국가에도 등장하여 그 위상을 확인할 수 있다. 삼산마을숲의 소나무들은 이러한 위상을 이어받아 앞서 소개한 방풍림으로서의 역할뿐 아니라 외부의 공격으로부터 마을 주민들의 안전을 지켜 주고 복을 가져다주는 수호신과 같은 기능을 한다고 전해진다. 보기만 해도 마음이 편안해지는 마을숲 내부에는 소나무의 아름다움을 만끽할 수 있는 산책로 및 나무의자가 조성되어 있어 마을 주민뿐 아니라 해마다 많은 관광객들이 찾는 마을의 보물이 되고 있다. 과거의 삼산마을숲은 기괴한 모양의 소나무가 방치된 버려진 숲이었으나, 2012년 남원시에서 시행한 전통 마을숲 복원 공모사업에 선정된 이후부터는 지속적인 관리를 받았다. 이를 통해 현재는 아름다운 소나무 경관을 보호하고 마을 주민 및 방문객들에게 쉼터를 제공하는 마을숲으로의 역할을 훌륭히 수행하고 있다(그림 1-6).

삼산마을숲 내부에는 당산할아버지와 당산할머니에게 마을의 풍요와 안녕을 기원했던 당산나무의 흔적 또한 찾아볼 수 있다. 주로 남원의 전통적인 마을제사인 당산제는 나무를 신체(神體)로 하여 진행되는 경우가 많은데, 윗숲에는 할아버지 당산나무가, 아랫숲에

그림 1-6. 삼산마을 소나무숲 경관

그림 1-7. 할머니 당산나무 안내문과 할아버지 당산나무

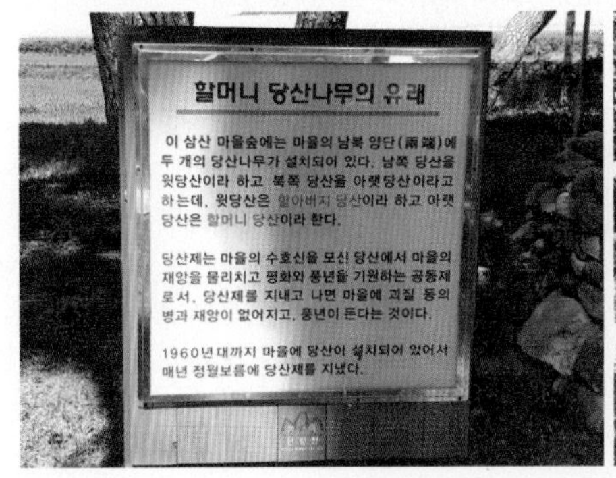

는 할머니 당산나무가 존재하여 당산제를 지냈다고 한다. 아쉽게도 현재는 당산제가 진행되고 있지 않으나, 마을 곳곳에서 과거 당산제가 진행되었던 흔적을 찾아볼 수 있어 역사·문화적인 가치가 크다(그림 1-7).

춘향이의 향기를 느끼다, 행정마을 개서어나무숲

삼산마을에서 조금만 걸어가면, 도로를 사이에 두고 마주하고 있는 행정마을이 등장한다. 남원시 운봉읍 행정리(杏亭里)에 위치한 행정마을은 약 1769년에 형성된 것으로 추정되며, 마을이 형성되었을 당시에 빼곡한 은행나무가 아름다운 숲을 이뤄 은행(銀杏)마을이라 불렸던 것이 현재 이름의 기원이 되었다고 전해진다(춘향남원 읍면동 포털). 마을의 북쪽에는 약 500평의 규모로 200년의 수령을 자랑하는 개서어나무숲이 존재하는데, 약 80여 그루의 개서어나무 군락이 논 위에 둥둥 떠 있는 모습이 마치 섬과 같아 매우 독특한 형상을 자랑한다(그림 1-8). 흥미로운 것은 개서어나무는 본래 숲이 오랜 시간에 거쳐 가장 안정된 상태에 이르렀을 때 나타나는 극상림(極相林)이라는 것이다. 그렇다면 대체 어떻게 논 한복판에 개서어나무 군락이 형성된 것일까?

마을에 내려오는 전설에 의하면, 과거 행정마을은 수년간 전염병이 돌아 많은 사람들이 목숨을 잃던 곳이었다. 그러던 중 마을을 지나던 한 도사의 "마을의 북쪽에 성을 쌓으면 액운을 막아 줄 것이다"라는 조언에, 마을 사람들이 북쪽에 하나둘씩 나무를 심어 완성한 것이 지금의 개서어나무숲이라고 한다. 숲이 형성된 이후부터는 전염병도 사라지고 일제강점기와 6·25전쟁, 그리고 지리산을 중심으로 활동하던 공산 비정규군인 빨치산에 대한 소탕작전으로 남원시를 포함한 지리산 전체에 대대적인 혈투가 일어났을 때에도, 행정마을에서는 단 한 명의 희생자도 없었다고 하니 마을의 비보림으로서 그 역할을 충실히 한 듯하다. 마을숲이 처음 조성된 이후 약 200년이 흐른 지금까지도 행정리 마을의 개서어나무는 마을 사람들의 사랑과 애정을 듬뿍 받으며 세심하게 관리되고 있으며, 외부의 지원 없이 마을 자체에서 관리되는 특색 있는 마을숲으로 자리 잡았다(지리산 서어

그림 1-8. 행정마을 위치도(좌), 행정마을 경관(우)
출처: 지리산 서어숲마을 홈페이지(우)

그림 1-9. 〈춘향뎐〉에서의 개서어나무숲(좌), 아름다운 개서어나무숲의 경관(우)
출처: 네이버 영화(좌)

숲마을 홈페이지).

행정마을의 개서어나무숲은 앞서 말한 비보림 외에도 하천의 범람을 막아 주는 보호림으로서의 역할도 한다. 또한 숲 내의 온도가 한여름에도 17℃를 넘지 않아 논일에 지친 주민들의 쉼터로 사용되고 있다. 마치 사람의 근육과 같은 울퉁불퉁한 줄기와 흔하지 않은 회색 수피가 만들어 내는 경관은 독특하고 아름다워서 임권택 감독의 영화 〈춘향뎐〉(2000)에서 춘향이 그네를 뛰는 명장면의 배경지가 되기도 하였다(그림 1-9). 이러한 가치와 잠재력을 인정받은 행정마을의 개서어나무숲은 2000년 제1회 '아름다운 숲' 전국 대회에서 대상을 수상하는 영광을 차지하였다.

마을숲의 운명, 어떻게 될 것인가?

숲과 함께 발전해 온 인류의 역사는 지금까지 이어져 오고 있으며, 우리는 여전히 알게 모르게 숲의 영향을 받으며 살아가고 있다. 그중에서도 특히 마을숲은 인간과 숲 사이 상호관계를 한국적인 정서로 담아낸 공간이자 마을 사람들의 생활사와 지혜가 고스란히 담긴 장소이다. 따라서 마을숲은 전통마을의 자연적 특징과 역사를 파악해 볼 수 있는 좋은 자료이자 천연문화재라고 할 수 있을 것이다.

마을 사람들과 희로애락을 함께해 온 마을숲은 그 자체로 마을의 중심이 되며, 마을 사람들이 믿고 의지할 수 있는 물리적·심리적 쉼터이다. 그러나 현재 우리가 살아가고 있는 사회에서 전통마을과 마을숲이 가지는 가치와 기능은 점점 그 힘을 잃고 있는 것으로 보인다. 과학과 기술의 발달을 통해 마을숲은 풍수적·종교적 가치를 잃어 가고 있으며 방풍, 방제림으로서의 독특한 기능 역시 점차 상실하고 있다(정명철, 2007). 참으로 안타까운 일이 아닌가? 선조들의 지혜가 가득 담겨 있는 마을숲은 아주 오랜 시절부터 안전하고 효과적으로 주민과 마을을 지켜 왔으며, 이는 그 어떠한 인위적 방식으로도 대체될 수 없을 것이다. 또한 주민들의 생활사가 그대로 묻어나 있는 소중한 자원으로서 생태교육의 장이 될 수 있는 가능성도 크며 역사적인 가치 역시 말할 필요 없이 높다. 그러나 급속한 발전 과정 속에서 마을숲의 가치는 폄하되었고, 대부분의 마을숲이 목재로 활용되기 위해 훼손되어 점점 그 면적이 줄어들고 있다. 이러한 상황에서 남원의 마을숲이 주는 교훈은 남다르다.

마을숲이라는 단어 자체가 다소 생소하게 느껴지는 것처럼, 현대인의 기억 속에서 마을숲의 존재는 그다지 크지 않다. 산림의 가치를 높게 인정하고 산악 케이블카 등 산림 경관을 활용한 관광 사업을 활발하게 개발하고 있는 우리나라이지만, 정작 소중히 여겨야 할 마을숲은 소멸될 위기에 처해 있다니 모순적인 일이다. 이는 오랜 역사적 관점에서 보았을 때 매우 바람직하지 못한 방향이며, 우리 스스로 나라의 큰 자연적 가치를 훼손하는 행위이다. 따라서 우리는 우리나라 전역에 분포하는 전통마을과 마을숲의 가치를 이해하고, 역사 속에서 마을숲의 기능을 인정하고 새로운 가치를 발견하여 이를 보존하기 위해 노력할 필요가 있다.

02

자연과 인간이 함께 가꾼 도시,
전남 순천

『무진기행』의 배경이 되는 곳, 순천

"무진에 명산물이 없는 게 아니다. 나는 그것이 무엇인지 알고 있다. 그것은 안개다. 아침에 잠자리에서 일어나서 밖으로 나오면, 밤사이에 진주해 온 적군들처럼 안개가 무진을 뺑 둘러싸고 있는 것이었다. 무진을 둘러싸고 있던 산들도 안개에 의하여 보이지 않는 먼 곳으로 유배당해 버리고 없었다. (중략) 손으로 잡을 수 없으면서도 그것은 뚜렷이 존재했고 사람들을 둘러쌌고 먼 곳에 있는 것으로부터 사람들을 떼어 놓았다. 안개, 무진의 안개, 무진의 아침에 사람들이 만나는 안개, 사람들로 하여금 해를 바람을 간절히 부르게 하는 무진의 안개, 그것이 무진의 명산물이 아닐 수 있을까!" (김승옥의 소설 『무진기행』 중에서)

1964년에 발표된 김승옥 작가의 『무진기행』은 '무진(霧津)'이라는 가상의 공간에 다녀온 일을 기행문의 형식을 빌려 쓴 소설이다. 이 소설은 순 한글을 이용하여 무진과 이곳을 둘러싸고 있는 안개를 감각적인 문장으로 표현해 많은 이들로부터 감수성의 혁명이라는 평가를 받았다. 이렇게 생동감 넘치는 묘사로 전달되는 배경과 분위기는 김승옥 작가가 자신의 유소년 시절을 보낸 순천을 바탕으로 무진을 그려 냈기 때문에 가능한 것이었다(안광진, 2016).

김승옥 작가의 고향●2인 순천은 전라남도 남동쪽에 있는 소백산맥 자락에 위치하며 남쪽으로는 순천만이 있다. 순천역 주변의 시내는 『무진기행』에서 나온 것처럼 남산, 봉화산, 왕의산 등 산으로 둘러싸여 있으며, 순천의 구도심에는 소설의 시간적 배경인 1960년대의 모습이 약간 남아 있다(그림 2-1과 2-2). 무진과 순천은 이러한 외형적 특징만 닮은 것이 아니다. 『무진기행』에서 서울과 무진은 공간적 대비를 이루고 있는데, 이러한 공간

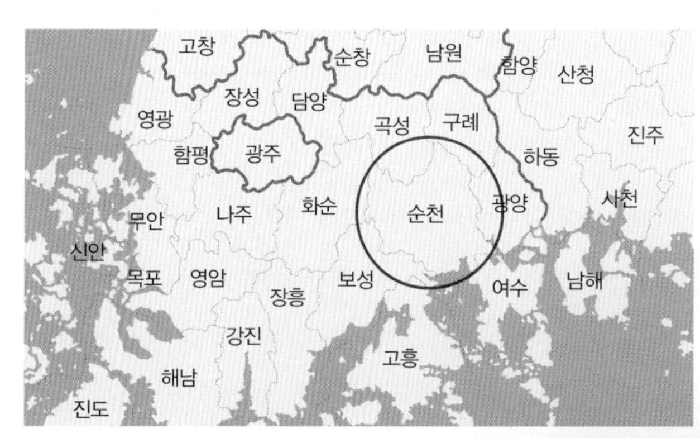

그림 2-1. 순천의 위치도

그림 2-2. 1961년에 건축된 양곡창고를 청년들의 창업공간으로 조성한 '청춘창고'

적 의미는 소설에서 핵심적인 위상을 차지한다. 소설에서 서울은 소음이 넘치고 피곤하며, 바쁜 일상과 책임감이 필요한 세속적·속물적 공간인 반면, 무진은 '안개'의 속성으로 인해 비현실적이며 수면제와 같은 휴식의 공간이고 미숙함과 순수 등이 혼재된 태초의 카오스와 같은 공간으로 그려진다(안광진, 2016).

작가가 무진이라는 장소를 창조할 때 순천이라는 공간을 투영했기 때문에, 무진과 순천은 비슷한 경관을 지니고 있다. 그리고 둘 다 사회·경제적 중심지인 서울과 멀리 떨어져 있다는 물리적 공통점이 있어 두 지역의 공간적 의미는 동일시된다고 할 수 있다. 즉 한반도 끝자락에 위치한 순천은 끝없이 펼쳐진 갈대밭과 갯벌 그리고 그 끝에 닿아 있는 순천만이 있어서, 그곳의 쓸쓸하고 고독한 분위기가 새벽의 안개와 만나 현실과 동떨어지고 고립된, 일종의 섬과 같은 비일상적이고 몽환적인 공간으로 비춰진다.

그래서일까? 많은 사람들은 괴로운 현실에서 잠시나마 짐을 내려놓을 수 있는 순천에 오고 싶어 한다. 『무진기행』이 나온 지 50여 년이 넘었지만, 여행객들은 그 모습을 그대로 간직하고 있는 순천 구도심과 순천만 일대를 다니면서 소설 속에서 태초의 원형을 상징하는 무진의 공간을 느낀다. 이를 반영하듯 순천만 습지에는 김승옥 문학관과 무진교가 있다(그림 2-3). 1970~1980년대에 널리 퍼져 있던 개발의 논리에서, 순천은 어떻게 반

그림 2-3. 순천만 습지에 위치한 김승옥 문학관(좌), 순천만 습지 입구에 놓인 무진교(우)

백 년 전의 감성을 그대로 유지할 수 있었을까? 특히 오랜 세월을 간직하여 태초의 공간처럼 느껴지는 순천만이 현재까지 어떻게 그 모습을 그대로 간직할 수 있었는지, 지금부터 무진교를 건너서 순천만 습지로 들어가 보자!

자연이 내린 경이로운 작품: 순천만 습지

순천만(혹은 여자도라는 섬이 있어 여자만이라고도 부른다)은 고흥반도와 여수반도로 에워싸인 큰 만이다(그림 2-4). 고흥반도와 여수반도가 순천만의 입구를 막는 독특한 모양새를 가지고 있기 때문에 순천만 습지(갯벌)가 형성되었다고 한다(강병국, 2015). 지금으로부터 약 1만 년 전에 최종빙기가 끝나면서 기온이 상승하였고, 이에 해수면이 상승하면서 한반도의 해안선은 지금과 같은 형태가 되었다. 즉 이 시기부터 복주머니 같은 독특한 순천만의 모습이 형성되어 오늘날까지 그 모습이 이어져 오고 있는 것이다. 더군다나 순천에 흐르는 동천, 이사천과 해룡천에서 진흙 등의 세립질 물질이 순천만 하구(河口, 강과 바다가 만나는 곳)에 운반되었는데, 순천만은 바깥의 남해와 이어진 입구가 매우 좁아서 물의 흐름이 매우 약했다. 그로 인해 순천만에 쌓여 있는 퇴적물이 바깥의 남해로 거의 이동하지 못한 채 순천만에 퇴적되었다. 이러한 과정이 8천 년의 시간이 지나면서 지금과 같이 넓은 면적을 차지하는 모습을 갖추게 되었다.

그리하여 현재 이곳에는 순천만으로 흘러가는 동천과 이사천의 합류지점으로부터 5.4㎢의 거대한 갈대 군락이 자생하고 있고, 그 끝에서부터는 22.6㎢의 넓은 갯벌이 펼쳐져 있다(순천만 습지 사이트). 이 지대를 모두 통틀어 '순천만 습지'라고 부른다. 그런데, 순천만 습지의 공간적 범위는 기준에 따라 달라지기도 하고, 조간대, 염습지, 갯벌 등과 같이 불리는 용어조차 다를 때가 있다. 이와 같이 습지의 공간이 모호해지는 이유는 습지의 정의 자체가 명확하지 않기 때문이다. 습지란 육상생태계와 수생태계의 전이대로, 일반적으로 일 년 중 일정 기간 동안 얕은 물에 잠겨 있는 지역을 말한다(한국습지학회, 2016). 이러한 애매모호한 정의로 인해, 습지의 지형적 정의와 공간적 범위를 정확히 설정하기

그림 2-4. 순천만 위치도(좌)와 순천만으로 흐르는 내천들(우)

어렵다. 그렇기에 소택지·늪·습원 등 습지에 속하는 지형이 다양하며, 우리나라 서·남해안에 잘 발달되는 갯벌과 우포늪 같은 늪지대, 그리고 태안의 신두리 해안사구 조간대에 위치한 사구 습지 등을 모두 습지라고 할 수 있다.

그중 우리나라의 서·남해안 갯벌은 세계 5대 연안 습지로 손꼽힐 만큼 명성이 자자하다(국토환경정보센터). 그런데 우리나라에 존재했던 많은 습지들은 대부분 식량 증산의 목적으로 인해 흙으로 덮여서 사라져 왔다. 1907년에 농업지개량산업의 일환으로 약 2,000㎢의 땅이 간척되기 시작하였고, 이러한 간척 사업은 경제를 부르짖으며 국토 개발에 열을 올리던 1960~1970년대에 정점을 찍고 2000년대 초까지 진행되었다(국가기록원 사이트). 그 결과, 1987년에는 3,203㎢나 되었던 갯벌의 면적이 2005년에는 2,550㎢로 18년 동안 약 20% 정도가 감소했다(한겨레, 2014.11.30). 그 당시에는 우리나라뿐 아니라 네덜란드 등 세계 곳곳에서 간척 사업을 벌였는데, 벼를 재배할 수 없어 쓸모없게 여기던 습지(갯벌)를 매립하여 논이나 공장부지로 활용하는 것이 더 경제적이라 보는 관점이 대다수를 차지했기 때문이다. 그런데 1990년대 중반에 들어서자 간척지의 문제점이 여러 군데에서 나타났다. 간척지의 물 흐름이 아예 막히자, 수질이 오염되고 생태계가 파괴되었으며, 나아가 어민들의 생계마저 위협을 받았다. 더군다나 전 세계적으로 환경에 대한 중요성이 높아지면서, '자연의 콩팥' 혹은 '생태학적 슈퍼마켓'이라는 새롭게 발견된 습지의 가치가 부상하기 시작하였다(한국습지학회, 2016).

순천만의 경우, 몇 차례 간척 사업으로 인해 그 규모가 줄어들긴 했으나 갈대밭과 칠면조(염생식물의 일종) 군락지 등 염습지가 우리나라 갯벌 중 유일하게 남아 있는 갯벌로서 연안 습지의 원형을 그대로 간직하고 있어 그 가치를 인정받고 있다(강병국, 2015).[3] 이렇게 순천만이 개발의 압박 속에서도 보존될 수 있었던 이유는 전남동부지역사회연구소를 중심으로 한 협력적 시민사회 거버넌스와 지방자치단체의 '환경표본도시'라는 도시정책의 지속적인 추진이 함께 맞물렸기 때문이다(이정록, 2016). 1980년대까지만 해도 순천만 습지는 무관심 속에 방치되어 있었다. 그 후 1993년에 홍수 예방과 하도 정비를 목적으로 동천의 직강화와 순천만 대대포구 갯벌의 준설을 위한 계획이 발표되었다. 이에 순천만 하구의 주민들은 전남동부지역사회연구소에 조사를 의뢰하여 환경단체들이 사업 추진에 적극적으로 반대하게 하였다. 이를 계기로 전남동부지역사회연구소가 순천시민들의 입장을 대변하는 구심점이 되어 1997년에 갈대축제를 개최하는 등 순천만 보전운동을 전국적으로 펼치기 시작했다.[4] 한편, 1995년 지방자치제가 실시되고 승주군과 통합이 되면서 순천시는 새로운 도시비전을 세울 필요가 생겼다. 그 이전에는 광양만권 도시의 배후지로서 교육·문화를 내세웠으나, 1995년 이후에는 환경을 새로운 도시비전으로 내세우며 1996년에 민관협력기구인 '그린순천21추진협의회'를 설치하는 등 도시정책의 노선을 변경하였다. 이와 같이 환경을 중점으로 하는 도시정책이 지금까지 이어져 오면서, 시민과 시민단체 그리고 지방자치단체의 협력을 통해 순천만 습지는 원형 그대로 보존될 수 있었다. 그 덕분에 순천만 습지는 2006년 1월 20일에 '순천만·보성갯벌'의 이름으로 우리나라 최초의 람사르 습지로 선정되며 세계적으로 그 생태적 가치를 크게 인정받았다.

이렇게 8천 년의 세월과 자연이 만든 순천만 습지는 짱뚱어와 도둑게 등 다양한 생물들이 살아가는 터전이며, 천연기념물인 흑두루미와 같은 철새가 월동하는 안식처로서 생

그림 2-5. 순천만 습지의 갈대밭(좌)과 이곳에 서식하는 짱뚱어와 도둑게 상징물(우)

태적 가치가 매우 높은 곳이다. 또한, 순천만 습지의 명물인 갈대는 주변 토양의 영양염류 양을 조절하고 중금속과 같은 오염 물질을 정화하는 능력을 지녀 생태계의 물질 순환에서 중요한 역할을 하고 있다(그림 2-5). 어디 이뿐인가? 이러한 가치와 더불어 수려한 경관을 지닌 순천만의 모습은 『무진기행』과 같은 예술적 영감을 선사하였다. 이 때문에 2004년 순천만 자연생태공원이 개관하자 순천만 습지를 찾는 탐방객 수가 2003년 10만 명에서 2010년에는 389만 명으로 폭발적으로 늘어났다(조선일보, 2015.9.4). 이에 순천시에서는 보배로운 땅이 된 순천만 습지를 더욱 효과적으로 보존하기 위한 방책으로 기발한 아이디어를 내놓았다. 그것이 바로 '순천만 국가정원'이다.

인간이 만든 아름다운 작품: 순천만 국가정원

순천만 국가정원은 순천만 습지와 도시 시내 사이의 공간에 위치하는데, 이러한 위치는 의도적으로 선정된 것이다. 앞서 말했듯이 순천만 습지를 실질적으로 보존하려면 순천만으로 향하는 관광객의 동선을 분산시키고 시가지의 확장을 막아야 하기 때문에, 순천만 국가정원은 순천만 습지보다는 시내에 더 가까운 장소에 조성되었다(그림 2-6). 이는 그린벨트(greenbelt, 개발제한구역)와 유사한 기능을 하여, 에코벨트(ecobelt)라는 새로운 합성어를 만들 정도로 획기적인 아이디어였다. 또한, 순천만국제정원박람회장을 조성하여 생태도시로서 지속적인 발전을 꾀하고자 하였다. 그리하여 2013년 4월 20일부터 10

월 20일까지, '지구의 정원, 순천만(Suncheon Bay, Garden of the Earth)'이라는 주제로 순천에서 국제정원박람회가 개최되었고, 약 440만 명의 관광객이 방문하여 성황리에 끝이 났다. 이는 인구수 27만 명의 중소도시가 자체적으로 박람회를 구상하고, 중앙 정부를 설득하여 유치계획 승인을 받아낸 뒤 독자적으로 국제정원박람회를 성사시킨 이벤트라는 점에서 긍정적인 평가를 받고 있다. 이렇게 성공적으로 개최될 수 있었던 동력은 먼저 순천만의 존재 덕분이며, 지속적으로 순천만 보존 활동을 펼쳐 왔던 점, 그리고 도시발전을 위해 환경과 정원이라는 새로운 비전을 설정하여 기존의 환경·생태도시 정책을 연속적으로 이어 갔던 점을 들 수 있다. 이뿐만 아니라 2012년 여수세계박람회 개최로 여수시, 광양시 등 주변도시 간의 연대 및 경쟁을 할 기회가 있었던 외부적 요인도 배제할 수 없다. 또한 '정원도시'라는 독특한 도시정책을 독일에서 발견하여 해당 지역에 적용시킨 순천시장 및 지역 사회의 리더십 등 내부적 요인도 빼놓을 수 없는 주요 성공 요인이다(이정록, 2014).

그림 2-6. 순천만 국가정원 위치도

순천만국제정원박람회는 순천이 과거 '광양만권의 배후도시'라는 이미지에서 '생태·정원도시'로서 발전가능성이 높은 도시로 변모하는 계기가 되었다(이정록 외, 2015). 즉 순천만국제정원박람회는 생태적 가치를 내포하는 순천만의 존재를 토대로 하여 '대한민국의 생태수도, 순천'으로 더욱 떠오를 수 있는 일종의 도약과 같은 역할을 한 것이다. 이러한 흐름으로 2014년 4월 20일, 박람회장은 순천만 정원으로 개장하였고, 2015년에는 대한민국 1호 국가정원으로 지정되어 활용되고 있다.

순천 시내와 순천만 중간지점에 위치한 순천만 국가정원은 순천 시내를 가로질러 순천만으로 흘러들어 가는 동천을 중심으로 서쪽과 동쪽으로 구분된다. 독특하게도 순천만 국가정원은 동천에 의해 물리적 공간이 구분되면서 공간에서 느끼는 감성도 확연히 달라지지만, 동천을 건너면서 물리적으로 그리고 감성적으로 분리되어 있던 두 공간이 '자연의 아름다움'이라는 큰 주제로 자연스럽게 연결되도록 구성되었다. 다시 말하자면, 순천만 국가정원에서 동천을 기준으로 서쪽 지역은 세계 각국의 정원과 순천 호수 정원 등으로 구성되어 있으며, 동쪽 지역은 한국 정원을 비롯하여 수목원과 습지센터 등이 위치하고 있다. 그래서 그런지 서쪽 지역은 인간이 주가 되고 인공적으로 가꾸어진 정원이 배경이 되는 느낌을 준다(그림 2-7). 반면에 동쪽 지역의 경우, 있는 그대로의 자연에 인간이 잠깐 머무르는 듯한 느낌을 준다(그림 2-8). 이러한 이질적인 두 공간은 '꿈의 다리'로 유일하게 연결되어 있다(그림 2-9). 따라서 방문객은 꿈의 다리를 통해 두 이질적인 공간에서 다양한 유형의 아름다움을 자연스럽게 경험할 수 있다. 즉 서쪽 지역에서는 각국의 정원을 통해 인위적이고 이색적인 아름다움을 경험하다가, 꿈의 다리를 건너면서 잠깐잠깐 보이는 구불구불한 동천의 아름다운 곡선에 경탄하게 되고, 동쪽 지역에서는 자연과 인위적인 건축물의 조화에 의한 아름다움에 반하면서 한국 정원 뒤의 정자에 올라 자연과 하나 됨을 온몸으로 느끼는 것이다. 여기에 동쪽 지역의 스카이큐브(일종의 무인열차)를 타고 순천만 습지를 방문하면, 자연의 아름다움에 대한 감상에서 더 나아가서 자연과 조화로운 삶을 선택한 순천 시민들의 생태의식을 한 발짝 더 느낄 수 있다. 이렇듯 서로 다른 자연의 아름다움을 보여 주면서 두 공간이 하나로 통합된다.

이와 같이 다양한 국가의 정원이 조성되어 있는 순천만 국가정원은 인공적인 아름다움과 자연적인 아름다움을 동시에 감상할 수 있으며, 자연의 아름다움을 체험할 수 있는 곳으로서 그 의미가 크다고 할 수 있다. 그러나 아쉽게도 순천만 국가정원의 아름다움은 순천만 지역 주민들의 일상과 직접적으로 연결되어 있지는 않다. 즉 '순천만 습지'는 인간이 자연과 함께 살아가야 함을 직접적으로 보여 주고 경험하게 하는 공간으로서 진정한 자연적 아름다움이 느껴지는 곳이라면, '순천만 국가정원'은 상대적으로 약간 인위적인 공간이다. 따라서 순천만 국가정원이 갖는 본래의 의미를 생각한다면, 순천만 국가정원은 순천만 습지와 보다 강한 결속력을 두어야 한다. 그래야 그 고유의 정체성을 바로

그림 2-7. 순천만 국가정원의 서쪽에 있는 프랑스 정원(좌)과 베르사유 궁전의 정원(우). 기하학적 형태로 정원이 조성되어 있어 인위적이고 이색적인 아름다움이 돋보인다.

그림 2-8. 순천만 국가정원 동쪽에 있는 한국 정원(좌)과 창덕궁 후원(우). 자연과의 조화로 인한 아름다움을 느낄 수 있다.

그림 2-9. 상자처럼 생긴 꿈의 다리와 그 내부. 아름다운 동천의 경관과 희망찬 미래를 엿볼 수 있다.

할 수 있기 때문이다(최준호, 2017). 다시 말해, 순천만 국가정원과 순천만 습지를 연계하여 방문하는 시스템을 보다 적극적으로 개선한다면 자연과 인간이 함께하는 삶에 대해서 한껏 깊이 생각해 볼 수 있는 기회가 될 것이다.

생태도시 순천의 비상飛上

결론적으로 순천은 인간과 자연이 합심하여 만들어 낸 지역이다. 왜냐하면, 지리적 조건으로 자연스럽게 형성된 순천만과 습지를 시민 사회가 힘을 합쳐 보존했고, 이러한 시민사회에 반응한 지방자치단체가 몇십 년간 생태도시정책을 일관되게 유지해 왔기 때문이다. 그 덕분에 순천만 습지는 드넓은 갈대밭과 갯벌을 보면서 『무진기행』의 감성을 그대로 느낄 수 있는 지역이 되었다. 또한, 정책의 일환으로 형성된 순천만 국가정원은 인공적인 것과 자연적인 것의 아름다움을 통합적으로 수용한 경관을 보여 주고 몸으로 직접 체험하도록 하여, 순천만 습지와 더불어 자연과 공존하며 살아가는 법을 일깨워 주고 있다.

특히 순천만 습지의 보존으로 생태도시의 발판을 닦은 순천은 2013년 순천만국제정원박람회와 2015년 국가정원 선정으로 명실상부한 대한민국의 생태수도로 떠올랐다. 이러한 도시 이미지의 긍정적 제고와 더불어서 2018년에는 람사르 습지도시로 선정되어 그 명성을 떨쳤으며, 이로 인해 2018년에는 무려 900만 명의 관광객이 순천을 찾았다(순천시 사이트). 또한 정원산업을 육성하여 이와 관련된 일자리를 창출하였고, 새로운 정원문화 패러다임의 선두가 되었으며, 지역 주민의 자긍심을 높이는 등 지역경제와 지역의 긍정적 분위기를 활성화하는 데 큰 성과를 거두었다(김준선, 2016).

하지만 이렇게 승승장구하는 순천시에 대해 약간의 우려도 있다. 순천시는 시(市)로 승격한 지 70주년을 맞이하여, 2019년을 순천 방문의 해로 지정하고 관광객 1,000만 명을 유치하겠다고 발표하였다(뉴시스, 2018.10.16). 물론 관광객이 많이 방문하면 지역경제에 좋겠지만, 자연의 수용력을 넘은 과도한 관광객 수는 순천만 습지를 훼손할 수 있고, 자연과 함께 더불어 가는 삶을 살고자 하는 지역 주민마저 괴로워질 수 있다. 더 심하면, 앞서 도 언급했듯 순천만 국가정원이 순천만 습지보다 더욱 부상하여 순천만 국가정원이 형성된 본래의 목적을 잃어버릴 수 있으며, 생태적 가치보다 경제적 가치에 더 치중하여 생태도시라는 정책을 꾸준히 유지해 오던 순천시가 초심을 잃을 가능성도 커질 수 있다. 그럼에도 불구하고, 순천시의 생태도시로서의 성공은 어느 정도 개발과 자연의 대립 속에서 제3의 길이 되는 해결책을 보여 주었다. 즉 순천은 환경의 가치가 어느 때보다 높은 21세기에 적합한 도시모델이라는 의의를 안겨 준다. 이는 폐염전·폐양식장 등의 간척지를 예전의 갯벌로 돌려 놓는 역간척 사업에 대한 논의가 오가는 지역들에게 희망의 빛이 될 수 있을 것이다. 순천 시민과 순천시의 순천만 습지 보존에 관한 이야기 그리고 국가정원과 순천만 습지에서 발견한 아름다움을 오감을 통해 느끼면서, 인간과 자연이 함께 만들어 나가는 지속가능한 환경과 발전을 동시에 도모할 수 있는 지역들이 더욱더 많아지길 고대해 본다.

03

신비한 얼음골의 비밀, 경남 밀양

한여름에도 얼음이 어는 곳이 있다고?

망고(Mango)와 파파야(Papaya), 패션프루트(Passion Fruit)… 이들은 모두 아열대 기후에서 자라나는 과일로, 온대 기후에 속하는 대한민국 국민에게는 다소 생소한 작물들이다. 그런데 놀랍게도, 최근 들어서는 제주도를 비롯한 우리나라의 남부 지역에서도 이러한 아열대 작물들이 재배되기 시작하였다. 농촌진흥청에 따르면 2017년 기준 우리나라의 아열대 작물 재배면적은 약 354.2ha이며, 이는 시간이 흐름에 따라 점차 증가할 것으로 예측된다. 실제로 각종 쇼핑몰이나 식료품 매장을 통해 제주도산 망고, 전라남도 곡성산 파파야 등 국내에서 생산되는 아열대 작물들을 어렵지 않게 찾아볼 수 있다. 그 생산량과 작물의 다양성 역시 끊임없이 증가하는 추세이다.

국내에서 아열대 작물이 생산된다는 것은 무엇을 의미할까? 한 지역 내에서 재배 작물의 변화는 기후변화와 밀접한 관련이 있다. 즉 남부지방에서 망고, 파파야 등의 재배가 가능해졌다는 것은 대한민국의 기온이 점점 더 상승하여 난대 기후로 변화하고 있음을 의미한다. 실제로 2018년 8월 1일, 대한민국은 서울 최고기온 39.6℃를 기록하며 1907

년부터 시작된 기상관측 역사상 가장 더운 여름을 맞이하였다. 이는 1994년 여름의 최고기온 기록인 38.4℃보다 무려 1.2℃가량 높은 수치로, 서울뿐만 아니라 전국 각지에서 40℃ 이상의 최고기온이 관측되며 그야말로 역대급 폭염으로 기록되었다(기상청 웹사이트). 이 기록적인 폭염은 일사병, 열사병으로 대표되는 온열질환과 가뭄으로 인한 농작물의 고사 등 전국적으로 막대한 인적·물적 피해를 불러일으키며, 우리나라가 해결해야 할 가장 시급한 환경 문제 중 하나로 떠올랐다.

그런데 이토록 무더운 우리나라의 한여름 중에도 얼음이 어는 곳이 있다면 믿을 수 있겠는가? 일반적인 여름을 떠올리면 쉽게 이해하기 힘든 이야기이지만, 실제로 경상남도에는 녹아내릴 듯한 더위 속에서도 서늘한 바람이 불어 나오고 얼음이 어는 곳이 존재한다. 바로 지금부터 소개할 밀양의 '얼음골'이다.

경상남도의 북동쪽에 위치한 밀양은 아름다운 산지와 하천으로 수려한 경관 및 높은 농업 생산성을 가져 '미르피아'라는 별명을 가진 곳이다. 밀양을 의미하는 '미르'와 '유토피아(Utopia)'의 합성어인 미르피아는 하늘이 내린 축복의 땅이라는 뜻으로, 이와 같은 별명이 붙여진 데에는 지금부터 소개할 얼음골의 영향이 크다(밀양시청 홈페이지). 이 신비한 얼음골은 한여름에는 차가운 얼음이, 한겨울에는 따스한 김이 무럭무럭 피어나는 마법 같은 곳이다. 그 속에는 과연 어떤 비밀이 숨겨져 있는 것일까? 지금부터 그 비밀을 파헤쳐 보자.

자연이 빚은 천연냉장고, 얼음골의 비밀

무더운 여름, 찌는 듯한 더위를 뚫고 밀양시 천황산 중턱에 위치한 얼음골 계곡에 들어서면 거짓말처럼 서늘한 바람이 부는 것을 느낄 수 있다. 계곡 입구에서 조금 더 올라 해발고도 약 600~700m 부근에 도달하면 암석 조각들이 경사를 따라 넓게 흩뿌려져 있는 경관이 나타나는데, 그곳이 바로 냉기의 근원인 얼음골이다.

사실 얼음골이라는 단어가 밀양의 얼음골만을 의미하는 것은 아니다. 얼음골(氷谷, ice

valley)이란 여름철에는 서늘한 바람이 불거나 얼음이 얼고 겨울철에는 따뜻한 바람이 불어 나오는 현상을 의미하는 풍혈(風穴)지형[5]의 한 종류를 지칭하는 말로, 밀양뿐만 아니라 경상북도 청송, 전라북도 진안 등의 산지에서도 찾아볼 수 있다(공우석 외, 2011). 그러나 밀양 얼음골의 면적이 가장 넓고 형태가 뚜렷하게 나타나기 때문에, 일반적으로 '얼음골'이라 하면 밀양의 얼음골을 지칭한다.

그렇다면, 이러한 얼음골은 어떠한 원리로 만들어지는 것일까? 아직까지 정확한 원인은 밝혀지지 않고 있지만, 지형적인 특징에 영향을 받아 형성되었을 것이라는 가설이 가장 유력하다. 밀양이 속해 있는 영남 지역은 '영남 알프스'라 불릴 정도로 아름답고도 높은 산지들이 이어져 있는 곳이다. 밀양 얼음골이 위치하고 있는 산내면 삼양리 천황산 일대는 이러한 영남 알프스의 중심부에 위치하여, 한랭한 공기가 잘 빠져나가지 못하므로 상대적으로 서늘한 기온이 유지된다는 게 그 주장이다(그림 3-1).

두 번째로, 얼음골 자체의 형태 역시 비밀의 열쇠가 된다는 주장이 있다. 밀양 얼음골의 동·서·남 3면은 절벽으로 둘러싸여 있으며, 북쪽은 애추사면으로 이루어져 있다. 애추란, 가파른 암석 절벽에서 상대적으로 작은 암석들이 떨어져 나와 형성되는 지형이다(그림 3-2의 좌). 주로 빙하 주변의 한랭지대에서 찾아볼 수 있으며, 빙기 때 암석 틈에 들어

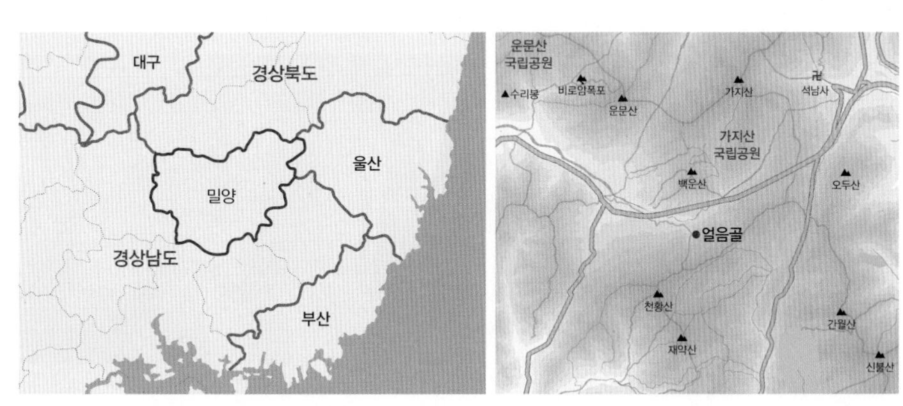

그림 3-1. 밀양 위치도(좌), 얼음골 위치도(우)

간 물이 얼고 녹는 과정을 반복하며 물리적 풍화가 일어나 형성된다. 여름철에 바로 이 애추사면에서 신비한 얼음이 생성되는데, 이는 사면 전체를 두껍게 덮고 있는 크고 작은 암석덩어리들 때문이다. 애추사면을 구성하는 암석덩어리들은 겨울의 차가운 냉기와 여름의 뜨거운 열기를 저장하는 역할을 한다(김영일 외, 2006). 즉 주변의 기온이 변화하더라도 애추사면 내부의 온도는 암석의 단열 작용에 의해 쉽게 변화하지 않는 것이다(국립수목원, 2013). 또한 애추사면은 암석의 틈새 사이로 크고 작은 공간이 많이 생성되기 때문에 공기의 이동이 자유롭게 일어난다. 따라서 여름철에 외부의 습하고 따뜻한 공기가 애추사면으로 유입되면 암석에 저장된 냉기의 영향으로 사면을 따라 내려가는 과정에서 지하수와 함께 빠른 속도로 냉각되고, 사면 아랫부분에서 차가운 공기를 방출하게 되는 것이다. 이러한 과정이 반복되면 사면 내부의 냉각된 암석과 공기의 온도는 더욱 낮아져 빙점에 도달하고, 한여름에도 암석의 틈새에서 얼음이 얼어 있는 것을 확인할 수 있다(그림 3-2의 우).

얼음골 내에서 일어나는 이 신비한 과정들은 애추사면의 내부와 외부의 온도차가 심할수록 더욱 분명하게 나타난다. 따라서 여름철의 더위가 심할수록 더 많은 얼음이 더욱 오랜 기간 동안 유지된다. 이러한 얼음골의 여름철 평균기온은 약 0.2℃로, 무더운 여름 폭염에 지친 사람들에게 단비 같은 시원함을 제공하며 많은 사랑을 받고 있다(밀양시 문

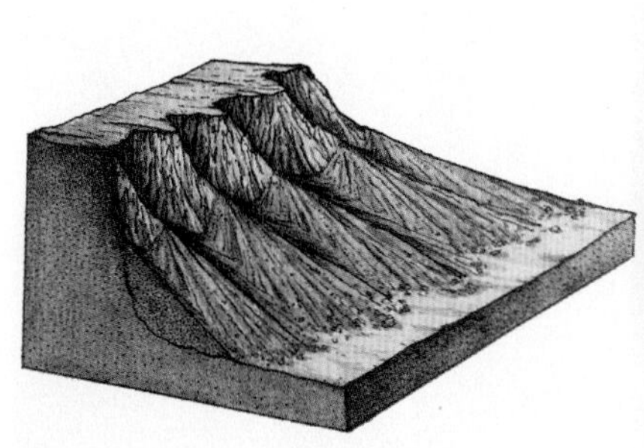

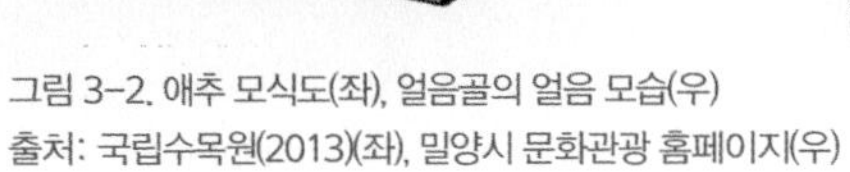

그림 3-2. 애추 모식도(좌), 얼음골의 얼음 모습(우)
출처: 국립수목원(2013)(좌), 밀양시 문화관광 홈페이지(우)

화관광 홈페이지). 이러한 얼음골의 이용 역사는 일제강점기의 기록에서도 찾아볼 수 있는데, 당시 발행된 신문기사에서 예로부터 채소절임이나 누에알(蠶種)을 서늘한 풍혈에 보관하곤 했던 일제의 영향을 받아 우리나라에서도 풍혈을 마치 천연냉장고처럼 활용했다는 기록을 확인할 수 있다(김정연·박경, 2016).

든든한 환경 지킴이, 얼음골

밀양 얼음골의 애추사면은 약 35°의 급경사를 이루고 있으며, 동서 방향으로 약 30m, 남북 방향으로 70m의 폭을 가진다(그림 3-3). 앞서도 말했듯이 이는 전국 최대 규모의 풍혈 지형이며, 형태나 보존 정도가 매우 우수하여 그 가치를 인정받아 1970년 천연기념물 제 224호로 지정되었다. 이처럼 수려한 자연 경관을 가지는 얼음골은 아주 오랜 옛날부터 수많은 관광객을 이끄는 인기 피서지로서 밀양시의 관광 사업에 핵심적인 기능을 해왔다.

그런데 흥미롭게도, 얼음골을 피난처로 이용하는 것은 사람뿐만이 아니다. 주변부보다 낮은 기온을 형성하는 얼음골은 급격한 온난화 속에서 터전을 잃은 위기식물들에게도 훌륭한 피난처가 된다. 대표적인 식물이 바로 '극지식물'과 '고산식물'이다. 지구온난화로 인해 기온이 상승하면, 본래 저위도 지역에서 자라던 식물은 생장에 필요한 환경조건

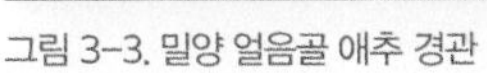

그림 3-3. 밀양 얼음골 애추 경관

에 맞춰 고위도 지역으로 이동하고 낮은 지대에서 살던 식물 역시 높은 지대로 점차 삶의 터전을 옮겨 간다. 그러나 극지식물과 고산식물의 경우, 온난화가 진행되는 과정에서 더 이상 자신에게 필요한 환경조건을 갖춘 지역을 찾을 수 없게 되어 멸종에 매우 취약하다. 이때, 다른 지역에 비해 온도가 낮고 서늘한 얼음골은 갈 곳 잃은 극지식물과 고산식물의 유일한 보금자리가 될 수 있다. 이와 같은 이유로 얼음골에서는 다른 곳에서 쉽게 찾아볼 수 없는 희귀식물과 멸종위기종들이 발견되며 생물지리학적으로 매우 높은 가치를 가진다(공우석 외, 2011). 주로 높은 산의 암벽에서 자라는 주저리고사리(Dryopteris fragrans)와 멸종우려종인 꼬리말발도리(Deutzia paniculata) 등이 바로 얼음골을 터전 삼아 살고 있는 식물이다(김진석 외, 2016).

얼음골이 가지는 환경적 가치는 여기서 끝나지 않는다. 앞서 확인했듯이, 얼음골의 애추지형은 지금으로부터 약 1만~160만 년 전인 플라이스토세의 빙기 중 암석이 오랜 시간에 걸쳐 동결과 융해를 반복하며 형성된 것으로, 현재의 기후에서는 더 이상 형성되지 않는 화석지형이다. 이 때문에 얼음골은 지형적으로 매우 높은 희소성을 가지며, 과거의 환경과 그 변화 과정을 그대로 간직하고 있는 소중한 역사책으로서도 큰 가치를 지닌다(김정연·박경, 2016).

이처럼 얼음골은 단순한 관광지가 아닌, 우리나라 기후환경의 역사를 간직하고 멸종위기 생물을 든든하게 보호하는 환경의 지킴이다. 우리는 이러한 얼음골의 환경적 가치를 인지하고, 이를 활용하여 앞으로의 환경변화에 대응할 수 있는 적절한 대안 및 관리방안을 고려해 볼 필요가 있다.

얼음골이 준 선물, 밀양 얼음골사과

전 국가적으로 높은 가치를 가지는 얼음골은 밀양 주민들에게도 역시 보물과 같이 소중한 자원이다. 얼음골이 밀양 주민들에게 준 선물 중 가장 큰 것을 꼽으라면, 아마 새콤달콤한 얼음골사과를 빼놓을 수 없을 것이다.

우리 국민들이 가장 사랑하는 과일 중 하나인 사과는 생육기인 4~10월의 평균기온이 13~21℃ 사이인 지역에서 주로 자라며 지역 기후에 큰 영향을 받는다. 우리나라의 경우 사과가 잘 자라는 기후조건에 속하여 전국 과수 재배면적 중 사과가 19.5%를 차지하며, 전통적으로 경상북도, 충청북도 등의 사과가 유명세를 떨쳐 왔다(김선영 외, 2010). 그러나 온난화가 지속되는 과정에서 사과 재배에 적합한 지역 역시 계속해서 북상하였고, 현재는 강원도 정선이나 경기도 포천, 파주 등 북부 지역에서까지 사과 재배가 가능해졌다. 그 결과 대구광역시 등 과거 사과로 높은 수익을 내던 기존의 생산지들은 큰 피해를 입었고, 지역 내 사과 재배면적 및 생산량이 빠른 속도로 감소하는 추세에 있다.

이러한 온난화의 영향에도 불구하고, 밀양의 사과는 아직까지 그 오랜 명성을 유지하며 전국에서 가장 비싼 값을 받는 사과 중 하나로 꼽힌다. 위도상으로 보면 쉽게 이해되지 않는 현상이다. 왜 기존 사과 산지의 대명사인 경상북도나 충청북도보다 훨씬 남쪽에 위치한 경상남도 밀양의 사과만이 온난화로부터 살아남을 수 있었던 것일까? 그 비밀은 역시 얼음골에 있다. 얼음골의 높은 해발고도와 서늘한 바람이 사과의 당도를 높이고, 고온으로 인해 과육이 상하거나 불량하게 착색되는 것을 방지하여 좋은 품질을 유지할 수 있도록 한 것이다(밀양시청 홈페이지). 이러한 이유로 얼음골의 사과는 밀양의 지역 특산물로 자리 잡게 되었으며, 현재도 많은 주민들에게 높은 수익을 주는 효자산업으로 그 역할을 다하고 있다.

실제로 얼음골로 가는 길목 주변의 대부분은 사과를 재배하는 과수원이다. 주민들은 사

그림 3-4. 밀양 얼음골사과

과 및 사과즙, 사과청 등 사과를 활용하여 만든 상품을 판매할 뿐 아니라, 매년 11월 밀양 얼음골사과축제를 개최하여 훌륭한 얼음골사과를 홍보하고, 다양한 체험 기회를 제공함으로써 지역경제 활성화에 기여하고 있다(그림 3-4).

얼음골, 앞으로도 잘 부탁해!

더위에 지친 사람들에게는 시원한 휴식처를, 갈 곳 잃은 생물들에게는 삶의 터전을, 밀양시 주민들에게는 다양한 소득 창출의 기회를 제공하는 밀양의 얼음골은 '땀이 흐르는 사명대사 비석', '종소리 나는 만어산의 경석'과 함께 밀양의 3대 신비로 꼽히는 귀중한 지역자원이다(밀양시청 홈페이지).●6 특히 최근에는 온난화가 국가적인 이슈로 대두되며 얼음골의 환경, 생태적 가치가 더욱 주목받고 있어 밀양시뿐만 아니라 전국적으로도 얼음골에 대한 관심이 높아지고 있다. 따라서 우리는 이러한 얼음골의 독특한 지형 및 환경적 가치를 이해하고, 이를 철저하게 보호하고 관리해 나가야 한다. 다행히 밀양의 얼음골은 1970년 천연기념물 제224호 지정 이후 별도 관리 지역으로 구분되어 다른 풍혈 지역에 비해 철저한 관리와 조사가 이루어지고 있다(국립수목원, 2013). 물론 그럼에도 최근 급격한 기후변화와 관광산업 등의 영향으로 얼음이 얼지 않거나 빠른 속도로 녹아 버리는 등의 문제가 종종 발생하고 있지만, 그 정도가 비교적 양호한 편이다.

그러나 다른 지역의 현실은 처참하다. 얼음골과 같은 풍혈지형은 전국에 산재하는데, 그에 대한 우리나라의 연구는 몇몇 지역을 제외하고는 아직 시작 단계에 있어 기초적인 조사가 몹시 부족한 상태이다. 이처럼 관리가 미흡한 풍혈은 자연적, 혹은 인위적으로 끊임없는 훼손 및 교란을 받게 되어, 결국에는 그 가치를 잃게 될 가능성이 높다. 풍혈의 환경적·생태적 가치를 생각해 보았을 때 이는 큰 국가적 손실이며, 지금부터라도 풍혈지형에 대한 철저한 연구 및 관리방안을 세워 나갈 필요가 있다.

이러한 상황에서 많은 관광객들에게 사랑받는 관광 명소이자 달콤한 명물 사과로 널리 알려진 밀양의 얼음골은 여타 지역과는 달리 풍혈지형을 대표하는 모범 사례로 활용될 수 있다. 밀양의 얼음골을 더욱더 철저하게 관리 및 보존하여, 단순히 신비하기만 한 지역이 아닌 환경·생태적 중요성을 간직한 지질 명소로서의 가치를 함께 홍보한다면, 아직 알려지지 않은 전국의 다른 풍혈지형들도 차차 그 가치를 인정받게 될 것으로 생각한다. 그러니 "얼음골아, 앞으로도 잘 부탁해!"

04

하이디와 함께 떠나는 여정, 스위스 융프라우

하이디의 놀이터, 알프스

유럽의 중앙에 위치한 스위스(Switzerland)는 서쪽에는 프랑스, 남쪽에는 이탈리아, 동쪽에는 오스트리아와 리히텐슈타인, 북쪽에는 독일로 사방이 둘러싸여 있는 내륙 국가이다(그림 4-1의 좌). 이러한 지리적 위치로 인해 스위스는 독일어, 프랑스어, 이탈리아어, 로망슈어 등 4개의 언어가 공용어일 정도로 다양한 민족의 문화를 다채롭게 경험해 볼 수 있는 곳이다. 그뿐만 아니라 스위스에는 세계적으로 유명한 알프스 산지가 국토의 절반 이상(60%)을 차지하고 있다(코트라 해외시장뉴스). 그런데 우리에게 스위스는 유럽의 중심이라는 점보다는 알프스 산자락으로서 더 친숙하다. 왜냐하면 〈알프스 소녀 하이디〉(1974)라는 제목의 애니메이션 때문이다.

〈알프스 소녀 하이디〉는 세계 명작인 『하이디』(1880)를 애니메이션으로 만든 작품이다. 우리나라에서는 1980년대에 방영되어 당시 큰 인기를 누렸고, 이는 스위스라는 국가의 이미지에 적지 않은 영향을 미쳤다. 즉 스위스라는 글자만 떠올려도, 하얗게 눈으로 덮인 알프스 자락에 푸르른 호수와 파릇한 들밭에서 천진난만한 미소를 지으며 뛰어노는

그림 4-1. 스위스 위치도(좌)와 애니메이션 〈알프스 소녀 하이디〉 포스터(우)
출처: 애니메이션 〈알프스 소녀 하이디〉

하이디의 모습이 연상되었기 때문이다(그림 4-1의 우). 이 애니메이션을 제작하는 데 참여한 다카하다 이사오(高畑勲)와 미야자키 하야오(宮崎駿)[7]는 스태프들과 함께 알프스 산지의 마을에 방문해서 마을 사람들을 직접 취재하고, 스위스 사람들의 생활에 대한 자료를 조사하며, 스위스 민요와 염소 벨소리를 직접 녹음하는 등 알프스 산자락 주민들의 일상을 사실적으로 표현하기 위해 연구하였다고 한다(박기령, 2014). 덕분에 〈알프스 소녀 하이디〉는 지금까지도 알프스에 대한 상상을 더욱 자극한다.

알프스의 사계절 중에서도 가장 아름다운 시기는 여름이다. 한여름에도 눈이 녹지 않는 만년설과 푸른 초원의 대비는 자연에 대한 경이로움을 불러일으키기 때문이다. 특히 스위스에 위치한 알프스산맥 중에서도 '유럽의 지붕(Top of Europe)'이라 불리는 융프라우(Jungfrau)산은 아름다운 설경(雪景)으로 유명하다. 지금부터 하이디가 뛰어놀던 아름다운 자연을 만나기 위해 융프라우산으로 여정을 떠나 보자.

산악열차를 타고 융프라우 정상을 향하여

융프라우산으로 올라가는 가장 쉽고 빠른 방법은 산악열차를 이용하는 것이다. 그래서 융프라우를 가고자 하는 여행객들은 산악열차의 출발점인 인터라켄(Interlaken)을 가장 먼저 방문한다. 스위스 베른(Bern)주에 속하는 인터라켄은 독일어로 '호수(laken) 사이

(inter)'를 뜻하는데, 말 그대로 인터라켄이 브리엔츠(Brienz) 호수와 툰(Thun) 호수 사이에 위치하기 때문이다. 산과 호수로 둘러싸인 인터라켄 시내에는 라인(Rhein)강의 지류인 아레(Aare) 강이 흐르고 있다. 여름철의 아레강은 알프스산맥에서 녹은 빙하로 인해 마치 강에다 청록색 물감을 풀어 놓은 듯한 에메랄드 우윳빛 색을 띠고 있다(그림 4-2). 그리고 이곳은 해발고도 568m에 위치한 산악지방이어서 8월의 최고기온이 24℃밖에 되지 않을 정도로 여름에도 서늘한 기후를 가지고 있다.

인터라켄 동역(Ost, 東)은 융프라우역(Jungfrauhoch)으로 가는 산악열차의 출발점이다(그림 4-3). 이 산악열차는 스위스의 기업가인 아돌프 구에르 첼러(Adolf Guyer Zeller)가 구상하여 16년간 작업한 결과 1912년에 개통하였고, 100여 년의 세월이 흐른 현재까지도 연간 80만 명의 관광객이 이용할 정도로 오래된 역사를 지니고 있다(권순덕·곽두안, 2017). 이 열차는 최고 속도가 겨우 28km/h밖에 되지 않아서(무궁화호의 최고 속도가 108km/h이다), 도착하는 데 2시간 30분 정도가 소요된다. 산악열차가 굼벵이처럼 느린 이유는, 목적지인 융프라우역(고도 3,571m)과 인터라켄(고도 568m)의 고도차가 대략 3,000m나 되어서 인체에 큰 부담을 줄 수 있기 때문이다. 고도가 높아질수록 대기 중의 기압은 낮아지는데, 저지대와 고지대의 고도차가 크면 대기압의 차이도 크게 나타난다. 즉 몸속의 내압과 대기압이 서로 균형을 이루면서 신체의 형태를 유지하고 있는 상황에서 갑작스럽게 기압이 변하면, 몸속의 내압도 변화된 기압에 맞추느라 몸에 이상 현상이 올 수 있다는 말이다. 그 예로, 비행기에서 이륙하는 순간 기압이 낮아지면서 몸속의 내압이 높아져 귀가 먹먹해지는 현상이 있다. 이처럼 상당히 큰 기압차에 인체가 적응할 시간을 주기 위해서일 뿐 아니라 모터 성능의 향상과 전력 소모로 인한 운영비의 부담도 줄이기 위해 산악열차는 정상을 향해 천천히 오르내리고 있다(이덕영, 2008).

인터라켄에 출발한 열차는 라우터브루넨(Lauterbrunnen, 고도 796m), 벵엔(Vengen, 고도 1,274m)을 지나면서 더 높은 위치에 있는 융프라우역으로 향한다. 천천히 움직이는 기차 안에서 창밖을 보고 있으면, 어느 순간 빼곡한 침엽수림을 지나서 초원이 등장하고, 목

그림 4-2. 인터라켄·융프라우역 위치도(좌)와 아레강의 모습(우)

그림 4-3. 열차의 출발점인 인터라켄 동역(좌)과 산악열차의 모습(우)

에 방울을 맨 소가 풀을 뜯어 먹고 있으며, 넓은 지붕을 지닌 샬레(chalet, 알프스 기슭에서 생활하는 축산농가의 전통가옥)가 가득한 마을을 지나게 된다(그림 4-4). 그 순간, 〈알프스 소녀 하이디〉 속 마을처럼 평화롭고 여유로운 기운이 감도는 듯한 느낌을 받게 된다. 이와 같은 목가(牧歌)적인 경관이 나타나는 이유는 이곳이 고산 기후(Highland Climate)와 밀접한 관련이 있기 때문이다.

고산 기후는 해발고도가 높은 산지와 고원에서 나타나는 기후로, 다른 기후(열대 기후·건조 기후·온대 기후·한대 기후·냉대 기후 등)와 다르게 해발고도가 가장 중요한 기후인자(氣候因子)●8로 작용한다. 즉 높은 해발고도에 위치한 고지대는 저지대에 비해 상대적으로 기온과 기압이 낮기 때문에 저지대와 구분되는 기후 특성을 갖는다. 그중 고산 기후의 가장 눈에 띄는 특징은 가변성이다(Hess and Tasa, 2011). 다시 말해서, 고산 지역은 공기가 희박하고 수증기와 먼지가 적어서 날씨가 급격히 바뀐다. 따라서 기온의 일교차가 매우 크고, 하늘이 맑았다가 갑자기 흐려지기도 하며, 바람의 세기가 제멋대로 바뀌기도 한다. 참고로 해발고도의 차이로 고지대와 저지대의 기후 차이가 나타나는 국내 지역으로는 대관령이 있다.

그렇다면 잠시 대관령에 대해 알아보자. 대관령은 해발고도 약 800m에 위치한 고위평탄면(高位平坦面, 높은 고도에서 나타나는 평탄한 땅)으로 여름철에는 서늘한 기후로, 겨울철에는 눈과 바람의 영향으로 많은 관광객이 스키와 같은 동계 스포츠를 즐기러 오는 우리나라의 대표적인 휴양지이다. 또한 대관령은 대규모의 목장들이 위치한 지역으로도 유명하다(그림 4-5). 즉 대관령은 관광업과 낙농업이 발달되어 있는데, 그 이유는 일차적으로 대관령의 해발고도가 높기 때문이다. 높은 산에 위치한다는 지리적 요인 그리고 그로 인해 고지대에서 나타나는 신선한 공기와 서늘한 기후적 특성은 목축업과 낙농업을 활성화시키고, 휴양지로서의 기능도 배가시키며, 이에 맞는 경관을 조성한다. 그래서인지 융프라우를 방문한 우리나라 사람들은 이들 경관을 보며 대관령을 함께 떠올리곤 한다.

그렇지만 대관령과 알프스 산자락은 분명한 차이점이 있다. 가장 눈에 띄는 차이점은 바로 산업의 비중이다. 대관령은 서늘한 기후를 이용하는 고랭지 농업●9이 발달한 반면, 알프스 산자락의 마을에서는 농업보다는 낙농업이 활발하다. 아마도 우리나라와 스위스의 음식문화가 다르다는 것과 크게 연관이 있을 것이다. 스위스의 대표 음식인 퐁뒤(Fondue)와 밀크초콜릿(Milk Chocolate)은 알프스 산자락의 독특한 기후 특성이 반영된 결과이다.

먼저 퐁뒤는 프랑스어 Fondre(녹이다)에서 유래되었는데, '까껠롱(caquelon)'이라 불리는 냄비에 치즈와 와인을 넣고 녹여서 빵을 찍어 먹는 음식이다(그림 4-6의 좌). 알프스 산자락의 기후 특성상, 겨울이 되면 추운 날씨와 폭설로 인해 이곳 주민들은 외부로 나가기가 어려웠다. 그래서 긴 겨울철에 먹다 남은 빵과 오래된 치즈를 이용하여 따뜻한 음식

그림 4-4. 알프스의 목가적인 경관

그림 4-5. 대관령 스키 리조트(좌)와 목장(우)

을 먹기 위해 딱딱해진 치즈를 녹인 것에서 이 퐁뒤가 유래되었다고 한다(대한제과협회, 2003). 퐁뒤는 어떤 와인과 치즈를 사용하는가에 따라 그 맛이 달라져, 지역마다 다양한 맛을 느껴 볼 수 있는 음식이다.

그다음으로 밀크초콜릿에 대해 알아보자. 세계적으로 저명한 스위스의 밀크초콜릿은 퐁뒤처럼 현지인들이 먹던 음식은 아니었다. 스위스에는 초콜릿이 17세기에 도입되었는데, 일반적으로 유럽에 초콜릿이 16세기에 전해진 것에 비하면 다소 늦은 편으로 볼 수 있다.●10 그렇다면 어떻게 스위스 초콜릿이 유명해진 걸까? 결론부터 말하자면 이 역시 알프스의 기후와 관련이 있다. 알프스는 고산 기후로 인해 낙농업이 발달하여 질 좋은 우유를 풍부하게 생산했다. 스위스의 초콜릿 제조업자인 다니엘 피터(Daniel Peter)는 남아도는 우유와 초콜릿을 합치려 시도했지만, 우유에 수분이 너무 많아 번번이 실패하

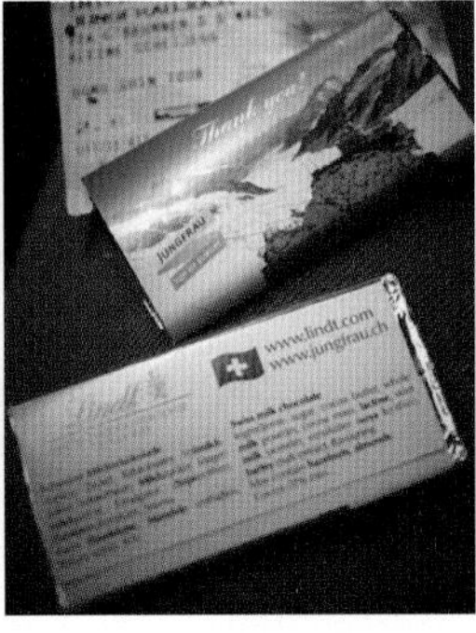

그림 4-6. 스위스의 대표적인 음식인 퐁뒤(좌)와 밀크초콜릿(우)

였다. 그때 앙리 네슬레(Henri Nestle)가 유아용 우유 분말을 개발하였고, 이에 두 사람은 우유 분말과 카카오버터를 섞어서 1875년에 최초로 고체 형태의 밀크초콜릿을 만드는 데 성공하였다. 또 로돌프 린트(Rodolphe Lindt)는 1879년에 거칠고 쓴 초콜릿 입자를 부드럽고 달콤한 크림처럼 만드는 콘칭(Conching) 기술을 개발하였다. 이러한 초콜릿의 발전에 힘쓴 기술자들은 네슬레(Nestle)와 린트(Lindt) 등 세계적인 초콜릿 브랜드를 설립하였고, 그리하여 스위스 초콜릿은 현재에도 유명세를 떨치고 있다. 융프라우로 가는 산악열차를 타고 정상에 도착할 무렵, 기차 안에서 기념으로 융프라우의 풍경이 표지에 그려진 밀크초콜릿을 나눠 줄 만큼 밀크초콜릿은 알프스를 대표한다(그림 4-6의 우).

이와 같이 치즈, 우유 등 음식에서부터 음식의 발명을 통한 기업에 이르기까지 알프스 주민의 모든 생활은 산이라는 지형과 그로 인해 형성되는 기후에 큰 영향을 받았다. 만약 스위스에 알프스산맥이 없었더라면, 퐁뒤와 밀크초콜릿 같은 음식은 없었을지도 모른다.

융프라우 정상에서 사라지고 있는 빙하를 보다

열차가 종점인 융프라우역에 도착하면, 얼음 조각상이 가득한 동굴이 보인다. 그 동굴을 지나 밖으로 나오면 새하얀 설경이 눈앞에 쭉 펼쳐진다. 겨울에나 볼 수 있는 눈과 얼음을 여름에 보다니! 이색적인 풍경에 저절로 감탄이 나온다. 주위를 둘러보면 융프라우

봉우리뿐 아니라 거대한 빙하가 지나가면서 만든 U자형 계곡도 볼 수 있는데, 이 계곡에 있는 빙하는 유라시아 대륙 서쪽에서 가장 크고 긴 알레치 빙하(Aletsch Glacier)라고 한다(그림 4-7). 알레치 빙하의 면적은 128㎢, 길이는 23㎞, 깊이는 900m로, 알레치 빙하를 포함한 이 주변 일대는 U자형 계곡, 권곡, 뿔 모양의 산봉우리(호른, horn), 곡빙하, 빙퇴석 등 알프스 고산지대의 형성 과정을 보여 준다는 지질학적 가치가 있어서 유네스코 세계유산으로 선정되었다(유네스코와 유산 사이트). 하지만 이 아름다운 알레치 빙하를 앞으로는 볼 수 없을지도 모른다. 기후가 점점 따뜻해지면서 빙하가 녹고 있기 때문이다.

전 세계 곳곳에 위치한 빙하가 기후변화로 인해 사라질 위험에 처해 있다. 대표적으로

그림 4-7. 융프라우 봉우리(상)와 알레치 빙하가 있는 U자형 계곡(하)

북극의 빙하가 그러하다. 북극의 빙하가 녹아 북극곰들이 살 땅이 점차 없어지고 있다는 뉴스를 들어 본 적이 있을 것이다. 북극은 대륙(땅)으로 구성된 남극과 달리 바다 위에 떠다니는 빙하(해빙)로 구성되어 있어서 기후변화에 더욱 취약하다. 게다가 북극의 얼음이 점차 사라지면서 그 위에 살고 있는 북극곰을 비롯한 수많은 생물들이 위험에 처해 있다는 것은 분명한 사실이다. 북극과 같은 해빙(海氷)만 위기인 것이 아니다. 알레치 빙하와 같은 산악 빙하(山岳氷河)도 점차 녹고 있다.

알레치 빙하의 경우, 지난 40년간 빙하의 끝이 1.3km가 줄어들었으며, 두께는 200m 더 얇아졌다고 한다(Swissinfo.ch, 2016.8.12)(그림 4-8). 빙하가 사라지고 있다는 의미는 육지에서 고체로 저장된 물이 바다로 흘러내려 가서 해수면이 상승되고 있다는 것뿐만 아니라, 지구온난화로 인한 해수 온도의 상승이 해수의 부피를 팽창시켜서 해수면 상승효과를 더욱 부추기고 있다는 것으로도 받아들일 수 있다(이승호, 2012). 즉 시간이 지날수록 해수면의 상승 속도가 점점 빨라지고 있는 것이다. 해수면이 약 1m만 상승되더라도 우리나라는 여의도 면적의 300배 정도가 되는 지역이 침수되고, 최종적으로 125만 명이라는 많은 사람들이 피해를 입을 것이라고 한다(연합뉴스, 2018.7.4). 결국 빙하가 녹아 해수면이 상승하면 우리가 발 딛을 땅을 점차 잃어버리게 되는 것이다. 또한 차가운 빙하가 녹은 물이 바다로 유입되면, 해수 온도가 변화하여 해수의 순환 시스템이 마비되고, 초대형 태풍·허리케인 등 극심한 기상이변이 일어나며, 해양생태계에도 크게 영향을 미치게 된다. 특히 산악 빙하는 물을 저장하는 저수지 역할을 하는데, 이런 빙하가 녹게 된다면 여름철 식수 공급과 수력발전에도 큰 차질이 생긴다(Bierman and Montgomery, 2014). 그뿐만 아니라 산사태, 홍수 등의 위험도 증가하게 된다. 다시 말해, 지구온난화로 인해 빙하가 녹고 있는 현상은 우리의 생존 자체를 위협하는 것이다.

기후변화가 지금의 상태로 유지된다면, 알레치 빙하는 2100년쯤에 사라질 것으로 예상된다. 수만 년 영겁의 세월을 지낸 만년설이 겨우 백여 년 만에 사라진다니! 이를 보았을 때, 19세기 산업혁명 이후 인간의 산업 활동이 지구의 평균기온을 부자연스럽게 높이고

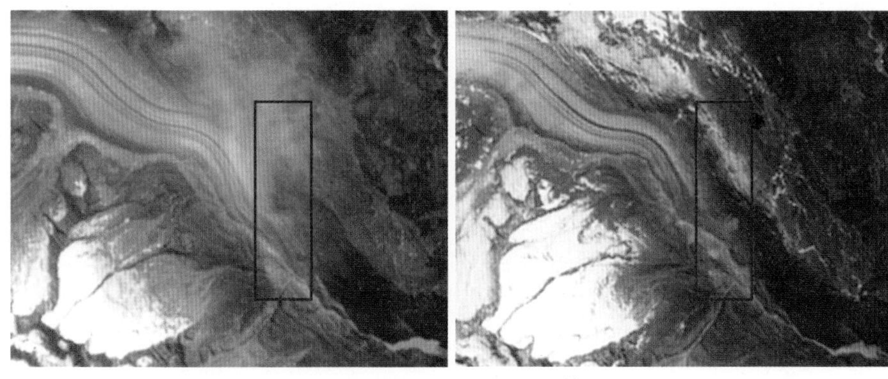

그림 4-8. 1987년 8월의 알레치 빙하(좌)와 2014년 6월의 알레치 빙하(우)[11]
출처: International Business Times(2015.12.30)을 재구성

빙하를 녹이는 데 관여하고 있다는 사실은 자명하다고 할 수 있다. 이러한 이전 세대의 축적된 업보로 인해, 22세기를 살아갈 신세대들은 〈알프스 소녀 하이디〉에서 보이는 마을과는 다른 풍경을 융프라우에서 보게 될지도 모른다.

기후행동(Climate Action)을 위한 한 걸음

2018년 10월 인천 송도에서 열린 IPCC(Intergovernmental Panel on Climate Change, 기후변화에 관한 정부 간 협의체) 총회에서 치열한 논의 끝에 '지구온난화 1.5℃ 특별보고서'가 만장일치로 채택되었다(중앙일보, 2018.10.8). 산업화 이전에 비해 현재 지구의 평균온도는 약 1℃ 상승했고, 현재의 온도 상승 추세가 계속된다면 2030~2052년에 1.5℃ 이상 상승하게 될 것으로 보고 있다. 이번 특별보고서에서는 기존에 채택된 기준인 지구 평균기온 상승이 2℃일 때와 1.5℃일 때를 비교하여 지구 평균기온을 최대한 낮춰야 함을 강조하고 있다. 예를 들어, 지구 평균온도가 1.5℃만 상승된다면, 2℃ 상승과 비교해서 2100년에 해수면 상승폭이 10cm 정도 더 낮아지고 이로 인해 1,000만 명 정도가 해수면 상승 위험에서 벗어날 수 있다고 한다.

따라서 IPCC에서는 인류의 미래를 위해 지구 평균온도 상승을 최대한 제한해야 하며,

이를 위해서 2050년까지 이산화탄소 배출량을 완전히 없애고 에너지·토지·식량·도시 등 다양한 부분에서 전반적인 시스템을 변환해야 한다고 주장한다. 물론 대다수는 이러한 획기적인 변화가 현실적으로 어렵다고 생각할 수도 있을 것이다. 그렇지만 앞에서 보았듯이 북극과 알레치 빙하를 비롯한 지구상에 존재하는 빙하는 이미 상당히 많은 부분이 사라지고 있고, 이런 현상이 지속된다면 우리 후손들은 이렇게 아름다운 자연환경을 보지 못하게 될 수도 있다. 게다가 초콜릿의 원재료인 카카오도 기후변화로 인해 사라지고 있어서 미래에는 초콜릿이라는 달콤한 디저트의 맛을 더 이상 알지 못하게 될 수도 있다. 어디 그뿐인가? 서울과 같은 대도시가 해수면의 상승이나 초대형 태풍으로 인해 물에 잠겨 목숨이 위험해질 수도 있다. 이와 같이 기후변화는 지구상의 어떤 나라에도 예외 없이 큰 영향을 미치기 때문에, 국경의 구분 없이 지구상에 살고 있는 하나의 생명체라면 이에 적극적으로 대처해야 할 필요가 있다. 종이컵 대신 텀블러를 쓰는 것과 같이 지구를 생각하는 작은 행동들이 모이면 나비효과처럼 큰 변화를 가져올 수 있다. 여러분들도 이와 같은 기후행동에 동참하여, 하이디에서 본 알프스의 모습과 그곳에서 받은 감동을 후손들에게 물려주는 것은 어떨까?

05

신비한 동식물이 살아가는 대륙, 오세아니아의 호주

신비의 땅, 호주

우리에게 12월의 크리스마스는 칼바람이 부는 추운 겨울에 연인, 친구, 가족 등과 따뜻한 정을 느끼며 즐겁게 보내는 휴일이다. 만약 이날에 눈이 내리게 되면, 화이트 크리스마스(White Christmas)라 따로 이름 붙일 정도로 기쁘고 즐거운 행복을 느끼게 된다. 즉 눈(雪)은 더욱 특별한 크리스마스가 되게 하는 마법이다. 하지만 화이트 크리스마스를 영원히 맞이하지 못하는 곳도 있는데, 대표적으로 호주(Commonwealth of Australia)가 그러하다. 왜냐하면, 호주가 지리적 위치상 남반구에 위치하기 때문이다(그림 5-1의 상).

우리나라를 비롯한 대다수의 나라가 북반구에 있는 것과 달리 호주는 남반구에 위치하여 우리나라와 정반대되는 계절을 갖는다. 그래서 호주의 크리스마스를 서머 크리스마스(Summer Christmas)라고 따로 부를 정도로 이곳은 우리에게 매우 낯선 느낌을 준다. 일반적으로 낯섦은 두려움과 같은 부정적인 감정을 동반하지만, 오히려 호주에서는 이색적인 것으로 여겨져 장소의 매력성이 배가된다. 이런 감정을 들게 만드는 장치는 바로 호주에서만 볼 수 있는 독특한 경관이라 할 수 있고, 대표적으로 호주 시드니(Sydney)의 오페라하우스가 이에 해당된다.

시드니 오페라하우스는 덴마크의 건축가 예른 웃손(Jørn Utzon)이 설계하여 1973년에 완성한 포스트모던(postmodern)의 건축물로, 조가비 형태의 흰색 타일로 뒤덮인 둥근 지붕이 시드니 항구와 어우러져 아름다운 해안 경관을 지닌 시드니의 특색을 보여 준다(그림 5-1의 하)(유네스코와 유산 사이트). 이러한 문화 경관을 비롯하여 호주는 천혜의 자연환경을 보존하고 있는 곳으로도 유명하다. 사시사철 푸른빛을 내는 블루마운틴 국립공원(Blue Mountains National Park), 세계에서 가장 큰 산호초 지대인 그레이트배리어리프(Great Barrier Reef), 지구의 배꼽이라 불리는 세계 최대의 단일 암석인 울루루(Uluru) 등

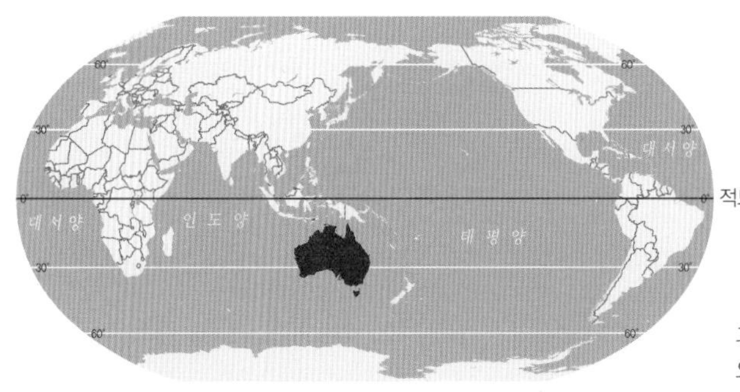

그림 5-1. 남반구에 위치한 호주(상)와 오페라하우스가 있는 시드니 전경(하)

호주에서는 다양하고 신비로운 자연환경을 만나 볼 수 있다.
이러한 경관과 더불어서 호주에는 귀여운 생김새로 세계인들의 사랑을 받는 코알라, 캥거루 등이 분포하고 있다. 흥미롭게도 이 생물들은 호주와 그 주변 국가를 제외하고는 보기 어려우며, 심지어 전 세계 동물들이 모인 동물원에서조차도 만나 보기 어렵다. 이렇듯 아름다운 경관과 호주에만 서식하는 독특한 생물들이 조화롭게 맞물리고 있기에, 호주는 더욱 신비롭고 비밀이 넘쳐흐르는 국가이다. 그렇다면 지금부터 호주가 지니고 있는 신비로운 비밀을 파헤쳐 보자!

호주의 숲을 지배하는 나무, 유칼립투스

호주는 1억 2500만 ha의 산림을 갖고 있으며, 이곳에서 서식하는 식물의 약 79%는 유칼립투스(Eucalyptus)이다(호주 농림부 웹사이트). 유칼립투스는 '잘 싸여 있다(well-covered)'라는 뜻의 그리스어를 의미하는데, 1788년 프랑스의 식물학자인 샤를 루이(Charles Louis L'Héritier de Brutelle)가 꽃 피기 전의 꽃받침이 꽃 내부를 완전히 둘러싸는 모습을 보고 붙인 이름이다. 유칼립투스의 대표적인 특징은 잎에 기름샘(oil gland)이 있어서, 타닌이나 알코올 성분과 같은 휘발성 물질이 증발된다는 것이다. 이 물질들은 푸른 안개처럼 퍼져나가 산과 숲을 더욱 파랗게 만든다. 이 사실은 시드니의 블루마운틴 국립공원에서 확인할 수 있다(그림 5-2).
블루마운틴 국립공원은 유네스코 세계유산으로 등재된 지역으로, 마운틴블루검(Mountain blue gum), 블루마운틴말리애시(Blue mountains mallee ash), 시드니그레이검(Sydney grey gums) 등 전 세계의 13%에 속하는 91종의 유칼립투스가 서식하고 있어 유칼립투스의 구조적, 생물학적 다양성을 관찰할 수 있다(유네스코와 유산 사이트). 이처럼 한 지역에서 다양한 유칼립투스가 존재하는 이유는 블루마운틴의 고원과 계곡부 사이의 고도 차이가 매우 크기 때문이다. 실제로 이곳에 가 보면 우리나라의 산악지대와 다르게 '첩첩산중'이라는 말이 어울리지 않는다는 것을 알 수 있다. 왜나하면, 저지대는 해발고도 최소 100m 이하로 매우 낮은 반면에 고지대는 최대 1,300m 이상 솟은 현무암으로 구성되어 있어 전체적으로 매우 깊게 파인 사암고원이기 때문이다. 이러한 지형적 특징은 고지대와 저지대의 환경을 확연히 구분시켜, 고도에 따라 다른 식물들이 자생하게 하였다. 구체적으로, 고지대는 건조하고 토양층이 얇아서 블루마운틴말리애시와 같은 10m 이하의 키 작은 유칼립투스가 자라고 있다. 반면에, 저지대에 위치한 계곡부에는 40m 이상 자란 마운틴블루검을 비롯해 20m 이상의 리본검(Ribbon gum)과 같은 키 큰 유칼립투스, 나무고사리(Rough tree fern) 등 다양한 수종(樹種)이 자라고 있다(배상원, 2011). 더불어 고원지대는 과거의 기후변화에서 동식물들의 피난처로 이용되어 이들이 생존하는 데 도움을 주었으며, 이 지역의 생물 다양성을 현시대까지 유지하는 데 중요한 역할을 하였다.

앞서 살펴본 것과 같이, 유칼립투스는 호주 내에서 유독 우세한 점유율을 보인다. 그래서 호주의 숲에는 유칼립투스가 밀집되어 있는 경우가 많고, 그 잎에서 휘발성 물질이 다량으로 분출되어 종종 자연발화로 인한 산불이 일어나기도 한다. 이런 특징을 지닌 유칼립투스는 호주와 비슷한 기후를 지닌 열대지방에도 일부 분포하고 있지만, 원산지는 호주라고 알려져 있다. 현재 호주가 고립된 섬 상태라는 점을 생각해 본다면, 이러한 유칼립투스의 분포는 다소 의아하게 느껴질 수 있다. 유칼립투스는 이런 특징을 대체 언제

그림 5-2. 유칼립투스숲이 있는 블루마운틴 국립공원

부터, 어떻게 가지게 되었으며, 왜 호주 대륙에 대부분 몰려 있을까?

시계를 거꾸로 돌려 머나먼 과거로 되돌아가 보자. 믿기 어렵겠지만, 공룡이 살았던 시기만 하더라도 지구는 현재의 오대양 육대주가 아닌 다른 형상의 대륙을 지니고 있었다. 왜냐하면, 대륙은 우리가 체감할 수 없는 아주 느린 속도로 이동하고 있기 때문이다. 그래서 절대 움직이지 않을 것 같은 거대한 땅덩어리가 움직인다는 대륙이동설(Continental drift theory)을 1912년에 독일의 기상학자인 알프레트 베게너(Alfred Lothar Wegener)가 주장했을 때, 당시 학계에서는 큰 파장이 일었다. 베게너는 지구물리학·지질학·생물지리학·고기후학적 증거를 모아 2억 5천만 년 전 거대한 하나의 초대륙[베게너는 이를 판게아(Pangaea)라고 명명했다]이 존재했으며, 이 초대륙이 점차 분리되어 현재의 모습을 갖추게 되었다고 추론하였다. 구체적으로, 현재는 멀리 떨어져 있는 아프리카·남아메리카·인도·호주·남극 지역에서 글로소프테리스(Glossopteris)●12 등의 화석과 빙하의 흔적이 공통적으로 발견되고(그림 5-3의 상), 북아메리카의 애팔래치아산맥과 영국제도의 산맥·유럽 스칸디나비아산맥의 지질 구조가 연속적이라는 점 등을 증거로서 들었다. 하지만, 베게너의 가설은 근본적으로 대륙이 아주 오랫동안 지속적으로 이동하는 힘을 밝히지 못했다는 한계점이 있어서 50여 년간 논란의 대상이었다. 이후 1950~1960년대에 지질학과 탐지 기술의 발달로 인해, 대륙을 이동시키는 힘이 맨틀의 대류●13임이 밝혀지면서 부활한 대륙이동설은 현대의 판구조론(Plate tectonics)으로 발전하였다.

판구조론은 베게너가 말한 대륙이 아닌 '판(plate)'이라는 용어를 사용한다. 판은 지각과 맨틀의 최상부로 구성된 암석권(lithosphere)의 조각을 말한다. 지구에는 북아메리카판, 남아메리카판, 유라시아판 등 거대한 7개의 판과 여러 개의 작은 판이 있다(그림 5-3의 하). 이 판들은 지구 내부의 물리적 힘에 의해 움직이면서 판끼리 부딪히거나 멀어지는데, 그 결과 지진 및 화산 활동, 산맥 형성 등 지각운동이 일어나면서 대륙과 바다의 형상이 달라진다고 보고 있다.

판구조론에 따라 판의 상대적 이동●14을 계산해 보면, 지구의 탄생 이래로 대륙은 하나

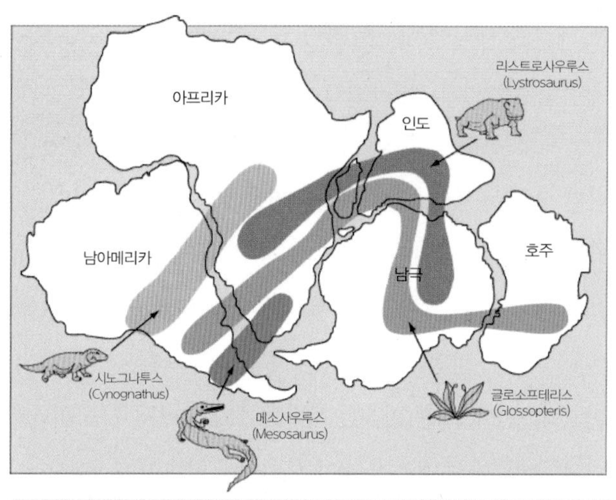

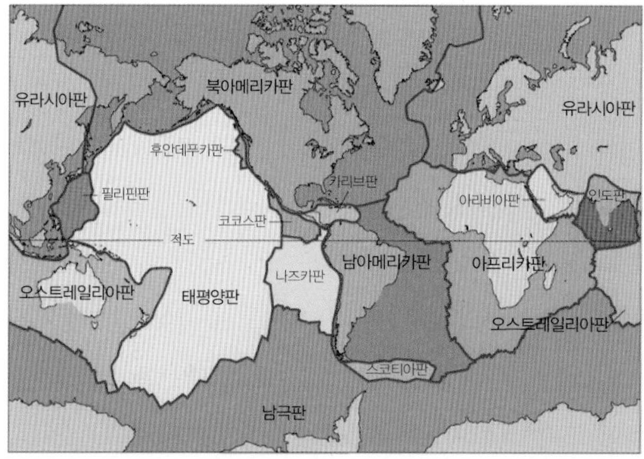

그림 5-3. 대륙이동설의 생물지리학적 증거(상), 지구에 존재하는 7개의 큰 판과 기타 작은 판들(하)
출처: USGS의 자료를 재구성

의 초대륙이 여러 대륙으로 분열되었다가 다시 뭉치게 되는 과정을 겪고 있음을 알 수 있다. 지금으로부터 2억 5천만 년 전인 고생대 후기에, 판들은 초대륙(판게아)으로 뭉쳐 있었다가 흩어졌는데, 중생대 초에 북반구에는 로라시아(Laurasia) 대륙이, 남반구에는 곤드와나(Gondwana) 대륙이 존재하였다(그림 5-4의 상). 그리고 중생대 중기(약 1억 5천만 년 전)에 곤드와나 대륙을 구성하던 아프리카, 인도, 호주, 남극 대륙이 점차 분리되기 시

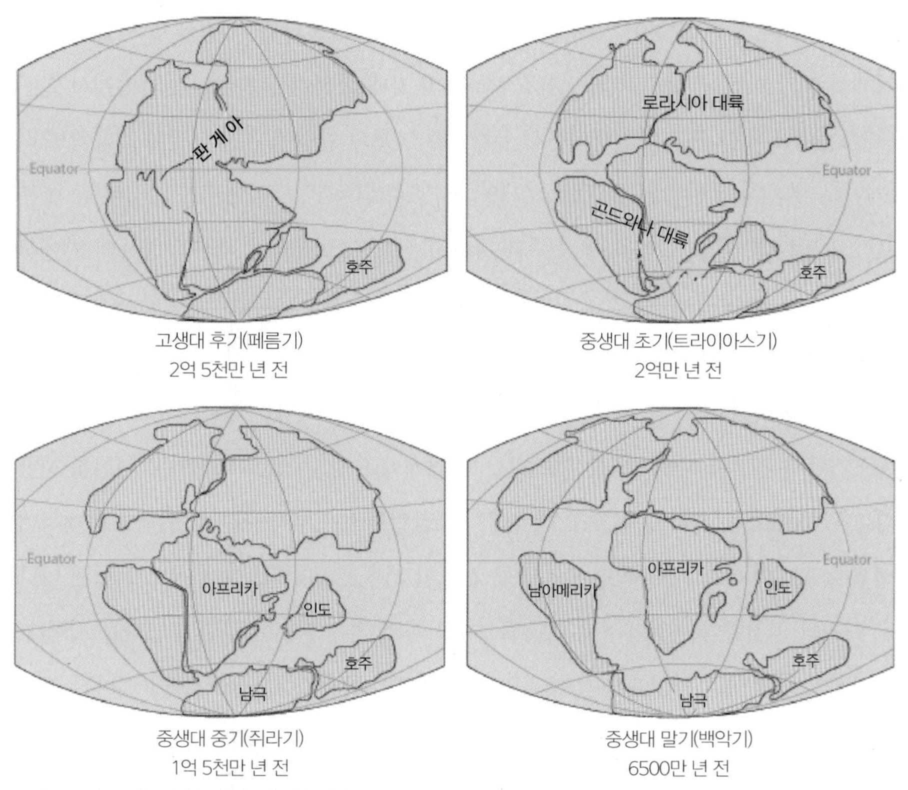

고생대 후기(페름기)
2억 5천만 년 전

중생대 초기(트라이아스기)
2억만 년 전

중생대 중기(쥐라기)
1억 5천만 년 전

중생대 말기(백악기)
6500만 년 전

그림 5-4. 판구조론에 따른 판게아의 분열 과정
출처: USGS의 자료를 재구성

작하였다. 여기서 인도판이 먼저 북상하였고, 중생대 말기(6500만 년 전)에는 아프리카와 남아메리카가 떨어져 나갔기 때문에 호주-남극 대륙은 다른 대륙들과 완전히 멀어져 남쪽에 위치하게 되었다(그림 5-4의 하). 이 시기부터 호주는 고립된 섬이 되어서 다른 대륙에 비해 독창적이고 원시적인 생물들이 살아갈 수 있는 환경이 되었다. 그리고 4천만 년 전, 최종적으로 호주는 남극과 떨어져 북쪽(적도 방향)으로 이동하였고, 오늘날의 남회귀선(南回歸線)●15 부근에 놓였다. 이러한 지리적 위치의 변화로 인해, 호주 대륙은 점점 건조한 기후로 바뀌었고, 이곳에 서식하는 생물들은 바뀐 환경에 적응하면서 도태되거나 진화하였다.

유칼립투스의 경우, 화석이 많이 남아 있지 않아서 그 기원과 초기 진화 및 이동에 대해 자세히 알기 어렵다. 하지만 최근 유칼립투스의 거대 화석이 남아메리카 남쪽에서 발견되었고, 이에 대한 연구가 진행되면서 유칼립투스 초기 환경에 대한 비밀이 조금씩 풀리고 있다. 현재까지 발견된 유칼립투스 화석은 호주 남동부, 남아메리가 남서부 등에 분포하고 있는데, 이를 보았을 때 호주가 완전히 섬으로 고립되기 직전인 중생대 말에서 신생대 초 사이에 유칼립투스가 존재하고 있었다는 것을 알 수 있다. 이 당시에 유칼립투스가 자라는 환경은 건기와 우기가 있었고 낙뢰 및 화산 활동이 빈번히 일어났기에, 자연적으로 화재가 쉽게 발생할 수 있었지만, 큰 산불로 이어지지는 않았다. 이러한 환경조건에서 유칼립투스의 조상은 화재를 더 쉽게 일으킬 수 있는 촉진자로 진화를 꾀했다고 한다(Hill et al., 2016). 즉 호주 대륙에서 유칼립투스가 우세해진 시기는 호주 대륙이 신생대 초기의 다소 습한 환경에서 점차 건조한 기후로 변하고, 화재 빈도가 높게 나타난 시기와 일치한다는 점에서 유칼립투스가 화재와 매우 밀접한 관련이 있다는 것이다. 일반적으로 화재는 식물에게 독이라고 여겨지지만, 유칼립투스는 산불이 지나간 후에 새까맣게 탄 껍질을 벗고 새롭게 흰 줄기를 재생한다. 그리고 이를 이용하여 번식하는 능력이 있기 때문에, 오히려 유칼립투스에게 화재는 필수적이었다. 그래서 곤드와나 대륙이 해체된 후 호주가 남극 대륙과 떨어지면서 북상함에 따라, 건조한 기후와 영양분이 적고 풍화된 토양 등 척박한 환경으로의 변화는 오히려 유칼립투스가 화재를 더 잘 발생시킬 수 있도록 도와주었다. 이에 발맞추어 유칼립투스 또한 화재를 더욱 부추기도록 잎의 크기와 화학 성분, 풍부한 나무껍질 등 그 형태와 구조를 변형시켰다. 이렇게 유칼립투스는 호주의 숲을 점차 지배해 나갔다.[●16]

앞서 살펴봤듯이, 호주는 적어도 4,000만 년 이상 남반구에 홀로 고립된 거대한 섬으로 존재하면서, 유칼립투스라는 독특한 식물과 이에 맞는 생태계를 형성했다. 그 예로 유칼립투스와 가장 밀접한 동물인 코알라가 있다. 코알라는 땅 위의 포식자를 피하기 위해 나무에 매달려 살게 되었는데, 호주의 대다수 나무가 유칼립투스이다 보니 이 새로운 보금자리에는 먹을 것이 유칼립투스 잎밖에 없었다. 알코올과 같은 독성 물질이 들어 있고 비효율적인 영양분을 지닌 유칼립투스 잎을 먹으면서 생존하기 위해, 코알라는 에너지를 최대한 아끼고 독성 물질을 소화할 수 있는 잠 자기를 선택하였다. 그 결과 코알라는 18시간 정도 잠을 자는 독특한 습성을 지니게 되었다. 이와 같이 호주의 생물들은 변화한 환경에 맞춰서 적응하였다. 이는 코알라, 캥거루뿐만 아니라 다른 대륙에서 보기 어려운 토착 동식물인 웜뱃(Wombat), 에뮤(Emu), 프로테아과(Proteaceae) 등도 마찬가지였다.

살아 있는 포유류 진화의 증거, 코알라·캥거루·오리너구리

앞서 살펴본 판구조론과 화석 · 현생 생물의 분포는 밀접한 관련이 있다(Dawkins, 2009). 판의 이동은 대륙의 형상을 바꾸며, 이러한 지리적 격리로 인해 생물은 제한된 이동반경과 환경을 갖는다. 그리고 그 환경에서 적응한 생물들만이 살아남으면서 결과적으로 종(種, species)이 분화된다. 특히 호주는 대륙과 오랫동안 지리적으로 격리되어 있어 유칼립투스와 같은 독자적인 생물들이 서식하는데, 그중에서도 특히 흥미로운 것이 바로 호주에서만 발견되는 독특한 포유류이다.

포유류는 일반적으로 털로 뒤덮여 있으며 태반이 있고 새끼에게 젖을 먹이는 온혈동물로 정의된다. 대표적으로 개, 고양이, 인간 등이 이에 속한다. 이 중에서 포유류는 태반류(胎盤類, Placentalia), 유대류(有袋類, Marsupialia), 단공류(單孔類, Monotremata)라는 세 분류로 크게 나눠진다. 태반류는 배 속에 태아를 키울 수 있는 태반을 지니고 있어서, 태아가 안전하게 성장한 후에 출산하는 포유류를 말하는데, 대다수의 포유류들이 이에 속한다. 반면에, 유대류와 단공류는 호주 및 남반구에 위치한 몇몇 지역에만 서식하는 독특한 포유류이다. 그중 호주를 대표하는 코알라와 캥거루는 유대류에 속한다(그림 5-5). 유대류는 태반이 없거나 불완전하여 새끼가 완전히 발육하지 못한 상태로 태어나게 된다. 따라서 이를 보완하기 위해 육아낭(育兒囊)이라고 불리는 주머니에 새끼를 넣어서 기르는 특징을 지니고 있다. 그다음으로 단공류는 호주와 뉴기니(New Guinea)에서만 발견되는데, 현재 오리너구리(Platypus)와 가시두더지(Echidna)밖에 남아 있지 않다(그림 5-6). 이들은 알을 낳는다는 점에서 파충류라고 생각할 수 있지만, 다른 포유류들과 마찬가지로 젖을 먹여 새끼를 키우고, 털을 갖는다. 또한 파충류가 외부 온도에 따라 체온이 변하는 냉혈동물(冷血動物)임에 비해, 단공류는 항상 일정 체온이 유지되는 온혈동물(溫血動物)로서의 특징을 지녔기 때문에 결과적으로 포유류로 분류된다.

태반류, 유대류, 단공류는 2억 년에서 3억 1천 년 전에 살았던 공통 조상에서 각기 다른 방향으로 진화하였다고 본다. 이러한 포유류의 진화를 이끈 동력은 수유(授乳)이다. 포유류의 공통 조상이 수유를 시작하면서, 새끼에게 알로 영양분을 공급할 필요가 사라졌고, 이로 인해 3천만 년에서 7천만 년 전에 알을 낳는 기능을 상실하게 되었다는 연구가 있다(The Science Times, 2008.3.24). 이를 적용하면, 포유류의 특징과 파충류의 특징을 모두 지닌 단공류는 파충류에서 포유류로 넘어가는 중간 형태이며, 그야말로 살아 있는 화석

그림 5-5. 유대류에 속하는 코알라(좌)와 캥거루(우)

그림 5-6. 오리너구리(좌)와 가시두더지(우). 이들은 야행성 동물이며, 유일하게 단공류에 속한다.

이라고 칭할 수 있다.

단공류에서 갈라져 나온 포유류는 유대류와 태반류로 각각 진화하였다. 공룡(파충류)의 시대라 불렸던 중생대에 유대류와 태반류는 서로 경쟁하면서 공존하였으며, 과거 호주도 마찬가지였다. 그런데 현재 유대류의 분포를 보면, 호주와 남아메리카 일부를 제외한 나머지 지역에서는 유대류를 보기 어렵다. 다시 말하자면, 대부분의 대륙에서는 태반류와 유대류의 경쟁에서 태반류가 우세하게 승리했으나 호주는 특이하게도 유대류가 생존에 성공한 것이다. 그 이유는 유대류의 주머니(육아낭) 때문이라고 볼 수 있다(박문호의 자연과학 세상, 2012). 앞서 말한 판구조론에 의하면, 호주는 현재의 위치(남회귀선 부근)에 있게 되면서 건조해지고 일교차 및 연교차가 커지는 등 생물이 살기 척박한 환경이 되었다. 이런 환경에서 새끼를 빨리 낳고 몸을 추스릴 수 있는 주머니는 유대류의 강점으로 작용하였다. 그러나 주머니라는 독특한 기관으로 인해, 유대류는 태반류에 비해 다양한 형태를 지니지 못했다. 유대류의 새끼는 태어나자마자 주머니로 들어가야 하므로, 앞발과 앞다리가 발달된 고정된 형태를 지닐 수밖에 없었다. 즉 유대류는 지느러미발이나 발굽 같은 형태로 진화되기 어려웠고, 이는 다양한 환경 속에서 그에 맞게 적응한 특성과 형태를 지닌 태반류와의 경쟁에서 대부분 밀리게 되는 약점이 되기도 하였다.

정리하자면, 호주는 섬인 상태로 북상하면서 남회귀선에 위치하여 사막과 같은 척박한 자연환경을 갖게 되었다. 이 환경 속에 갇힌 생물들은 나름대로 적응하며 진화하였고, 그곳에서 생존하는 데 더 유리했던 유대류가 최종적으로 포유류의 승자가 되었다. 그 후 호주에 유럽인들이 정착하기 전까지는 과도하게 개척되지 않은 상태로 아주 오랫동안 남아 있어서, 다른 대륙들과 완전히 다른 생태계를 현재에도 유지할 수 있었다는 이야기다.

위기의 생태계, 그 해답을 호주에서 발견하다

수천만 년 동안 고립된 섬이라는 지리적 특징으로 인해 호주에서 서식하는 동물의 80%

는 호주의 고유한 토착동물이다. 특히 코알라·캥거루·오리너구리 등 단공류와 유대류를 포함한 포유류의 세 그룹이 있는 유일한 대륙이다(Australian Museum). 또한 호주 및 인도-태평양 지역에 서식하는 바다악어(Saltwater Crocodile), 듀공(Dugong) 등을 포함하여 2가지 종류의 악어, 50종의 해양포유동물, 800종 이상의 조류, 4000여 종의 어류, 21종의 파충류 등 다양한 생물들의 서식처가 되고 있다(호주 관광청)(그림 5-7).

하지만 이러한 독특한 생태계는 1788년 호주에 유럽인들이 정착한 이후 급속도로 망가지고 있다. 약 200년 동안 호주의 토착 포유류 273종 중 11%인 30여 종이 멸종되었으며, 코알라를 비롯한 21%는 멸종위기에 놓여 있다. 호주의 연구팀은 유럽인들이 사냥을 목적으로 들여온 고양이와 여우와 같은 외래종이 생태계를 교란시킨 것을 주된 원인으로 보고 있다(경향신문, 2015.2.10). 이 같은 위기에 처한 생태계를 보전하기 위해 호주 당국은 여러 가지 노력을 하고 있는데, 그중 하나가 바로 지리교과를 통한 환경교육이다.

호주 지리교육에서 환경교육은 예비 초등학년부터 6학년에 이르기까지 빠짐없이 등장한다. 이는 환경과 인간 간의 상호 영향과 제약을 알아보고 이를 통해 인간이 살아가기 위해서는 환경이 절대적으로 필요하다는 것을 스스로 알 수 있도록 내용이 구성되어 있다(김다원, 2016). 또한 생물종 다양성이 감소하고 있는 현황을 파악하고, 생물종을 보존하기 위한 방안 및 행동 등의 구체적인 방법과 그 이유를 보다 심층적으로 탐구할 수 있도록 별도의 단원으로 구성하여, 생물 다양성에 대한 중요성을 가르치고 있다(조철기, 2018).

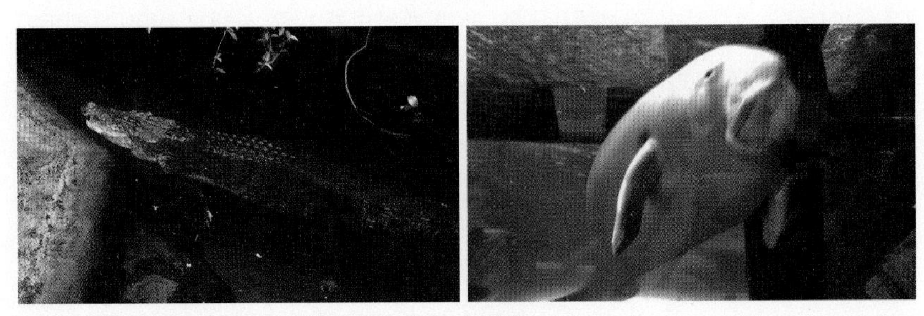

그림 5-7. 호주 및 인근 해역에 서식하는 바다악어(좌)와 듀공(우)

이처럼 호주의 지리교육은 환경과의 공존을 강조하고 있다.

호주를 비롯한 전 세계에서 지구온난화 및 멸종위기생물 등 환경이 큰 이슈로 대두되면서, 세계 시민을 양성하는 데 있어 환경교육은 필수가 되었다. 환경 문제는 인위적으로 형성된 국가의 경계에 구애받지 않기 때문에, 이를 보다 넓은 관점에서 바라볼 수 있어야 한다. 그렇기에 환경교육은 어떤 현상에 대해 종합적으로 바라보는 지리교과에서 효과적으로 가르칠 수 있다. 이러한 시점에서 우리나라의 지리교육 및 환경교육은 과연 어떠한가를 되짚어 보게 된다. 환경과 공존하는 삶과 조화를 추구하는 호주의 지리교육은 우리에게도 시사하는 바가 크다. 생태계와 환경을 잘 보전하고 유지하는 것이 인간의 생활을 영위하는 데에도 도움을 준다고 가르쳐 주는 호주의 지리교육처럼, 우리나라도 이러한 지리교육을 통해 오랜 지구의 역사를 지닌 고유의 생태계와 환경을 더욱 보전하려는 노력이 필요하지 않을까 싶다.

06

살아 있는 대자연의 역사책, 북아메리카의 나이아가라

북아메리카 제1의 폭포, 나이아가라

여행을 통해 얻을 수 있는 가장 큰 즐거움은 무엇일까? 아마 본래 살던 지역에서 볼 수 없는 경관으로부터 느끼는 색다름일 것이다. 우리는 익숙한 장소에서 벗어나 새로운 지역을 관광함으로써 즐거움과 해방감을 느낀다. 그러한 측면에서 보았을 때, 북아메리카는 우리에게 늘 새로운 영감을 주는 최고의 여행지 중 하나가 아닐까 한다. 약 2,400만㎢에 달하는 광활한 대륙을 자랑하는 북아메리카는 넓은 면적만큼이나 다른 지역에서 쉽게 찾아볼 수 없는 다양하고 아름다운 경관을 관찰할 수 있는 지역이기 때문이다.

필자가 처음 북아메리카를 방문한 것은 지난 2017년 여름이다. 약 한 달이라는 시간 동안 세계 금융의 중심지라 불리는 미국의 월 스트리트(Wall Street), 자유의 여신상(Statue of Liberty), 캐나다의 빅토리아섬(Victoria Island) 등 북아메리카 곳곳의 다양한 명소를 방문하였는데, 그중에서도 가장 기억에 남는 곳을 말하라면 한 치의 망설임도 없이 '나이아가라 폭포(Niagara Falls)'라고 이야기할 것이다. 평생 잊지 못할 정도로 특별한 느낌을 받았기 때문이다. 본 답사기를 통해, 왜 다른 지역이 아닌 나이아가라 폭포를 인상 깊게 기억하게 되었는지 자세히 이야기해 보고자 한다.

미국 뉴욕주와 캐나다 온타리오(Ontario)주에 걸쳐 있는 나이아가라 폭포는 브라질과 아르헨티나의 국경지대에 위치한 이구아수 폭포(Iguaçú Falls), 아프리카 남부의 빅토리아 폭포(Victoria Falls)와 함께 세계 3대 폭포로 뽑히는 명소이다(그림 6-1의 좌). 폭포는 나이아가라강 중간에 위치한 고트섬(Goat Island)에 의해 크게 아메리칸 폭포(American Falls), 호스슈 폭포(Horseshoe Falls)로 구분되며, 이 중 규모가 더 큰 호스슈 폭포의 높이는 55m, 폭은 671m에 달한다(이경아, 2008)(그림 6-1의 우). '나이아가라'라는 이름은 캐나다 원주민인 이로쿼이(Iroquois)족 언어로 천둥소리라는 뜻의 'Onguiaahra'에서 유래하였다고 전해진다. 실제로 폭포 앞에 서면 눈앞에 펼쳐지는 거대한 물줄기와 마치 천둥이 치는 듯한 요란한 굉음에 압도되곤 한다. 나이아가라 폭포의 현재 유속은 시간당 56.3km에 달하며, 명실상부한 북아메리카 최대의 폭포로 인정받고 있다(Niagara Falls Canada).

이렇듯 거대한 나이아가라 폭포는 매년 전 세계 각지로부터 약 1,500만 명에 달하는 수많은 관광객이 찾는 명소로서 지역 활성화에 큰 기여를 하고 있을 뿐 아니라 폭포지형을 활용한 농·산업 및 수력발전 등 다양한 방면에 활용되며 주변 지역경제의 핵심으로 자

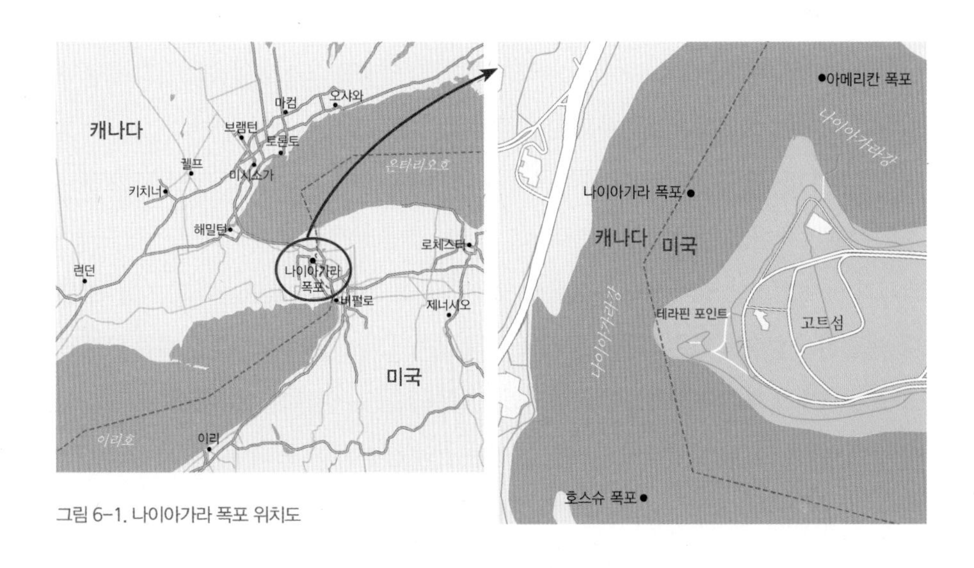

그림 6-1. 나이아가라 폭포 위치도

리 잡았다(김영주·이수호, 2003). 그러나 나이아가라 폭포가 가지는 가치는 단지 경제적인 부분에서 끝나지 않는다. 약 1만 년 전에 형성된 나이아가라 폭포는 그야말로 살아 있는 지구 역사의 교과서라고도 볼 수 있을 정도로 막대한 가치를 지녔기 때문이다. 역사가 살아 숨 쉬는 나이아가라! 그 안에는 어떠한 비밀이 숨어 있을까?

기후변화로 보는 나이아가라, 지구의 역사를 고스란히 담다

먼저 나이아가라 폭포의 형성 과정에 대해 알아보자. 나이아가라 폭포의 지형변화는 기후와 매우 밀접한 연관성을 가지기 때문에, 약 1만 년 전부터 시작되는 나이아가라의 역사를 이해하기 위해서는 지구 탄생 이후의 기후변화에 대해 간단하게 살펴볼 필요가 있다. 현재와 같은 지형 형성에 가장 큰 영향을 준 시기는 신생대 제4기이다. 제4기의 가장 큰 기후적 특징은 바로 빙기와 간빙기의 반복이라 할 수 있다. 빙기는 기온이 하강하고 해수면이 낮아지며 현재 지도상 바다로 표시되어 있는 많은 지역이 빙하로 덮여 있거나 육지로 드러나 있었던 시기이다. 반면에 간빙기는 기온이 상승하고 해수면이 높아지며 퇴적 작용이 활발히 일어났던 시기로, 후빙기(현재의 기후) 이전의 최종빙기는 지금으로부터 대략 1만 2천 년 전에 종료되었다고 알려져 있다. 즉 시기적으로 보았을 때 나이아가라 폭포는 최종빙기 종료 이후 찾아온 간빙기의 영향을 크게 받았음을 짐작해 볼 수 있다. 그렇다면, 이러한 기후변화는 지형 형성에 어떠한 영향을 주었을까?

최종빙기가 찾아왔을 때, 나이아가라 폭포가 위치한 북아메리카 지역은 당시 약 2~3km 정도 두께의 빙하로 덮여 있었다(그림 6-2). 그러나 최종빙기 종료 이후 기온이 상승하며 빙하가 녹자 엄청난 양의 융빙수(融氷水, 빙하가 녹아 만들어진 물)가 만들어지기 시작하였다. 방출된 융빙수는 기존 빙하의 무게로 인해 깊숙이 파여 있던 저지대를 채워 나갔고, 그 결과 거대한 호수와 하천들이 형성되었다. 오대호로 잘 알려진 북아메리카의 호수들이 바로 이러한 지형 형성 작용의 영향을 받은 결과물이다. 이 중 나이아가라 지역 주변에 만들어진 호수는 이리호(Lake Erie)와 온타리오호(Lake Ontario)인데, 두 호수는 나이아

그림 6-2. 빙하기 빙하 분포 지역
출처: Opinicon Natural History

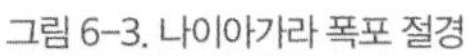
그림 6-3. 나이아가라 폭포 절경

가라 절벽(Niagara Escarpment)을 사이에 두고 약 100m의 높이 차이를 가지고 있었다. 그리고 이러한 지대 차이에 의해 자연스럽게 나이아가라 절벽을 가로질러 지대가 높은 곳에서 낮은 곳으로 엄청난 양의 물이 이동하기 시작하면서 결국 지금과 같은 아름다운 폭포 경관이 형성되었다(그림 6-3).

이처럼 나이아가라 폭포는 지구의 변화와 관련된 역사를 그대로 간직하고 있는 장소이다. 더욱 흥미로운 것은 나이아가라 폭포의 변화가 아직 끝나지 않았다는 점이다. 현재 나이아가라 폭포는 매년 약 0.3m 정도의 속도로 후퇴하고 있다고 한다. 왜 이런 일이 일어나는 것일까? 이는 폭포가 흐르는 나이아가라 절벽을 구성하고 있는 암석의 성질과 깊은 연관이 있다. 나이아가라 절벽의 상부는 단단한 석회암으로 이루어져 있는 반면에, 중부와 하부는 점토 및 모래질의 무른 암석으로 구성되어 있다(김영주·이수호, 2003). 따라서 폭포에서 떨어지는 엄청난 양의 물이 절벽의 상부에 비해 상대적으로 연한 암석으로 구성된 중·하부 부분을 더욱 빠른 속도로 침식하고, 나머지 돌출된 상부 부분은 자연스럽게 허물어져 폭포가 뒤로 후퇴하는 결과를 낳는다. 실제로 나이아가라 폭포가 처음 형성되었을 당시에는 현재보다 북쪽으로 약 11㎞ 정도 더 떨어진 지역에 위치하고 있었다고 한다. 그나마도 1961년 대형발전소를 건설하여 수량을 조절하기 시작한 이후부터는 그 후퇴 속도가 크게 줄어들었지만, 나이아가라 폭포는 아직도 끊임없이 변화하는 역동성을 가진 매력적인 장소이다.

나이아가라, 새로운 가능성을 발견하다

오랜 지구의 역사를 고스란히 간직하고 있는 나이아가라 폭포가 가지는 의미는 단순한 자연사적 가치에서 끝나지 않는다. 인근 지역의 주민들에게 나이아가라 폭포는 마치 선물과 같은 존재이다. 나이아가라 폭포 인근 지역의 가장 대표적인 산업은 관광으로, 주민들은 폭포를 따라 이어지는 특색 있는 관광 사업을 통하여 큰 이익을 얻고 있다. 이뿐만 아니라 앞서도 언급하였듯이 빠른 유속과 풍부한 유량을 통한 수력발전으로 약 490만 ㎾에 달하는 전력을 생산하는 등 나이아가라 폭포는 지역 주민들의 보금자리로서 그 기능을 훌륭하게 해내고 있다(NYFalls).

나이아가라 폭포지형을 활용한 포도주산업 역시 지역 주민들의 주요한 소득원 중 하나이다. 북위 41~44°에 위치한 이 지역은 겨울에 영하 20℃를 오르내리는 낮은 기온으로 농사를 짓기에 매우 불리한 기후조건을 가지고 있다. 그러나 나이아가라 폭포 인근 지역은 거대한 호수인 이리호와 온타리오호가 차가운 대륙성 기후를 완화해 주고 있으며, 급한 경사를 이룬 나이아가라 절벽이 찬 바람을 막아 주어 냉해를 방지하기 때문에 추운 겨울에도 포도와 같은 과일 농사가 이루어지기에 적합하다(신동호, 2009). 실제로 캐나다령 나이아가라 지역에서 생산되는 포도와 와인의 양은 전체 캐나다 생산량의 80%를 차지하고 있다고 하니, 그 규모를 짐작해 볼 만하다(Niagara Canada). 나이아가라 폭포 인근의 주민들은 바로 이러한 강점을 활용하여 지역 내에서 아이스와인(ice wine, 겨울에 수확한 포도로 만든 포도주)산업을 활성화하였다(그림 6-4의 좌). 일반적인 포도주와는 달리, 겨울까지 포도를 따지 않고 두었다가 수확하여 발효하는 아이스와인은 포도알이 얼었다 녹았다 하는 과정을 반복하는 동안 화학적 성분의 변화로 인해 그 맛이 매우 독특하며, 단위면적당 생산할 수 있는 양이 한정되어 있기 때문에 가격대가 높다. 생산되는 포도주의 양이 절대적으로 많은 것은 아니지만 지역의 지형적 특색을 현명하게 활용한 아이스와인은 곧 많은 사람들의 사랑을 받게 되었고, 매년 와인축제를 개최하는 등 현재에도 나이아가라 지역 활성화에 큰 기여를 하고 있다(그림 6-4의 우).

그림 6-4. 나이아가라의 와이너리(Winery) 지도(좌), 아이스와인축제 홍보지(우)
출처: Niagara Wine Trail, USA(좌), INFO NIAGARA(우)

'안개아가씨호(Maid of the Mist)'에서 찾은 나이아가라의 진가

이렇듯 지구의 기후변화와 지역 주민들의 지혜가 고스란히 모여 성공적인 결과를 이끌어 낸 나이아가라는 북아메리카 지역 사람들의 터전으로서 그 역할을 충실히 해내고 있다. 그러나 나이아가라의 역할은 여기서 끝나지 않는다. 나이아가라 폭포는 빼어난 절경과 그곳에서만 느낄 수 있는 특별한 감동을 선사하여, 전 세계 사람들의 사랑을 받는 훌륭한 관광지로서도 명성을 떨치고 있다. 또한 나이아가라에는 거대한 규모만큼이나 다양한 관광 상품이 개발되어 있는데, 그중 가장 대표적인 것이 바로 '안개아가씨호(Maid of the Mist)'이다.

안개아가씨호는 미국령 나이아가라 폭포의 크루즈 관광 상품이다. 나이아가라 폭포가 지닌 위치 특성상 각각 미국과 캐나다에서 관리하고 있는데, 필자는 미국에 숙소를 잡고 있었기에 안개아가씨호 크루즈 관광 상품을 선택한 바 있다.●17 수많은 사람들이 탄 큰 배는 나이아가라 폭포를 구석구석 탐험하며 천천히 움직인다. 대체로 배에 탄 관광객들은 사전에 관광사에서 나눠 준 파란색 우비를 입고 멀리서 미처 보지 못했던 아름다운 폭포의 절경을 깊이 있게 관찰하면서 경이로움을 느끼게 된다.

나이아가라 절경의 여운이 채 가시기도 전에 관광객을 태운 안개아가씨호는 미국과 캐나다의 국경을 잇는 레인보우 브리지(Rainbow Bridge)를 지나게 된다. 그 순간 맞은편의 캐나다 배에 타고 있던 빨간 우비의 관광객들이 일제히 손을 흔들며 박수를 보내기 시작한다. 엄청난 양의 물안개로 인해 모두가 잔뜩 물에 젖어 있지만, 그 누구도 개의치 않고 행복한 얼굴로 인사를 건네며 서로에게 응원의 말을 외친다. 빨간색과 파란색으로 서로 다른 색깔의 우비를 입은, 서로 다른 국적의 사람들이 나이아가라 폭포 아래에서 하나가 되었던 순간이 아직도 생생하다. 아마도 그 순간은 필자뿐만 아니라 이를 경험한 많은 관광객들이 북아메리카 여행 중 가장 아름다운 순간으로 기억하는 장면이 아닐까 생각한다(그림 6-5).

지역은 인간에 의해 재창조되고, 그 과정에서 독특한 가치와 기능을 가지게 된다. 나이

그림 6-5. 레인보우 브리지(좌), 빨간 우비를 입은 캐나다 관광객들(우)

아가라 역시 앞서 살펴본 바와 같이 지역 주민들에게, 혹은 관광객들에게 경제·사회·문화 등 여러 방면으로 활용되며 다양한 기능을 수행하고 있다. 자연 그 자체로서의 가치, 삶의 보금자리로서의 가치, 그리고 훌륭한 관광 명소로서의 가치 등 나이아가라가 가지는 가치는 여러 가지가 있지만 그중에서 가장 큰 것은 바로 국경을 초월하여 서로 다른 두 나라를 끈끈하게 이어 주는 역할이라고 할 수 있다.

이러한 진가는 안개아가씨호의 경험을 통해 극대화된다. 여차하면 분쟁의 시발점이 될 수도 있는 국경지대이지만, 같은 장소에 있다는 이유만으로도 자부심이 들 만큼 빼어난 아름다움과 장엄함을 선보이는 나이아가라 폭포가 다양한 국적의 서로 다른 사람들에게 깊은 유대감을 선사하기 때문이다. 이러한 이유로 나이아가라 폭포는 많은 이들에게 잊을 수 없는 큰 교훈을 주는 장소가 아닐까 생각된다.

아름다운 경관을 관찰하며 뿌듯함을 느낄 수 있는 곳, 서로 다른 사람들이 자연의 웅장함 앞에서 경외심을 느끼고 하나가 되는 곳, 지역 주민들이 자연환경에 적응하며 살아가는 지혜가 가득 녹아 있는 곳, 나이아가라! 언젠가 여러분도 나이아가라 폭포에 간다면, 이러한 감동을 꼭 느껴 볼 수 있기를 바란다.

:: 주

1. 비보림이란, 풍수지리적으로 마을의 지형적 결함을 보완하고 마을의 길복(吉福)으로 가꾸기 위해 인공적으로 만든 숲이다.

2. 김승옥 작가는 1941년에 일본 오사카에서 태어났으나, 1945년에 전라남도 순천으로 이사한 뒤 순천에서 유년기와 학창 시절을 지냈다. 그러므로 그의 고향은 순천이라고 할 수 있을 것이다.

3. 연안에 위치한 습지를 연안 습지라 하며, 연안 습지의 퇴적물이 펄과 같은 세립질로 구성되어 있을 경우에는 주로 갯벌이라 부른다. 연안 습지의 만조선 위로 갈대와 같은 염생식물이 자라는 염습지가 나타난다. 그런데 역사적으로 농업의 생산량을 증가시키기 위해 염습지를 개간하거나 간척하여 대부분의 염습지가 사라진 상황이다(한국습지학회, 2016).

4. 전남동부지역사회연구소는 1987년 민주화 과정에서 순천 지역의 사회운동 결사체였다. 현재도 전남동부지역사회연구소, 그린순천21, 순천환경운동연합, 한국야생동물구조센터 등 지역시민사회단체들은 지방자치단체와 협력하여 순천만 보존에 앞장서고 있다(순천만 습지 사이트).

5. 풍혈지형이란, 애추와 같이 크고 작은 암석이 퇴적된 사면에서 여름철이면 찬 공기가 나오거나 얼음이 얼고, 겨울이면 따뜻한 바람이 불어 나오는 등 국소적으로 미기상학적 현상을 나타내는 지역으로 얼음골, 빙혈, 빙계 등의 개념을 모두 포함한다(국립수목원, 2013).

6. '땀이 흐르는 사명대사 비석'은 조선 영조 때(1742) 사명대사 5대 법손이 당대의 명재상과 명유를 찾아다니며 비문과 글씨를 얻어 경주산의 검은 대리석에 사명대사의 한평생 행적과 임란 시 구국의 충렬을 찬양한 내용, 서산대사·기허대사의 공적과 사적을 새긴 비각이다. 국가의 큰 사건이 있을 때를 전후하여 땀방울이 맺혀 구슬땀처럼 흐르는 신비로운 현상을 보여 사후에도 나라를 근심하는 사명대사의 영험이라 하여 신성시하였다. 그리고 '종소리 나는 만어산의 경석'은 만어사 앞 너덜겅에 지천으로 깔려 있는 고기 형상의 돌들을 말한다. 이 돌들은 부처의 영상이 어린다는 산정의 불영석을 향하여 일제히 엎드려 있는 듯한데, 크고 작은 반석들은 모두 경쇠소리가 나며, 이는 동해의 고기와 용이 돌로 변한 것이라 전해진다(밀양시 문화관광 홈페이지).

   참고. 땀이 흐르는 사명대사 비석(상)과 종소리 나는 만어산의 경석(하)

   출처: 밀양시 문화관광 홈페이지

7. 미야자키 하야오는 일본 애니메이션의 거장으로, 1985년 스튜디오 지브리(Studio Ghibli) 설립 후 〈천공의 성 라퓨타〉(1986)를 시작으로 〈이웃집 토토로〉(1988), 〈마녀 배달부 키키〉(1989), 〈센과 치히로의 행방불명〉(2001), 〈하울의 움직이는 성〉(2004), 〈벼랑 위의 포뇨〉(2008) 등의 다양한 애니메이션을 제작하였다.
8. 기후인자는 기온, 강수량, 바람 등 기후 요소에 영향을 미치는 요인을 의미한다. 기후인자는 수륙분포, 지형, 해발고도 등 거의 변하지 않고 같은 상태를 오랫동안 유지하는 지리적 기후인자와 기단, 전선, 기압배치 등 시시때때로 변하는 동기후적 인자로 나뉘는데, 기후는 동기후적 인자보다 지리적 기후인자의 영향을 더 크게 받는다(이승호, 2012).
9. 고랭지 농업은 일반적으로 400m 이상의 고랭지 지역에서 행하는 농업을 말한다. 1980년대 이후 국민소득이 증가하면서 소비자의 소비 능력도 향상하여 육류 소비가 늘어났고, 이에 보완관계에 있는 신선한 채소류(무, 배추 등)에 대한 수요가 빠르게 늘어났다. 또한 채식 선호 경향도 나타났으며, 전통적으로 김치의 원료인 배추 등의 채소에 대한 수요가 있었다. 게다가 영동 고속도로의 개통으로 인해 소비자와의 접근성이 향상되어, 강원도에서 고랭지 채소의 재배면적이 급속히 확대되었다(김종섭, 2000).
10. 초콜릿의 원재료인 카카오는 열대 작물이어서 유럽에서 재배할 수 없다.
11. 1987년 8월의 빙하와 2014년 6월의 빙하 사진을 비교하여 명암을 살펴보면, 2014년 6월 빙하의 두께가 얇아지고 그 끝이 짧아졌음을 확인할 수 있다. 8월의 평균기온이 6월의 평균기온보다 높다는 점을 감안한다면, 빙하가 사라지고 있다는 것은 분명한 사실이다.
12. 글로소프테리스는 고생대 후기부터 중생대 초기까지 곤드와나 대륙에 서식했던 양치식물이다. 이는 남아메리카, 아프리카, 인도, 남극, 호주 등 남반구 각 대륙의 고생대 후기와 중생대 초기의 지층에서 화석으로 발견되어, 과거에 하나의 대륙으로 연결되어 있었다는 베게너의 주장을 뒷받침한 증거로 사용되었다.
13. 최근 연구에 의하면, 맨틀의 대류로 인해 판이 수동적으로 움직이는 것이 아니고, 섭입대(subduction zone, 두 판이 부딪힐 때 무거운 판이 가벼운 판 밑으로 깊숙이 침강하는 영역)에서 무겁고 밀도가 큰 해양판이 중력에 의해 맨틀 속으로 가라앉으면서 판 스스로 움직인다고 보며, 이를 섭입판 인력(slab pull)이라고 부른다(전태환 외, 2016).
14. 베게너가 생각한 대로 판 자체가 이동하는 것이 아니라, 어떤 한 판이 이웃한 판 밑으로 섭입되거나, 판과 판 사이에 아주 깊은 해저에서 맨틀로부터 나온 마그마가 바닷물로 식혀지면서 새롭게 땅(해양지각)이 만들어져 판이 움직이는 것처럼 보이는 것이다.
15. 남회귀선은 태양이 머리 위 천정을 지날 때 가장 남쪽지점을 잇는 위선으로, 약 남위 23°27′에 위치한다. 반대로 북반구에는 북회귀선이 있는데, 일반적으로 이 회귀선이 지나는 근처는 사하라 사막과 같은 건조한 사막이 존재하는 경우가 많고, 적도를 중심으로 남회귀선과 북회귀선 사이의 위도는 열대 기후를 갖는다.
16. 호주의 건조해진 환경으로 인한 자연적인 화재뿐 아니라 호주의 원주민이 농사를 짓기 위해 인위적으로 발생시킨 화재도 유칼립투스의 우세에 영향을 주었다고 한다. 인간이 호주 대륙에 도착한 후 식물을 관리

하기 위해 불을 사용한 것과 유칼립투스가 다양해지고 지배적이게 된 것과의 연관성에 대해서는 더 많은 데이터가 필요한 상황이다(Hill et al., 2016).

17. 참고로 캐나다령 나이아가라 폭포에서는 '혼블로어 크루즈(Hornblower Cruise)'라 불리는 크루즈 관광 상품을 선택할 수 있다. 전체적인 코스와 구성은 미국의 안개아가씨호와 비슷하다.

맺음의 글

벚꽃이 아름답게 피어오르고 분홍색 꽃잎들이 바람에 휘날리는 봄날의 교정은 아마도 평생 잊지 못할 기억이 될 것 같다. 마지막 프로필 사진 촬영까지 마치고 나니, 시원함보다는 벌써부터 그리움이 앞선다. 개인적으로 나의 스승님과 제자들과 함께한 이 작업은 너무나 소중한 시간들이었다. 책을 기획하고, 회의를 하고, 식사를 하고, 차를 마시고, 답사를 가던 순간들이 떠오른다. 넉넉하지 못한 답사비와 일정에 참으로 미안한 마음이 컸다. 많이 불편하고 힘들었을 텐데도 싫은 내색 한 번 하지 않고 매번 감사하다고 말해 주는 이들이 있어 고마운 마음에 더 힘이 나기도 했다. 길다면 길고 짧다면 짧은 시간들이었지만 스승과 제자가 하나 된 마음으로 공유한 시간과 공간이 있었음에 더없이 행복하다. 새삼 공부를 하기 잘했다는 생각이 든다. 나의 스승님과 제자 사이에서 오히려 나는 그들에게 영감을 얻고 배움의 가치를 깨달았다. 이 순수한 의미를 평생 간직할 수 있기를… 그러기 위해서는 우리 모두 건강해야겠다. "언제나 환하게 긍정 미소를 지어 주는 지은 양과 가영 양! 너무나 고마웠고, 너무나 행복했습니다. 앞으로도 행복하고 좋은 일 가득하기를!" 그리고 "낭만지리학자 노시학 교수님, 항상 감사드립니다! 건강하세요!"

– 대표저자 정은혜

우리의 인연은 벚꽃과 함께…

나무 그늘 아래에서의 휴식

담양 송강정에서 메리 포핀스~!

드디어 드디어! 길고 길었던 '책 프로젝트'가 끝을 맺었다. 그 기쁨은 말할 나위 없다. 책을 쓴다는 것은, 대학교 4년을 다니는 동안 주제를 누군가 던져 주었던 레포트와 달리 내가 주제와 지역을 스스로 정하고 처음부터 틀을 짜야 하는 일이었다. 마치 초원에 삐약이 한 마리를 풀어놓고 알아서 먹이를 물고 오라는 것만 같았다. '이것이 바로 창작의 고통이구나!'를 새삼 깨달으면서, 작가와 교수님들에게 무한한 존경심이 들었다. 내가 쓸 지역과 주제를 정하는 건 어렵지 않았지만, 글의 뼈대에 살을 붙이는 과정이 무척 힘들었던 것 같다. 부드럽고 가벼운 문체로 써야 하는 답사기와 달리, 나의 문체는 논문이나 설명문처럼 딱딱했기 때문이다. 그래서 처음 쓴 글은 많이 지적받기도 했다. 이후 가영이와 정은혜 교수님의 글을 보면서 나만의 글 스타일을 정해 나갔고, 지하철에서나 일하면서 틈틈이 생각나는 문장과 아이디어를 핸드폰 메모지에 적는 습관을 통해, 그 고통을 줄일 수 있었다. 개인적으로 졸업을 앞두고 사회에 나가기에 앞서, 의미 있는 일을 끝까지 해낸 내 자신이 대견스럽다. 그리고 글 쓰면서 고민이 많을 때 경청해 준 내 가족과 친구들에게 고맙다고 말하고 싶다. 또 4년간 지리학과에 다니면서, 학문의 경계를 뛰어넘어 매력 넘치는 지리학에 대한 가르침을 주신 경희대 지리학과 교수님들 모두에게 감사의 인사를 드리고 싶다. 특히 우리의 글을 감수해 주신 노시학 교수님과, 책을 써 볼 기회를 주시고 가감 없는 코멘트로 매끈하고 세련된 글이 되도록 도와주신 정은혜 교수님, 그리고 항상 격려해 주고 여러모로 도와준 가영이에게, "감사합니다!"

– 공저자 오지은

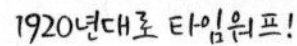
1920년대로 타임워프!

오늘의 날씨, 맑음!

태극기가 휘날리는 천안에서

낭만지리학자의 뒷모습

어느 무더운 여름날, 조금은 막연하게 시작된 '책 프로젝트'가 드디어 끝을 맺게 되었다. 이 책을 집필하는 기간 동안, 나에게는 정말 많은 변화가 찾아왔다. 4년간의 학부생활을 청산하고 대학원생으로서의 길을 걷기 시작하였으며, 새로운 취미생활도 하나씩 배워 가는 중이다. 앞으로의 내 인생 역시 지금까지와 마찬가지로 많은 변화의 연속일 것이다. 그 과정 속에서 팔랑귀를 가진 나는 여러 번 흔들리고 넘어질지도 모르겠다. 그렇지만 이 책을 집필하면서 얻은 소중한 경험들이 수많은 변화와 혼란 속에서 나를 붙잡아 줄 든든한 버팀목이 되어 줄 것을 알기에, 앞으로의 길이 두렵게 느껴지지만은 않는다. 책을 마무리하는 과정에서, 평생 간직할 소명과 아름다운 추억을 선물해 주신 노시학 교수님, 정은혜 교수님, 긴 여정을 함께한 지은 언니에게 무한한 감사의 마음을 전해 드리고 싶다. 또한 나의 영원한 롤모델 공우석 교수님, 따뜻한 가르침과 행복한 추억들을 선물해 주신 경희대 지리학과 교수님들과 서울문영여고 선생님들, 인생 최고의 축복이자 자랑인 내 친구들, 늘 든든하고 의지가 되는 실험실 선배님들, 가장 사랑하는 우리 가족에게도 감사한 마음을 드린다. 감사한 분들이 이렇게 많다니…! 정말 행복한 삶을 살고 있음을 다시 한 번 느낀다. 이 책을 시작으로, 평생에 걸쳐 내가 받은 따스한 사랑과 배움을 온 세상에 나누며 살 수 있다면 더없이 즐거울 것 같다.

– 공저자 황가영

독일 로텐부르크에서 멋있게!

스위스 융프라우 내려오는 길에

탈고를 기념하며

참고문헌

1. 국내 논문 및 저서

강병국, 2015, 『하늘이 내린 선물, 순천만』, 지성사.

강태권 · 김유천 · 김정례 · 김창환 · 김효민 · 류종목 · 박삼수 · 박상현 · 송정화 · 송진영 · 신하윤 · 심경호 · 유병례 · 유중하 · 이지운 · 정재서 · 최용철, 2006, 『동양의 고전을 읽는다 3(문학上)』, 휴머니스트.

강판권, 2006, "숲과 문명: 인문학자의 시선," 한국학논집, 33(33), 5–48.

고성혜, 2012, "담양가사의 미의식 연구," 전남대학교 석사학위논문.

고순희, 2016, "가사문학의 문화관광자원으로서의 가치," 한국시가문학학회, 37, 5–35.

공우석 · 이슬기 · 윤광희 · 박희나, 2011, "풍혈의 환경 특성과 식물지리적 가치," 환경영향평가, 20(3), 381–395.

곽수경, 2017, "청산도의 〈서편제〉 마케팅과 슬로마케팅," 동북아문화연구, 51(51), 171–186.

국립수목원, 2013, 『한국의 풍혈』, 국립수목원.

권동희, 2013, "관광자원으로서의 터키 지리경관," 한국사진지리학회지, 23(4), 103–115.

권수용, 2008, "16세기 호남 무등산권 원림문화," 인문연구, 55(55), 357–398.

권순덕 · 곽두안, 2017, 『유럽의 산악관광 현황 및 시사점』, 국립산림과학원.

권혁재 · 김상헌 · 김신규 · 이호창 · 최성은, 2008, 『동유럽 신화: 동유럽의 신 · 영웅 · 신비한 존재들』, 한국외국어대학교출판부.

김경님 · 이혁진, 2018, "오스트리아 빈의 도시관광과 도시브랜딩에 관한 연구," 한국사진지리학회지, 28(3), 27–40.

김경수, 2009, "조선시대의 천안과 천안삼거리," 중앙사론, 29(29), 39–82.

김다원, 2016, "세계시민교육에서 지리교육의 역할과 기여: 호주 초등 지리교육과정 분석을 중심으로," 한국지리환경교육학회지, 24(4), 13–28.

김미혜, 2015, "제주여성리더십의 특성과 성과에 관한 연구," 제주대학교 석사학위논문.

김보희, 2010, "카프카와 프라하의 독일문학," 헤세연구, 23(23), 159–183.

김선영 · 허인혜 · 이승호, 2010, "한국에서 기온상승이 사과 재배지역의 변화에 미치는 영향," 한국지역지리학회지, 16(3), 201–215.

김승옥, 1964, 『무진기행』, 사상계.

김연경 · 이무용, 2015, "생활주체의 경험을 통해 본 광주 예술의 거리 장소성 연구," 한국지역지리학회지, 21(3), 529-552.

김연정, 2008, "체코에서의 프란츠 카프카 수용현상," 독어교육, 42, 161-184.

김영범, 1994, "예술작품 속의 도시: 음악작품 속의 도시," 도시문제, 29(312), 19-32.

김영일 · 신영기 · 서정아 · 최영돈 · 송태호 · 강채동 · 김성실 · 노정선 · 정시영 · 김용찬, 2006, "전북 진안 풍혈의 여름철 냉풍 및 겨울철 온풍 발생 연구," 대한설비공학회 하계학술발표대회 논문집, 879-884.

김영주 · 이수호, 2003, "나이아가라폭포를 대상으로 한 미국과 캐나다의 관광개발전략 비교분석에 관한 연구," 문화관광연구, 5(1), 323-339.

김옥진, 2016, "소나기마을에서," 숙명문학, 4, 102-105.

김용구, 2006, 『세계외교사』, 서울대학교출판부.

김용덕, 2013, 『이야기 폴란드사』, 한국외국어대학교출판부.

김원중 역, 2010, 『사기본기』, 민음사(司馬遷, 기원전 109~91년 추정, 『史記本紀』).

김윤식, 1991, "문학기행 도스토예프스키/루카치/카프카-드레스덴에서 프라하까지," 작가세계, 3(4), 278-311.

김은석 · 문순덕, 2006, "제주여성문화: 제주여성문화개념 정립 연구보고서," 제주특별자치도 여성능력개발본부.

김은혜, 2018, "삿포로올림픽과 도시재생: 고도성장기와 저성장기의 전략," 도시연구, 19, 121-152.

김일림, 2005, "홋카이도(北海島)의 역사와 문화경관," 한국사진지리학회지, 15(1), 39-49.

김재현, 2018, 『함께 이룬 우리 숲』, 산림청.

김정연 · 박경, 2016, "풍혈지대의 지질명소로서의 가치와 보호대책에 관한 연구," 한국지형학회지, 23(2), 15-27.

김종섭, 2000, "고랭지의 산업발전과 지역경제 활성화 방안: 강원도 고랭지농업을 중심으로," 論文集, 33(3), 141-162.

김종수, 2018, "한국에서 재현된 동유럽 표상의 역사적 고찰," 동유럽연구, 42(1), 3-23.

김종회 · 최혜실, 2006, 『황순원 '소나기 마을'의 OSMU & 스토리텔링』, 랜덤하우스.

김준선, 2016, "순천만 국가정원의 역사와 의의," 남도문화연구, 31, 457-474.

김진경, 2000, "〈글래디에이터〉: 인간의 존재조건으로서의 죽음에 대한 이야기," 문학과영상, 1(2), 319-324.

김진석 · 정재민 · 김중현 · 이웅 · 이병윤 · 박재홍, 2016, "한반도 풍혈지의 관속식물상과 보전관리 방안," 식물분류학회지, 46(2), 213-246.

김춘식 · 김기창, 2005, "아우내 역사유적의 문화마케팅 전략에 관한 연구," 유관순연구, 4(4), 43-64.
김태운, 2011, "문화정책 의제로서 문화민주주의 실천에 관한 고찰," 인문사회 21, 2(2), 1-17.
김풍기, 2014, "동아시아 전통사회에서의 명승(名勝)의 구성과 탄생: 설악산을 중심으로," 동아시아고대학, 33(33), 333-363.
김현수, 2018, "제주도 설문대할망 이야기의 신화적 성격," 경기대학교 석사학위논문.
김현화, 2015, "맹강녀(孟姜女) 설화의 서사문학적 가치 재구," 한국문학논총, 71(71), 5-48.
김혜민 · 정희선, 2015, "가리봉동의 스크린 재현 경관 속 타자화된 장소성," 한국도시지리학회지, 18(3), 93-106.
김황곤, 2014, "창세신화 교육 방안 연구," 아주대학교 석사학위논문.
대한제과협회, 2003, "알프스의 추운 겨울을 녹이는 스위스의 치즈 퐁뒤," 베이커리(Monthly bakery), 10, 100-101.
대한지방행정공제회, 2014, "PART 2: 도시 락(樂) - 태국 송크란 축제와 오스트랄리아 잘츠부르크 음악 축제," 도시문제, 49(545), 50-55.
루타나도미닉, 2017, "승려와 수도사 설화의 비교연구: 한국과 폴란드를 중심으로," 다문화와 인간, 6(2), 1-49.
리처드 카벤디쉬 · 코이치로 마츠무라, 2009, 『죽기 전에 꼭 봐야 할 세계 역사 유적 1001』, 마로니에북스.
박기령, 2014, "일본 애니메이션 〈알프스 소녀 하이디〉와 슈피리 문학과의 연관성," 만화애니메이션연구, 37(37), 247-265.
박명희, 2015, "無等山圈 누정문학의 문화지도," 국학연구론총, 16(16), 229-266.
박문호의 자연과학 세상, 2012, 『서호주: '박문호의 자연과학 세상' 해외학습탐사』, 엑셈.
박영순, 2011, "천안 독립기념관과 유관순 열사의 사적지," 국토, 362, 183.
박은수 · 김지은, 2014, "실크로드를 통해 본 전통 공간 시안(西安)의 문화기술 융합 콘텐츠 연구," 한국과학예술포럼, 18, 281-298.
박재철, 2006, "마을숲의 개념과 사례," 한국학논집, 33(33), 233-261.
박종수, 2018, 『동유럽의 보석들, 신화를 찾아가는 인문학 여행: (폴란드3) 크라쿠프의 나팔소리』, 브런치(brunch)북.
박진천, 2009, "외국성공사례: 일본 홋카이도 삿포로 눈축제," 한농연, 78, 51-58.
박찬용 · 백종희, 2007, 『유럽 정원 기행: 풋내기 조경학도, 웅장하고도 로맨틱한 유럽 정원을 만나다』, 대원사.
박홍규, 2018, "인도의 중세예술," 인물과사상, 242, 84-101.

박환덕, 1996, "카프카이해를 위한 배경으로서 유덴품과 프라하," 카프카연구, 5, 133-159.

배상원, 2011, 『숲에서 만나는 세계』, 지오북.

배주희, 2017, "아름다운 음악의 도시, 잘츠부르크," 도시문제, 52(583), 54-57.

부길만, 2015, 『출판기획물의 세계사 2』, 커뮤니케이션북스.

서영애 · 조경진, 2008, "영화에 나타난 센트럴 파크의 문화 경환 해석: 우디 앨런 영화를 중심으로," 문화역사지리, 20(2), 62-78.

서유진, 2016, "타지마할도 변색, 인도 환경오염 비상," Chindia Journal, 120, 6-7.

서진완, 2015, "문화 속으로, 세계 속을 걷다: 타지마할의 아름다움과 이슬람의 흔적," 지역정보화, 95, 118-120.

송은하, 2011, "경기 양평 황순원 문학촌: 처음 그 느낌처럼," 월간 샘터, 493, 20-23.

송화섭, 2008, "부안 죽막동 수성당의 개양할미 고찰," 민속학연구, 22, 79-106.

신동호, 2009, "캐나다 나이아가라 포도주산업 클러스터의 지역혁신체제," 한국경제지리학회지, 12(3), 260-276.

신상구, 2014, "아우내(倂川) 시장의 유래와 이동 과정 소고," 열린충남, 67, 90-95.

심승희, 2013, "도서 정책 중심으로 본 근대 이후 우리나라 도서 지역의 변화," 문화역사지리, 25(1), 63-85.

심진호, 2012, "월트 휘트먼과 아방가르드 맨해튼 이미지: 영화 〈맨하타(Manhatta)〉를 중심으로," 새한영어영문학회 학술발표회 논문집, 7-21.

안광진, 2016, "한국소설에 나타난 순천만 정원의 배경적 의미: 김승옥의 〈무진기행〉을 중심으로," 남도문화연구, 31(31), 131-156.

안대회 · 이용철 · 정병설 외, 2014, 『18세기의 맛』, 문학동네.

오정준, 2015, "'재현의 재현'을 넘어선 관광객 사진: 영화 건축학개론 '서연의 집'에서의 사진 수행을 중심으로," 문화역사지리, 27(3), 131-145.

오현숙, 2017, "Life: Hit the Road-인도, 타지마할과 황금사원," 연합뉴스 동북아센터.

옥한석, 2012, "스토리텔링에 입각한 남원 음악도시의 가능성에 관한 연구: 잘츠부르크와의 비교," 한국사진지리학회지, 22(4), 43-52.

유강호, 1996, "신께 바친 '사랑의 시'라는 세계 최고의 명소 타지마할: 지친 영혼을 부르는 명상의 나라 인도," 월간 샘터, 27(10), 56-61.

이경아 역, 2008, 『죽기 전에 봐야 할 자연 절경 1001』, 마로니에북스(Bright, M., 2005, 1001 Natural Wonders, Cassell Illustrated).

이광희, 2007, 『재미있는 한국지리 이야기』, 가나출판사.

이난아, 2001, "동양과 서양이 만나는 도시: 이스탄불," 국토, 234, 75-80.
______, 2013, "터키 문화 코드에 관한 소고," 글로벌문화콘텐츠, 10, 21-51.
이덕영, 2008, "용후라오 산악철도 시스템 소개," 대한토목학회지, 56(8), 77-79.
이병민, 2017, "지역문화콘텐츠로서의 산업유산 특성: 삿포로와 청주 사례를 중심으로," 문화경제연구, 20(2), 89-117.
이병민·남기범, 2016, "글로컬라이제이션과 지역발전을 위한 창조적 장소만들기," 대한지리학회지, 51(3), 421-439.
이상원, 2015, "문화, 역사, 지리: 담양과 장흥의 가사문학 비교," 한민족어문학, 69(69), 169-203.
이승권·윤만식, 2018, "진보적 문화예술 활동과 사회변화의 상관성: 광주민주화운동을 중심으로," The Journal of the Convergence on Culture Technology, 4(3), 41-50.
이승진, 2018, 『중국 상식사전』, 길벗.
이승호, 2012, 『기후학(개정판)』, 푸른길.
이연자, 2007, "브로드웨이 공연예술산업과 도시문화이미지: 배우조합을 중심으로," 신영어영문학, 36, 79-98.
이욱정, 2015, 『이욱정 PD의 요리인류키친』, 예담.
이유진, 2018, 『중국을 빚어낸 여섯 도읍지 이야기』, 메디치미디어.
이재룡 역, 2009, 『참을 수 없는 존재의 가벼움』, 민음사(Kundera, M., 1984, *Die unertragliche Leichtigkeit des Seins*, Oldenbourg).
이재언, 2011, 『한국의 섬 2: 전남 완도』, 아름다운사람들.
______, 2017, 『한국의 섬: 제주도』, 지리와 역사.
이재황 역, 2005, 『변신』, 문학동네(Kafka, F., 1916, *Die Verwandlung*, Wolff).
이정록, 2014, "2013순천만국제정원박람회 정책화 과정과 동인에 관한 연구," 대한지리학회지, 49(6), 849-864.
______, 2016, "순천시 창조도시 관련정책의 추진과정, 거버넌스, 성과," 한국경제지리학회지, 19(4), 660-676.
이정록·남기범·지상현·안종현, 2015, "2013순천만국제정원박람회 개최가 순천시 도시이미지 변화에 미친 영향," 한국지역지리학회지, 21(2), 273-285.
이춘호, 2014, "인도미술사 1: 시공을 초월한 찬란한 무덤 인도 이슬람 건축의 결정체, 타지마할," Chindia Journal, 88, 44-45.
이태동, 2015, "실존적 현실과 미학적 현현: 황순원론," 계간 문학과 지성 창간 10주년 기념호, 41, 문학과지성사.

이효진, 2015, "도시의 선율: 예술가들의 숨소리가 들리는 오스트리아 빈의 골목길을 걷다," 도시문제, 50(564), 58-61.

임홍빈 역, 2010,『현장 서유기』, 에버리치홀딩스(錢文忠, 2007,『玄奘西遊記』, 印刻).

장노현, 2007, "〈소나기〉와 문학활용 테마파크: 전략과 테마기획을 중심으로," 국제어문, 41(41), 185-216.

장용준, 2008,『장콩 선생님과 함께 묻고 답하는 한국사 카페 1』, 북멘토.

장윤정, 2014, "인천상륙작전 영화에 표현된 장소 재현," 대한지리학회지, 49(1), 77-90.

전경숙, 2016, "광주시 대인예술시장 프로젝트와 지속가능한 도시재생," 한국도시지리학회지, 19(2), 43-58.

전영준, 2016, "탐라신화에 보이는 여성성의 역사문화적 의미," 동국사학, 61(0), 499-531.

전태환·서기원·이규호, 2016, "고등학교 지구과학 교과서에 제시된 판 이동의 주된 원동력에 대한 고찰," 한국지구과학회지, 37(1), 62-77.

정기문, 2009, "영화 글래디에이터와 로마제국," 서양사연구, 41, 191-213.

정명철, 2007, "마을숲 기능의 재해석과 활용방안 연구," 전남대학교 석사학위논문.

정수일, 2013,『실크로드 사전』, 창비.

정은일·양영준, 2011, "도시廣場의 장소성에서 나타난 도시정체성에 관한 연구," 대한건축학회 논문집-계획계, 27(4), 165-172.

정은혜, 2018,『지리학자의 공간읽기: 인간과 역사를 담은 도시와 건축』, 푸른길.

정은혜·손유찬, 2018,『지리학자의 국토읽기』, 푸른길.

정일훈, 1999, "세계를 품은 도시 뉴욕," 국토연구, 207(207), 62-68.

정주연·이혜은, 2014, "마카오의 도시경관과 세계유산," 한국도시지리학회지, 17(2), 49-58.

조승현, 2003, "광주·전남지역 재래공업의 지리학적 연구," 성신여자대학교 박사학위논문.

조철기, 2018, "동물지리와 지리교육의 관계 탐색," 한국지리환경교육학회지, 26(2), 81-89.

지광훈·장동호·박지훈·이성순, 2009,『위성에서 본 한국의 산지지형』, 한국지질자원연구원.

진종헌, 2012, "산업유산과 지역발전에 대한 문화지리학적 연구: 태백시 철암지역을 사례로," 국토지리학회지, 46(3), 287-299.

천진기, 1996, "한국문화에 나타난 소의 상징성 연구," 제30회 국립민속박물관 학술발표회 자료집.

최명환, 2010, "마을 유형에 따른 여신설화(女神說話) 전승 양상," 민속연구, 21, 203-232.

최성은, 2006, "폴란드 문화관광 산업의 현황과 전망," 동유럽연구, 16, 1-28.

최원석, 2016, "조선시대 설악산 자연지명의 역사지리적 분석," 대한지리학회지, 51(1), 127-142.

최장순, 2006, "건축문화의 보석, 터키 이스탄불," 건축, 50(5), 107-111.

최준호, 2017, "순천만국가정원의 생태미학적 고찰," 남도문화연구, 32, 143−173.
최혜실, 2004, "文學作品의 테마파크화 過程 연구: '소나기마을'과 '만해마을'을 中心으로," 어문연구, 32(4), 285−306.
충청북도문화재연구원, 2013, 『강원권 문화유산과 그 삶의 이야기』, 문화재청.
탁선호, 2009, "타임스퀘어, 사라진 것들과 사라지지 않는 것," 인물과사상, 131, 84−102.
태지호, 2013, "〈독립기념관〉에 나타난 '독립'의 기억과 그 재현 방식에 관한 연구," 미디어 · 젠더&문화, 25, 145−177.
하웅용, 2004, "로마 검투사경기의 사회사적 해석," 한국체육학회지, 43(6), 31−42.
한국마케팅연구원 편집부, 2008, "여행스케치: 영국 BBC 선정 세계 최고의 여행지 10위 − 인도 타지마할," 마케팅, 42(10), 88−89.
한국문화역사지리학회, 2018, 『여행기의 인문학』, 푸른길.
한국문화유산답사회, 1994, 『전북−답사여행의 길잡이 1』, 돌베개.
한국문화재정책연구원, 2015, 『문화재 이야기 여행 천연기념물 100선』, 문화재청.
한국습지학회, 2016, 『습지학』, 라이프사이언스.
한국어문교열기자협회, 2009, 『세계 인문지리 사전』, 한국어문교열기자협회.
한국여성지리학자회, 2011, 『41인의 여성지리학자, 세계의 틈새를 보다』, 푸른길.
한백진, 2014, "천안호두과자 브랜드디자인 연구," 브랜드디자인학연구, 12(3), 197−206.
한석종, 1992, "카프카의 비극은 프라하적 현상인가," 외국문학, 33, 69−94.
한영우 외, 1995, 『해동지도: 해설 · 색인』, 서울대학교 규장각.
허남욱, 2015, "조선시대 설악산 유산기의 개괄적 검토," 한문고전연구, 30(1), 335−364.
허남춘, 2013, "설문대할망과 여성신화 −일본, 중국 거인신화와의 비교를 중심으로−," 탐라문화, 42, 101−136.
허만하, 1999, 『비는 수직으로 서서 죽는다』, 솔.
허상문, 2016, "프라하, 그리고 카프카의 비애," 수필시대, 11(1 · 2), 222−231.
황대현, 2016, "독일의 과거에서 온 보석: 관광도시 로텐부르크의 낭만적인 도시 이미지 톺아보기," 독일연구, 33, 187−228.
황상일 · 윤순옥, 2013, "자연재해와 인위적 환경변화가 통일신라 붕괴에 미친 영향," 한국지역지리학회지, 19(4), 580−599.
황순원, 2012, 『소나기』, 가교.

2. 해외 논문 및 저서

Bierman, R. P. and Montgomery, R. D., 2014, *Key Concepts in Geomorphology*, A Macmillan Higher Education Company, New York.

Campbell, N. and Kean, A., 2005, *American Cultural Studies: An Introduction to American Culture*, Routledge, New York.

Ceplair, L. and Trumbo, C., 2014, *Dalton Trumbo: Blacklisted Hollywood Radical*, University Press of Kentucky, Frankfort.

Christopherson, W. R., 2012, *Geosystems: An Introduction to Physical Geography*, Pearson Prentice Hall, New Jersey.

Dawkins, R., 2009, *The Greatest Show On Earth: The Evidence for Evolution*, Free Press, New York.

Gans, H., 1999, *Popular Culture and High Culture: An Analysis and Evaluation of Taste(2 edition)*, Basic Books, New York.

Glazer, N. and Moynihan, D. P., 1963, *Beyond the Melting Pot; The Negroes, Puerto Ricans, Jews, Italians, and Irish of New York City*, M.I.T. Press, Massachusetts.

Hess, D. and Tasa, G. D., 2011, *McKnight's Physical Geography: A Landscape Appreciation*, Pearson Prentice Hall, New Jersey.

Hill, S. R., Beer, K. Y., Hill, E. K., Maciunas, E., Tarran, A. M., and Wainman, C. C., 2016, Evolution of the Eucalypts: An Interpretation from the Macrofossil Record, *Australian Journal of Botany*, 64(8), 600-608.

Hofmann, F., 1868, Ein Kleinod aus deutscher Vergangenheit, *Die Gartenlaude*, 47, 748.

Imhof, M., 2009, *Osnabrück, Dom-und Stadtführer*, Peterberg, Frankfurt am Main.

Johanek, P., 1992, Mittelalterliche Stadt und bürgerliches Geschichtsbild im 19. Jahrhundert, Althoff, G., (ed.), *Die Deutschen und ihr Mittelater: Themen und Funktionen moderner Geschichtsbilder vom Mittelater*, 81-100.

Kafka, F., 1953, *Hochzeitsvorbereitungen auf dem Lande und andere Prosa aus dem Nachlaß*, Fischer Taschenbuch, Frankfurt am Main.

_____, 1998, *Beschreibung Eines Kampfes*, Fischer Taschenbuch, Frankfurt am Main.

Lang, W., 2001, *Historische Feste in Bayern*, Fischer Taschenbuch, Frankfurt am Main.

Lefebvre, H., 1991, *The Production of Space*, Blackwell, Oxford.

Pasquinelli, C., 2013, The Economic Geography of Brand Associations, *CIND Centre for Research on Innovation and Industrial Dynamics*, 1-26.

Politzer, H., 1973, *Franz Kafka*, Wissenschaftliche Buchgesellschaft, Darmstadt.

Riehl, W. H., 1865, Ein Gang durchs Tauberthal II, *Beilage zur Allgemeinen Zeitung*, 333.

Stabenow, C., 1987, Zwischen Denkmal, Märchenbild und Trauma. Zum romantischen der Reichsstadt Rothenburg o. d. Tauber in der Literatur und Malerei des 19. und 20. Jahrhunderts, Müller, R. A., (ed.), *Reichsstädte in Franken, Teil 2: Wirtschaft, Gesellschaft und Kultur*, 427-444.

Tuan, Y-F., 1977, *Space and Place: The Perspective of Experience*, University of Minnesota, Minneapolis.

Urry, J., 2007, *Mobilities*, Polity, Cambridge.

Urzidil, J., 1966, *Da geht Kafka*, Deutscher Taschenbuch Verlag, München.

Wegener, A., 1929, Die Entstehung der Kontinente und Ozeane, *Nature*, 124, 649.

Whitman, W., 1872, *Leaves of Grass*, Washington, D.C Publisher, Washington, D.C.

3. 신문기사 및 방송

경향신문, 2015년 2월 10일, "유럽인 정착후, 호주에서 토종 포유동물들은 멸종중."

굿모닝충청, 2018년 11월 8일, "천안 호두 사용 81곳 중 고작 3곳: 시배지 무색."

뉴시스, 2018년 10월 16일, "2019년 순천방문의 해 선포, 1000만 관광객 유치 시동."

브레이크뉴스 전북, 2018년 5월 5일, "부안오복마실축제: 개막 첫날 인산인해!"

씨앤비저널, 2015년 8월 27일, "김현주의 나홀로 세계여행, 폴란드: 강대국 사이에 끼어 축복이라고?"

연합뉴스, 2018년 7월 4일, "해수면 1m 상승하면 부산 해수욕장·신항 일부 침수."

______, 2019년 2월 10일, "中경제 성장 둔화, 경제의존도 3위 韓·신흥국 타격 우려."

오마이뉴스, 2013년 12월 9일, "터키는 고양이 천국, 이유가 더 놀랍다."

이타임즈, 2019년 2월 7일, "부안 위도 풍어제 '띠뱃놀이'."

전라일보, 2018년 5월 8일, "제6회 부안오복마실축제, 62만여 명 성료 전국 대표축제 발판 마련."

조선일보, 2015년 9월 4일, "사라질 뻔한 순천만, 20년 만에 '대한민국 1호 정원'."

중앙일보, 2018년 1월 23일, "광주 대인시장·예술의 거리 아시아문화예술 거점 육성."

______, 2018년 10월 8일, "0.5도에 지구 운명 바뀐다, IPCC '1.5도 특별보고서' 채택."

______, 2018년 11월 23일, "中일대일로 참여국들 폭발, 눈 뜨니 빚 폭탄, 이건 약탈."

청년의사, 2017년 9월 30일, "폴란드의 역사를 안고 있는 크라쿠프, 의사 양기화와 함께 가는 인문학 여행, 동유럽."

한겨레, 2014년 11월 30일, "갯벌 되살리자, 역간척 바람."

______, 2015년 5월 14일, "오월 광주행, 518버스 아시나요."

한국일보, 2016년 12월 19일, "전남대 '5·18민주공원' 20일 개원."

JTBC News, 2018년 9월 13일, "다시 달리는 지하철 1호선: 김민기의 요즘 생각."
The Science Times, 2008년 3월 24일, "젖먹이기가 포유류 진화를 낳았다, 수유 시작 후 알 낳기 포기."
______, 2016년 12월 22일, "과학으로 만나는 세계유산(39): 진시황릉, 무덤 속에 왜 수은 강이 흐를까."
International Business Times, 2015년 12월 30일, "Climate change: See Europe's biggest glacier, the Great Aletsch, now, before it's too late."
Mizkan, 2013년 7월 25일,"札幌市と歩んだ〈さっぽろ雪まつり〉."
NewSphere, 2014년 2월 15일, "なぜマレーシアが札幌雪まつりのスポンサーに? 新たな観光施策を海外紙が論評."
Swissinfo.ch, 2016년 8월 12일, "What's happening to Europe's longest glacier?"

4. 인터넷 사이트

관광지식정보시스템, https://www.tour.go.kr
광주광역시청, https://www.gwangju.go.kr
광주비엔날레, https://www.gwangjubiennale.org
국가기록원, http://www.archives.go.kr
국립공원, http://www.knps.or.kr
국립아시아문화전당, https://www.acc.go.kr
국립중앙박물관(e뮤지엄), http://www.emuseum.go.kr
국토환경정보센터, http://www.neins.go.kr
기상청, http://www.kma.go.kr
네이버 영화, https://movie.naver.com
네이버 지식백과, https://terms.naver.com
농촌진흥청, http://www.rda.go.kr
대전광역시청, https://www.daejeon.go.kr
대한민국 구석구석, http://korean.visitkorea.or.kr
대한민국 외교부 공식 블로그 모파랑(MOFA랑), https://mofakr.blog.me
더페스티벌, http://www.thefestival.co.kr
도서문화연구원, https://islands.mokpo.ac.kr/g4
독립기념관, http://www.i815.or.kr
로마 위드 러브, http://sonyclassics.com/toromewithlove
문화콘텐츠닷컴, http://www.culturecontent.com

뮤지엄 허브 양평, https://www.yp21.go.kr/museumhub
밀양시 문화관광, https://tour.miryang.go.kr
밀양시청, http://www.miryang.go.kr
부안군 문화관광, http://www.buan.go.kr/tour
부안군청, https://www.buan.go.kr
부안마실축제, http://www.buanmasil.com
비짓제주, https://www.visitjeju.net/kr
산림청, http://www.forest.go.kr
삿포로 개발 건설부, https://www.hkd.mlit.go.jp
삿포로 관광협회, http://www.sapporo.travel
삿포로 눈축제, http://www.snowfes.com
삿포로 여름축제, http://sapporo-natsu.com
삿포로시, http://www.city.sapporo.jp
생명의숲, https://forest.or.kr
세미원, http://www.semiwon.or.kr
순천만 국가정원, http://garden.sc.go.kr
순천만 습지, https://www.suncheonbay.go.kr
순천시, https://www.suncheon.go.kr
스위스 관광청, https://www.myswitzerland.com
슬로시티 청산도, http://www.cheongsando.or.kr
시안 관광청, http://kr.xian-tourism.com
아시아문화중심도시, http://www.cct.go.kr/biz/cont_hall.do
양평군청, https://www.yp21.go.kr
오스트리아 관광청, https://www.austria.info/kr
오월길 사이트, http://518road.518.org/main.php
완도관광문화, http://www.wando.go.kr/tour
완도군청, http://www.wando.go.kr
외교부 국가지역정보, http://www.mofa.go.kr/www/nation/m_3458/view.do?seq=27
유관순열사기념관, http://www.cheonan.go.kr/yugwansun.do
유네스코와 유산, http://heritage.unesco.or.kr
유엔, https://www.un.org

유키미쿠 2018 공식 홈페이지, https://snowmiku.com/2018
일본 기상청, https://www.jma.go.jp
일본 도쿄 국립박물관, https://www.tnm.jp
저스트고 관광지, http://www.justgo.com
제주돌문화공원, http://www.jeju.go.kr/jejustonepark
제주특별자치도, http://www.jeju.go.kr
주일본 대한민국 대사관, http://overseas.mofa.go.kr/jp-ko/index.do
지리산 서어숲마을, http://www.stoptree.com
천안시 미디어소통센터, http://www.cheonan.go.kr/media.do
청산도, http://www.cheongsando.net
춘향남원 읍면동 포털, https://www.namwon.go.kr
코트라 해외시장뉴스, http://news.kotra.or.kr
한국가사문학관, http://www.gasa.go.kr
한국민속신앙사전, http://folkency.nfm.go.kr/kr/dic/3/summary
한국민족문화대백과사전, http://encykorea.aks.ac.kr
한국해양수산개발원, https://www.kmi.re.kr
한국향토문화전자대전, http://www.grandculture.net
호주 관광청, https://www.australia.com
AFP(프랑스 에이에프피 통신사), http://www.afp.com
Australian Government Department of Agriculture and Water Resources(호주 농림부), http://www.agriculture.gov.au
Australian Museum(호주 박물관), https://australianmuseum.net.au
Der Meistertrunk(마이스터트룽크 홈페이지), http://www.meistertrunk.de
Emperor Qinshihuang's Mausoleum Site Museum(진시황릉 박물관), http://www.bmy.com.cn/2015new/index.htm
INFO NIAGARA(인포 나이아가라 홈페이지), http://www.infoniagara.com
Käthe Wohlfahrt(케테 볼파르트 홈페이지), https://kaethe-wohlfahrt.com/en/stores
Krakow-info(크라쿠프 정보센터), http://www.krakow-info.com
Magiczny Kraków(크라쿠프 홈페이지), http://www.krakow.pl
Mosteiro Dos Jerónimos(제로니모스 수도원), http://www.mosteirojeronimos.pt/pt/index.php
Niagara Canada(나이아가라 캐나다 홈페이지), https://niagaracanada.com

Niagara Falls Canada(나이아가라 폭포 캐나다 홈페이지), https://niagarafalls.ca
Niagara falls Info(나이아가라 폭포 정보소개 홈페이지), https://www.niagarafallsinfo.com
Niagara Falls USA(나이아가라 폭포 미국 홈페이지), https://www.niagarafallsusa.com
Niagara Wine Trail(나이아가라 와인 트레일 홈페이지), USA, https://niagarawinetrail.org
NYFalls(뉴욕 자연유산 홈페이지), http://nyfalls.com
Opinicon Natural History(오피니콘 자연사 홈페이지), https://opinicon.wordpress.com/physical-environment/quaternary
Salzburg – Stage of the World(잘츠부르크 관광청), https://www.salzburg.info/en
The World Bank(세계은행), http://www.worldbank.org
The World Factbook(월드 팩트북), https://www.cia.gov/library/publications/the-world-factbook
United States Census(미국인구조사국), https://www.census.gov
USGS(미국지질조사국), https://pubs.usgs.gov/gip/dynamic/historical.html
Wikimedia Commons(위키미디어 공용), https://commons.wikimedia.org

5. 그림 출처

73쪽 그림 6-5. Emperor Shah Jahan and Mumtaz Mahal by Rayaraya (CC-BY-SA-3.0) https://commons.wikimedia.org/wiki/File:Emperor_Shah_Jahan_and_Mumtaz_Mahal.jpg

159쪽 14번 각주. Metamorfosis by Metraproceso (CC BY-SA-3.0) https://commons.wikimedia.org/wiki/File:Metamorfosis.jpg

답사 소확행

초판 1쇄 발행 2019년 9월 6일
초판 2쇄 발행 2020년 5월 29일

지은이 정은혜·오지은·황가영

펴낸이 김선기
펴낸곳 (주)푸른길
출판등록 1996년 4월 12일 제16-1292호
주소 (08377) 서울시 구로구 디지털로 33길 48 대륭포스트타워 7차 1008호
전화 02-523-2907, 6942-9570~2
팩스 02-523-2951
이메일 purungilbook@naver.com
홈페이지 www.purungil.co.kr

ISBN 978-89-6291-813-7 03980

• 이 도서의 국립중앙도서관 출판예정도서목록(CIP)은 서지정보유통지원시스템 홈페이지(http://seoji.nl. go.kr)와 국가자료공동목록시스템(http://www.nl.go.kr/kolisnet)에서 이용하실 수 있습니다.(CIP제어번호: CIP2019033180)